# 소방시설관리사

## 1차 필기 이론 + 예상문제

### 4과목

# 위험물의 성상 및 시설기준

북스케치

학습문의 및
정오표 안내

저희 북스케치는 오류 없는 책을 만들기 위해 노력하고 있으나, 미처 발견하지 못한 잘못된 내용이 있을 수 있습니다. 학습하시다 문의 사항이 생기실 경우, 북스케치 이메일(booksk@booksk.co.kr)로 교재 이름, 페이지, 문의 내용 등을 보내주시면 확인 후 성실히 답변 드리도록 하겠습니다.
또한, 출간 후 발견되는 정오 사항은 북스케치 홈페이지(www.booksk.co.kr)의 도서정오표 게시판에 신속히 게재하도록 하겠습니다.
좋은 콘텐츠와 유용한 정보를 전하는 '간직하고 싶은 수험서'를 만들기 위해 늘 노력하겠습니다.

# 소방시설관리사
## 1차 필기 이론+예상문제 4과목
# 위험물의 성상 및 시설기준

| | |
|---|---|
| 초판발행 | 2025년 03월 30일 |
| 편저자 | 김종상 |
| 펴낸곳 | 북스케치 |
| 출판등록 | 제2022-000047호 |
| 주소 | 경기도 파주시 광인사길 193, 2층 |
| 전화 | 070 - 4821 - 5514 |
| 팩스 | 0303 - 0955 - 3012 |
| 학습문의 | booksk@booksk.co.kr |
| 홈페이지 | www.booksk.co.kr |
| ISBN | 979 - 11 - 94041 - 29 - 0 |

# 머리말

    본 교재는 소방시설관리사시험의 최신 트렌드에 맞추어 기초이론 및 응용력 향상에 중점을 두고 구성되었으며, 단순한 문제풀이 위주의 내용이 아닌 변형된 문제가 출제되더라도 쉽게 풀 수 있도록 서술되어 있어 탄탄한 기초 실력을 키워줄 것입니다.

    또한 이 교재는 스터디채널 소방시설관리사 강의 교재로서의 전문성과 착실한 기초 이론의 정립으로 소방시설관리사 합격의 나침반이 될 것입니다.

### 본서의 특징

1. 본 교재와 더불어 동영상 강의와 연계하면 기초실력 향상에 도움이 됩니다.
2. 스터디채널 홈페이지에서 소방시설관리사 유료강의에서 다양한 자료 및 기출문제를 제공합니다.
3. 최근 출제문제에 대한 다각도의 접근으로 쉽게 문제를 풀 수 있는 응용력을 키워 줄 것입니다.
4. 교재만으로 해결이 어려운 부분은 스터디채널 강의 게시판을 통해 문의 답변을 제공합니다.

    부족하지만 심혈을 기울여 쓴 본 교재가 수험생 여러분의 합격에 일조할 수 있는 수험서가 되기를 간절히 바라며, 다시 한 번 합격의 영광을 위해 불철주야 공부에 매진하고 있는 수험생 여러분께 가슴으로부터 우러나오는 격려와 애정을 표현하면서 수험생 여러분의 합격을 진심으 로 기원합니다.

    마지막으로 이 책의 출판과 강의를 위해 많은 도움을 주신 북스케치와 스터디채널 직원 분들에게 진심으로 감사드립니다.

소방시설관리사 **김종상**

# 시험 GUIDE

- **자 격 증 : 소방시설관리사**
- **영 문 명 : Fire Facilities Manager**
- **관련부서 :** 소방청
- **시행기관 :** 한국산업인력공단
- **응시자격**

**1. 아래 각호에 어느 하나에 해당하는 자**

1) 소방기술사 · 위험물기능장 · 건축사 · 건축기계설비기술사 · 건축사 · 전기설비기술사 또는 공조냉동기계기술사

2) 소방설비기사 자격을 취득한 후 2년 이상 소방청장이 정하여 고시하는 소방에 관한 실무경력(이해 "소방실무경력"이라 함)이 있는 자

3) 소방설비산업기사 자격을 취득한 후 3년 이상 소방실무경력이 있는 자

4) 「국가과학기술 경쟁력 강화를 위한 이공계지원 특별법」 제2조 제1호에 따른 이공계(이하 "이공계"라 한다) 분야를 전공한 사람으로서 다음의 어느 하나에 해당하는 사람

    가. 이공계 분야의 박사학위를 취득한 사람

    나. 이공계 분야의 석사학위를 취득한 후 2년 이상 소방실무경력이 있는 사람

    다. 이공계 분야의 학사학위를 취득한 후 3년 이상 소방실무경력이 있는 사람

5) 소방안전공학(소방방재공학, 안전공학을 포함)분야를 전공한 후 다음의 어느 하나에 해당하는 사람

    가. 해당 분야의 석사학위 이상을 취득한 사람

    나. 2년 이상 소방실무경력이 있는 사람

6) 위험물산업기사 또는 위험물기능사 자격을 취득한 후 3년 이상 소방실무경력이 있는 자

7) 소방공무원으로 5년 이상 근무한 경력이 있는 자

8) 소방안전 관련 학과의 학사학위를 취득한 후 3년이상 소방실무경력이 있는 사람

9) 산업안전기사 자격을 취득한 후 3년 이상 소방실무경력이 있는 자

10) 다음 각목의 어느 하나에 해당하는 사람

    가. 특급 소방안전관리대상물의 소방안전관리자로 2년이상 근무한 실무경력이 있는 사람

    나. 1급 소방안전관리대상물의 소방안전관리자로 3년이상 근무한 실무경력이 있는 사람

    다. 2급 소방안전관리대상물의 소방안전관리자로 5년이상 근무한 실무경력이 있는 사람

    라. 3급 소방안전관리대상물의 소방안전관리자로 7년이상 근무한 실무경력이 있는 사람

    마. 10년 이상 소방실무경력이 있는 사람

※ 응시자격 경력 산정 서류심사 기준일은 원서접수 마감일임

※ 부정행위자로 처분을 받은 자에 대해서는 그 처분이 있는 날로부터 2년간 응시제한

## 2. 결격사유

1. 피성년후견인
2. 「소방시설 설치 및 관리에 관한 법률」, 「화재의 예방 및 안전관리에 관한 법률」, 「소방기본법」, 「소방시설공사업법」 또는 「위험물안전관리법」에 따른 금고 이상의 형의 선고를 받고 그 집행이 종료(집행이 종료된 것으로 보는 경우를 포함한다)되거나 집행이 면제된 날부터 2년이 지나지 아니한 사람
3. 「소방시설 설치 및 관리에 관한 법률」, 「화재의 예방 및 안전관리에 관한 법률」, 「소방기본법」, 「소방시설공사업법」 또는 「위험물안전관리법」에 따른 금고 이상의 형의 집행유예의 선고를 받고 그 유예기간중에 있는 사람
4. 자격이 취소된 날부터 2년이 지나지 아니한 사람

## - 시험과목 및 방법

| 구 분 | 교 시 | 시험과목 | 시험시간 | 문항수 | 시험방법 |
|---|---|---|---|---|---|
| 제1차<br>시험 | 1 | 1. 소방안전관리론(연소 및 소화 · 화재예방관리 · 건축물소방 안전기준 · 인원수용 및 피난계획에 관한 부분에 한함) 및 연소속도 · 구획화재 · 연소생성물 · 연기의 생성 및 이동에 관한 부분에 한함.<br>2. 소방수리학 · 약제화학 및 소방전기(소방관련 전기공사 재료 및 전기제어에 관한 부분에 한함)<br>3. 소방관련법령(「소방기본법」, 동법 시행령 및 동법시행규칙, 「소방시설공사업법」, 동법 시행령 및 동법시행규칙, 「화재의 예방 및 안전관리에 관한 법률」, 동법 시행령 및 동법시행규칙, 「소방시설 설치 및 관리에 관한 법률」, 동법 시행령 및 동법 시행규칙, 「다중이용업소의 안전관리에 관한 특별법」, 동법 시행령 및 동법 시행규칙)<br>4. 위험물의 성상 및 시설기준<br>5. 소방시설의 구조원리(고장진단 및 정비를 포함) | 09:30 ~<br>11:35(125분) | 과목별<br>25문항<br>(총 125문항) | 객관식 4지<br>택일형 |
| 제2차<br>시험 | 1 | 소방시설의 점검실무 행정(점검절차 및 점검기구 사용법) | 09:30 ~<br>11:00(90분) | 과목별<br>3문항<br>(총 6문항) | 논술형 |
| | 2 | 소방시설의 설계 및 시공 | 11:50 ~<br>13:20(90분) | | |

## - 합격기준

| 구 분 | 합 격 결 정 기 준 |
|---|---|
| 제1차 시험 | 매 과목 100점을 만점으로 하여 매 과목 40점 이상, 전 과목 평균 60점 이상 득점한 자 |
| 제2차 시험 | 시험과목별 5인의 채점위원이 각각 채점하는 독립 5심제이며, 최고점수와 최저점서를 제외한 점수가 채점위원 1명당 100점을 만점으로 하여 매 과목 평균 40점 이상 전 과목 평균 60점 이상 득점한 자 |

## - 면제 대상자

### 과목 일부 면제자

| 번 호 | 자 격 | 1차 시험 면제 과목 | 2차 시험 면제 과목 |
|---|---|---|---|
| 1 | 소방기술사 자격을 취득한 후 15년 이상 소방실무경력이 있는 자 | 소방수리학 · 약제화학 및 소방전기(소방관련 전기공사 재료 및 전기제어에 관한 부분에 한함) | |
| 2 | 소방공무원으로 15년 이상 근무한 경력이 있는 사람으로서 5년 이상 소방청장이 정하여 고시하는 소방 관련 업무 경력이 있는 자 | 소방관련법령 | |
| 3 | 소방기술사 · 위험물기능장 · 건축사 · 건축기계설비기술사 · 건축전기설비기술사 · 공조냉동기계기술사 | | 소방시설의 설계 및 시공 |
| 4 | 소방공무원으로 5년 이상 근무한 경력이 있는 자 | | 소방시설의 점검실무 행정 |
| 5 | 소방공무원으로 5년 이상 근무한 경력이 있는 자로서 소방기술사 · 위험물기능장 · 건축사 · 건축기계설비기술사 · 건축전기설비기술사 · 공조냉동기계기술사 | | 한 과목 선택하여 응시 가능 |

※ 1, 2호(또는 3, 4호) 모두에 해당하는 사람은 본인이 선택한 한 과목만 면제받을 수 있음

### 전년도 제1차 시험 합격에 의한 면제자

제1차 시험에 합격한 자에 대하여는 다음 회의 시험에 한하여 제1차 시험을 면제함

# Contents

 이론 위험물의 성상 및 시설기준

**Chapter 01**
**위험물의 성상**

**01. 총 설** ················································· **3**
❶ 용어의 정의 ·········································· 3
❷ 위험물의 구분 ······································ 4
❸ 유별 위험물의 종류 및 지정수량, 위험등급 ············· 5

**02. 제1류 위험물(산화성 고체)** ············· **11**
❶ 위험등급 · 품명 및 지정수량 ················ 11
❷ 위험물의 특징 및 소화방법 ················· 11
❸ 아염소산염류(지정수량 50kg) ············· 12
❹ 염소산염류(지정수량 50kg) ················ 13
❺ 과염소산염류(지정수량 50kg) ············· 14
❻ 무기과산화물(지정수량 50kg) ·············· 15
❼ 브로민산염류(지정수량 300kg) ············ 16
❽ 아이오딘산염류(지정수량 300kg) ·········· 17
❾ 질산염류(지정수량 300kg) ················· 17
❿ 과망가니즈산염류(지정수량 1,000kg) ········ 19
⓫ 다이크로뮴산염류(지정수량 1,000kg) ······· 19
⓬ 삼산화크롬(무수크롬산)(지정수량 300kg) ···· 20

**03. 제2류 위험물(가연성 고체)** ············· **21**
❶ 위험등급 · 품명 및 지정수량 ················ 21
❷ 위험물의 특징 및 소화방법 ················· 21
❸ 황화인(지정수량 100kg) ··················· 22
❹ 적린(붉은 인)(P)(지정수량 100kg) ········· 23
❺ 황(S)(지정수량 100kg) ··················· 23
❻ 철분(Fe)(지정수량 500kg) ················ 24
❼ 마그네슘(Mg)(지정수량 500kg) ············ 25
❽ 금속분류(지정수량 500kg) ················· 26
❾ 인화성 고체(지정수량 1,000kg) ············ 27

**04. 제3류 위험물(자연발화성 물질 및 금수성 물질)** ······ **28**
❶ 위험등급 · 품명 및 지정수량 ················ 28
❷ 위험물의 특징 및 소화방법 ················· 29
❸ 칼륨(포타시움)(K)(지정수량 10kg) ········· 29
❹ 나트륨(Na)(지정수량 10kg) ··············· 30
❺ 알킬알루미늄(R₃Al)(지정수량 10kg) ········ 31

# Contents

❻ 알킬리튬(RLi)(지정수량 10kg) ················································· 32

❼ 황린($P_4$, 백린)(지정수량 20kg) ·········································· 32

❽ 알칼리금속(K 및 Na 제외) 및 알칼리토금속의 성질(지정수량 : 50kg) 33

❾ 유기금속화합물(알킬알루미늄 및 알킬리튬 제외)(지정수량 50kg) ···34

❿ 금속의 인화물(지정수량 300kg) ········································· 34

⓫ 금속의 수소화물(지정수량 300kg) ····································· 35

⓬ 칼슘 또는 알루미늄의 탄화물(지정수량 300kg) ················· 37

## 05. 제4류 위험물(인화성 액체) ··········································· 38

❶ 위험등급 · 품명 및 지정수량 ············································· 38

❷ 위험물의 특징 및 소화방법 ·············································· 39

❸ 지정품명 및 성질에 따른 품명 ·········································· 40

❹ 특수인화물(지정수량 50리터) ········································· 40

❺ 제1석유류(지정수량 : 비수용성 200리터, 수용성 400리터) ··· 44

❻ 알코올류(지정수량 400리터) ············································ 51

❼ 제2석유류(지정수량 : 비수용성 1,000리터, 수용성 2,000리터) 53

❽ 제3석유류(지정수량 : 비수용성 2,000리터, 수용성 4,000리터) 57

❾ 제4석유류(지정수량 : 6,000리터) ····································· 60

❿ 동식물유류(지정수량 : 10,000리터) ································· 61

## 06. 제5류 위험물(자기반응성 물질) ······························· 62

❶ 위험등급 · 품명 및 지정수량 ············································· 62

❷ 위험물의 특징 및 소화방법 ·············································· 62

❸ 질산에스터류(지정수량 10kg) ········································· 63

❹ 유기과산화물(지정수량 10kg) ········································· 65

❺ 나이트로화합물(지정수량 200kg) ···································· 66

❻ 나이트로소화합물(지정수량 200kg) ································ 68

❼ 아조화합물(지정수량 200kg) ·········································· 68

❽ 다이아조화합물(지정수량 200kg) ···································· 69

❾ 하이드라진유도체(지정수량 200kg) ································· 69

## 07. 제6류 위험물(산화성 액체) ·········································· 69

❶ 위험등급 · 품명 및 지정수량 ············································· 69

❷ 위험물의 특징 및 소화방법 ·············································· 70

❸ 과염소산($HClO_4$)(지정수량 300kg) ······························· 70

❹ 과산화수소($H_2O_2$)(지정수량 300kg) ····························· 71

❺ 질산($HNO_3$)(지정수량 300kg) ········································ 71

**Chapter 02**
**위험물의 시설기준**

## 01. 저장소 및 취급소의 구분 ············································· 73

❶ 저장소의 구분 ······························································· 73

❷ 취급소의 구분 ······························································· 73

## 02. 제조소의 위치 · 구조 및 설비의 기준 ······················· 74

# Contents

❶ 안전거리 ………………………………………………… 74
❷ 안전거리의 단축 ……………………………………… 75
❸ 보유공지(연소확대방지, 피난의 원활, 소화활동공간확보) …… 79
❹ 표지 및 게시판 ………………………………………… 80
❺ 건축물의 구조 ………………………………………… 82
❻ 채광·조명 및 환기설비 ……………………………… 82
❼ 배출설비 ………………………………………………… 83
❽ 옥외설비의 바닥 ……………………………………… 84
❾ 기타 설비 ……………………………………………… 85
❿ 옥외에 있는 위험물취급탱크의 방유제 용량
   (지정수량의 5분의 1 미만인 것을 제외) ………………… 85
⓫ 탱크의 내용적 및 용량 ……………………………… 86
⓬ 배 관 …………………………………………………… 88
⓭ 위험물의 성질에 따른 제조소의 특례 ……………… 88

## 03. 옥내저장소의 위치·구조 및 설비의 기준 …………… 89
❶ 안전거리 ………………………………………………… 90
❷ 보유공지 ………………………………………………… 90
❸ 표지 및 게시판 ………………………………………… 90
❹ 건축물의 구조 ………………………………………… 91
❺ 다층건물의 옥내저장소의 설치기준 ………………… 93
❻ 복합용도 건축물의 옥내저장소의 설치기준 ………… 93
❼ 소규모 옥내저장소 …………………………………… 93

## 04. 옥외탱크저장소의 위치·구조 및 설비의 기준 ……… 94
❶ 안전거리 ………………………………………………… 94
❷ 보유공지 ………………………………………………… 95
❸ 표지 및 게시판, 피뢰설비 …………………………… 96
❹ 특정옥외저장탱크 및 준특정옥외저장탱크 ………… 96
❺ 옥외저장탱크의 외부구조 및 설비 ………………… 96
❻ 방유제의 설치기준 …………………………………… 99
❼ 위험물의 성질에 따른 옥외탱크저장소의 특례 ……… 101

## 05. 옥내탱크저장소의 위치·구조 및 설비의 기준 ……… 102
❶ 탱크전용실을 단층건축물에 설치하는 경우 설치기준 ………… 102
❷ 탱크전용실을 단층건축물 이외의 건축물에 설치하는 경우
   설치기준(다층건축물) ………………………………… 105
❸ 옥내탱크저장소의 특례 ……………………………… 106

## 06. 지하탱크저장소의 위치·구조 및 설비의 기준 ……… 106
❶ 탱크전용실의 이격거리 ……………………………… 107
❷ 표지판 및 게시판 ……………………………………… 107
❸ 탱크의 기준 …………………………………………… 107

# Contents

❹ 압력탱크 외의 통기관 ·················· 108
❺ 지하저장탱크의 주입구 ················· 109
❻ 누유검사관의 기준·····················110
❼ 탱크전용실의 구조 ····················110
❽ 과충전 방지장치 ······················110
❾ 기타 사항 ···························110

## 07. 간이탱크저장소의 위치·구조 및 설비의 기준 ········ 111
❶ 간이탱크의 설치 수 ··················112
❷ 표지판 및 게시판 ····················112
❸ 밸브 없는 통기관 ····················112
❹ 고정주유설비 또는 고정급유설비 ·········113
❺ 기타 사항 ··························113

## 08. 이동탱크저장소의 위치·구조 및 설비의 기준 ········ 113
❶ 상치장소 ··························114
❷ 이동저장탱크의 구조 ·················114
❸ 배출밸브 및 폐쇄장치 ·················116
❹ 주입설비 ··························116
❺ 표지 및 게시판 ······················116
❻ 접지도선·····························117
❼ 기타사항 ···························117
❽ 위험물의 성질에 따른 이동탱크저장소의 특례 ··········117

## 09. 옥외저장소의 위치·구조 및 설비의 기준 ············· 118
❶ 안전거리·····························118
❷ 보유공지····························118
❸ 표지판 및 게시판 ····················119
❹ 선반의 설치기준 ·····················119
❺ 옥외저장소에 저장할 수 있는 위험물의 종류 ········119
❻ 덩어리 황을 저장하는 경우의 설치기준 ·········120
❼ 옥외저장소의 설치기준 ················120
❽ 인화성 고체, 제1석유류 또는 알코올류의 옥외저장소의 특례 ··· 120

## 10. 암반탱크저장소의 위치·구조 및 설비의 기준 ········ 121
❶ 암반탱크의 설치기준·················121
❷ 지하수위 관측공의 설치 ···············121
❸ 계량장치 ··························121
❹ 배수시설 ··························121
❺ 펌프설비·····························121
❻ 표지판, 게시판, 압력계, 안전장치 및 정전기 제거설비···········122

## 11. 주유취급소의 위치·구조 및 설비의 기준 ············· 122
❶ 주유공지 ··························122

# Contents

❷ 표지 및 게시판 ……………………………… 122
❸ 탱 크 ……………………………………… 123
❹ 고정주유설비 등 ……………………………… 123
❺ 건축물 등의 제한 등 ………………………… 125
❻ 건축물 등의 구조 …………………………… 125
❼ 캐노피 ……………………………………… 127
❽ 담 또는 벽 …………………………………… 127
❾ 주유취급소의 펌프실 등의 구조 …………… 128
❿ 고객이 직접 주유하는 주유취급소의 특례 …… 129
⓫ 기타 주유취급소의 특례…………………… 129

## 12. 판매취급소의 위치·구조 및 설비의 기준 …………… **130**
❶ 1종 판매취급소 ……………………………… 130
❷ 2종 판매취급소 ……………………………… 131

## 13. 이송취급소의 위치·구조 및 설비의 기준 …………… **131**
❶ 설치장소………………………………………… 132
❷ 배관 등의 재료 및 구조 ……………………… 132
❸ 배관설치의 기준……………………………… 133
❹ 기타 설치기준 ………………………………… 135

## 14. 제조소 등에서 위험물의 저장 및 취급에 관한 기준…… **136**
❶ 저장·취급의 공통기준 ……………………… 136
❷ 위험물의 유별 저장·취급의 공통기준 ……… 137
❸ 저장의 기준 ……………………………… 137
❹ 알킬알루미늄 등 및 아세트알데하이드 등의 취급기준 ……… 139

## 15. 위험물의 운반에 관한 기준 ……………………… **139**
❶ 운반용기의 재질………………………………… 139
❷ 적재방법………………………………………… 139
❸ 운반방법………………………………………… 141
❹ 유별을 달리하는 위험물의 혼재기준…………… 141
❺ 운반용기의 최대용적 또는 중량……………… 142

## 16. 소화설비, 경보설비 및 피난설비의 기준 ……………… **144**
❶ 소화설비………………………………………… 144
❷ 경보설비………………………………………… 153
❸ 피난설비………………………………………… 155

## 17. 위험물 안전관리에 관한 세부기준 …………………… **155**

# Contents

## 예상문제 위험물의 성상 및 시설기준

• 위험물의 성상 예상문제 ················································· 157
• 위험물의 시설기준 예상문제 ··········································· 257

이론
PART

# 위험물의 성상 및 시설기준

**위험물의 성상 및 시설기준**

# 위험물의 성상

## 01 총 설

### 1 용어의 정의

#### (1) 위험물

인화성 또는 발화성 등의 성질을 가지는 것으로서 대통령령이 정하는 물품

#### (2) 지정수량

위험물의 종류별로 위험성을 고려하여 대통령령이 정하는 수량으로서 제조소 등의 설치 허가 등에 있어서 최저의 기준이 되는 수량

#### (3) 제조소

위험물을 제조할 목적으로 지정수량 이상의 위험물을 취급하기 위하여 시·도지사의 허가를 받은 장소

#### (4) 저장소

지정수량 이상의 위험물을 저장하기 위한 대통령령이 정하는 장소로서 시·도지사의 허가를 받은 장소

#### (5) 취급소

지정수량 이상의 위험물을 제조 외의 목적으로 취급하기 위한 장소로서 시·도지사의 허가를 받은 장소

#### (6) 제조소 등

제조소·저장소 및 취급소

> ## 📁 제조소 등의 종류
>
> - 제조소
> - 저장소
>   - 옥내저장소
>   - 옥내탱크저장소
>   - 간이탱크저장소
>   - 옥외저장소
>   - 옥외탱크저장소
>   - 지하탱크저장소
>   - 이동탱크저장소
>   - 암반탱크저장소
> - 취급소
>   - 주유취급소
>   - 이송취급소
>   - 판매취급소
>   - 일반취급소

## ② 위험물의 구분

### (1) 제1류 위험물(산화성 고체)

고체로서 산화력의 잠재적인 위험성 또는 충격에 대한 민감성을 판단하기 위하여 소방청장이 정하여 고시하는 시험에서 고시로 정하는 성질과 상태를 나타내는 것

### (2) 제2류 위험물(가연성 고체)

고체로서 화염에 의한 발화의 위험성 또는 인화의 위험성을 판단하기 위하여 고시로 정하는 시험에서 고시로 정하는 성질과 상태를 나타내는 것

### (3) 제3류 위험물(자연발화성 물질 및 금수성 물질)

고체 또는 액체로서 공기 중에서 발화의 위험성이 있거나 물과 접촉하여 발화하거나 가연성 가스를 발생하는 위험성이 있는 것

### (4) 제4류 위험물(인화성 액체)

액체로서 인화의 위험성이 있는 것

### (5) 제5류 위험물(자기반응성 물질)

고체 또는 액체로서 폭발의 위험성 또는 가열분해의 격렬함을 판단하기 위하여 고시로 정하는 시험에서 고시로 정하는 성질과 상태를 나타내는 것

## (6) 제6류 위험물(산화성 액체)

액체로서 산화력의 잠재적인 위험성을 판단하기 위하여 고시로 정하는 시험에서 고시로 정하는 성질과 상태를 나타내는 것

## 3 유별 위험물의 종류 및 지정수량, 위험등급

| 종류<br>위험등급 | 제1류 위험물<br>산화성고체<br>품명<br>(10) | 지정<br>수량<br>(kg) | 제2류 위험물<br>가연성고체<br>품명<br>(7) | 지정<br>수량<br>(kg) | 제3류 위험물<br>금수성 ·<br>자연발화성<br>품명<br>(13) | 지정<br>수량<br>(kg) | 제4류 위험물<br>인화성액체<br>품명<br>(7) | 지정<br>수량<br>(L) | 제5류 위험물<br>자기연소성물질<br>품명<br>(9) | 지정<br>수량<br>(kg) | 제6류 위험물<br>산화성액체<br>품명<br>(3) | 지정<br>수량<br>(kg) |
|---|---|---|---|---|---|---|---|---|---|---|---|---|
| I | 아염소산염류<br>염소산염류<br>과염소산염류<br>무기과산화물 | 50 | – | | 칼륨<br>나트륨<br>알킬알루미늄<br>알킬리튬 | 10 | 특수인화물 | 50 | 유기과산화물<br>질산에스터류 | 10 | 과산화수소<br>과염소산<br>질산 | 300 |
| | | | | | 황린 | 20 | | | | | | |
| II | 아이오딘산염류<br>브로민산염류<br>질산염류 | 300 | 황화인<br>적린<br>황 | 100 | 알칼리금속<br>알칼리토금속<br>유기금속화합물 | 50 | 제1석유류 | 비수용성<br>200<br>수용성<br>400 | 하이드록실아민<br>하이드록실아민염류 | 100 | – | |
| | | | | | | | 알코올류 | 400 | 나이트로화합물<br>나이트로소화합물<br>아조화합물<br>다이아조화합물<br>하이드라진 유도체 | 200 | | |
| III | 과망가니즈산염류<br>다이크로뮴산염류 | 1,000 | 철분<br>마그네슘<br>금속분류 | 500 | 금속의 수소화물<br>금속의 인화물<br>칼슘의 탄화물<br>알루미늄의 탄화물<br>염소화규소화합물 | 300 | 제2석유류 | 비수용성<br>1,000<br>수용성<br>2,000 | – | – | – | |
| | | | | | | | 제3석유류 | 비수용성<br>2,000<br>수용성<br>4,000 | | | | |
| | 무수크롬산<br>(삼산화크롬) | 300 | 인화성고체 | 1,000 | | | 제4석유류 | 6,000 | | | | |
| | | | | | | | 동식물유류 | 10,000 | | | | |

## (1) 제1류 위험물 품명, 위험등급 · 지정수량

| 위험등급 | 품 명 | 지정수량 | 위험등급 | 품 명 | 지정수량 |
|---|---|---|---|---|---|
| I | 아염소산염류<br>염소산염류<br>과염소산염류<br>무기과산화물 | 50kg<br>50kg<br>50kg<br>50kg | III | 과망가니즈산염류<br>다이크로뮴산염류 | 1,000kg<br>1,000kg |
| II | 브로민산염류<br>아이오딘산염류<br>질산염류 | 300kg<br>300kg<br>300kg | 기타 | 행정안전부령으로<br>정하는 것 | 50kg |

※ 그 밖에 행정안전부령으로 정하는 것 : 과아이오딘산염류, 과아이오딘산, 크롬, 납 또는 아이오딘의 산화물, 아질산염류, 차아염소산염류, 염소화이소시아눌산, 퍼옥소이황산염류, 퍼옥소붕산염류

## (2) 제2류 위험물 품명, 위험등급 · 지정수량

| 위험등급 | 품 명 | 지정수량 | 위험등급 | 품 명 | 지정수량 |
|---|---|---|---|---|---|
| II | 황화인<br>적린<br>황 | 100kg<br>100kg<br>100kg | III | 철분<br>마그네슘<br>금속분<br>인화성 고체 | 500kg<br>500kg<br>500kg<br>1,000kg |
| | | | 기타 | 그 밖에<br>행정안전부령으로<br>정하는 것 | 100kg<br>또는 500kg |

## (3) 제3류 위험물 품명, 위험등급 · 지정수량

| 위험등급 | 품 명 | 지정수량 | 위험등급 | 품 명 | 지정수량 |
|---|---|---|---|---|---|
| I | 칼륨<br>나트륨<br>알킬알루미늄<br>알킬리튬<br>황린 | 10kg<br>10kg<br>10kg<br>10kg<br>20kg | III | 금속의 수소화물<br>금속의 인화물<br>칼슘 또는 알루미늄의<br>탄화물 | 300kg<br>300kg<br>300kg |
| II | 알칼리금속 및<br>알칼리 토금속<br>유기금속화합물 | 50kg<br>50kg | 기타 | 그 밖에<br>행정안전부령으로<br>정하는 것 | 10kg |

※ 행정안전부령으로 정하는 것 : 염소화규소화합물

## (4) 제4류 위험물 품명, 위험등급 · 지정수량

| 위험등급 | 품 명 | | 지정수량 | 위험등급 | 품 명 | | 지정수량 |
|---|---|---|---|---|---|---|---|
| I | 특수인화물 | | 50리터 | III | 제2석유류 | 비수용성액체 | 1,000리터 |
| | | | | | | 수용성액체 | 2,000리터 |
| II | 제1석유류 | 비수용성액체 | 200리터 | | 제3석유류 | 비수용성액체 | 2,000리터 |
| | | 수용성액체 | 400리터 | | | 수용성액체 | 4,000리터 |
| | 알코올류 | | 400리터 | | 제4석유류 | | 6,000리터 |
| | | | | | 동식물유류 | | 10,000리터 |

## (5) 제5류 위험물 품명, 위험등급 · 지정수량

| 위험등급 | 품 명 | 지정수량 | 위험등급 | 품 명 | 지정수량 |
|---|---|---|---|---|---|
| I | 질산에스터류<br>유기과산화물 | 10kg<br>10kg | II | 나이트로화합물<br>나이트로소화합물<br>아조화합물<br>다이아조화합물<br>하이드라진 유도체<br>하이드록실아민<br>하이드록실아민염류 | 200kg<br>200kg<br>200kg<br>200kg<br>200kg<br>100kg<br>100kg |
| | | | I , II | 그밖에<br>행정안전부령으로<br>정하는 것 | 10kg, 100kg<br>또는 200kg |

※ 행정안전부령으로 정하는 것 : 금속의 아지화합물, 질산구아니딘

## (6) 제6류 위험물 품명, 위험등급 · 지정수량

| 위험등급 | 품 명 | 지정수량 | 위험등급 | 품 명 | 지정수량 |
|---|---|---|---|---|---|
| I | 과염소산<br>과산화수소<br>질산 | 300kg<br>300kg<br>300kg | I | 그밖에<br>행정안전부령으로<br>정하는 것 | 300kg |

※ 행정안전부령으로 정하는 것 : 할로젠간화합물($BrF_3$, $IF_5$)

## (7) 용어정의

1. "산화성고체"라 함은 고체[액체(1기압 및 섭씨 20도에서 액상인 것 또는 섭씨 20도 초과 섭씨 40도 이하에서 액상인 것을 말한다. 이하 같다)또는 기체(1기압 및 섭씨 20도에서 기상인 것을 말한다)외의 것을 말한다. 이하 같다]로서 산화력의 잠재적인 위험성 또는

충격에 대한 민감성을 판단하기 위하여 소방청장이 정하여 고시(이하 "고시"라 한다)하는 시험에서 고시로 정하는 성질과 상태를 나타내는 것을 말한다. 이 경우 "액상"이라 함은 수직으로 된 시험관(안지름 30밀리미터, 높이 120밀리미터의 원통형유리관을 말한다)에 시료를 55밀리미터까지 채운 다음 당해 시험관을 수평으로 하였을 때 시료액면의 끝부분이 30밀리미터를 이동하는데 걸리는 시간이 90초 이내에 있는 것을 말한다.

2. "가연성고체"라 함은 고체로서 화염에 의한 발화의 위험성 또는 인화의 위험성을 판단하기 위하여 고시로 정하는 시험에서 고시로 정하는 성질과 상태를 나타내는 것을 말한다.

3. 황은 순도가 60중량퍼센트 이상인 것을 말하며, 순도측정을 하는 경우 불순물은 활석 등 불연성물질과 수분으로 한정한다.

4. "철분"이라 함은 철의 분말로서 53마이크로미터의 표준체를 통과하는 것이 50중량퍼센트 미만인 것은 제외한다.

5. "금속분"이라 함은 알칼리금속·알칼리토류금속·철 및 마그네슘외의 금속의 분말을 말하고, 구리분·니켈분 및 150마이크로미터의 체를 통과하는 것이 50중량퍼센트 미만인 것은 제외한다.

6. 마그네슘 및 제2류제8호의 물품중 마그네슘을 함유한 것에 있어서는 다음의 1에 해당하는 것은 제외한다.
   가. 2밀리미터의 체를 통과하지 아니하는 덩어리 상태의 것
   나. 지름 2밀리미터 이상의 막대 모양의 것

7. 황화인 · 적린 · 황 및 철분은 제2호에 따른 성질과 상태가 있는 것으로 본다.

8. "인화성고체"라 함은 고형알코올 그 밖에 1기압에서 인화점이 섭씨 40도 미만인 고체를 말한다.

9. "자연발화성물질 및 금수성물질"이라 함은 고체 또는 액체로서 공기 중에서 발화의 위험성이 있거나 물과 접촉하여 발화하거나 가연성가스를 발생하는 위험성이 있는 것을 말한다.

10. 칼륨·나트륨·알킬알루미늄·알킬리튬 및 황린은 제9호의 규정에 의한 성상이 있는 것으로 본다.

11. "인화성액체"라 함은 액체(제3석유류, 제4석유류 및 동식물유류의 경우 1기압과 섭씨 20도에서 액체인 것만 해당한다)로서 인화의 위험성이 있는 것을 말한다. 다만, 다음의 어느 하나에 해당하는 것을 법 제20조제1항의 중요기준과 세부기준에 따른 운반용기를 사용하여 운반하거나 저장(진열 및 판매를 포함한다)하는 경우는 제외한다.

가. 「화장품법」 제2조제1호에 따른 화장품 중 인화성액체를 포함하고 있는 것

나. 「약사법」 제2조제4호에 따른 의약품 중 인화성액체를 포함하고 있는 것

다. 「약사법」 제2조제7호에 따른 의약외품(알코올류에 해당하는 것은 제외한다) 중 수용성인 인화성액체를 50부피퍼센트 이하로 포함하고 있는 것

라. 「의료기기법」에 따른 체외진단용 의료기기 중 인화성액체를 포함하고 있는 것

마. 「생활화학제품 및 살생물제의 안전관리에 관한 법률」 제3조제4호에 따른 안전확인 대상생활화학제품(알코올류에 해당하는 것은 제외한다) 중 수용성인 인화성액체를 50부피퍼센트 이하로 포함하고 있는 것

12. "특수인화물"이라 함은 이황화탄소, 디에틸에테르 그 밖에 1기압에서 발화점이 섭씨 100도 이하인 것 또는 인화점이 섭씨 영하 20도 이하이고 비점이 섭씨 40도 이하인 것을 말한다.

13. "제1석유류"라 함은 아세톤, 휘발유 그 밖에 1기압에서 인화점이 섭씨 21도 미만인 것을 말한다.

14. "알코올류"라 함은 1분자를 구성하는 탄소원자의 수가 1개부터 3개까지인 포화1가 알코올(변성알코올을 포함한다)을 말한다. 다만, 다음의 1에 해당하는 것은 제외한다.

   가. 1분자를 구성하는 탄소원자의 수가 1개 내지 3개의 포화1가 알코올의 함유량이 60중량퍼센트 미만인 수용액

   나. 가연성액체량이 60중량퍼센트 미만이고 인화점 및 연소점(태그개방식인화점측정기에 의한 연소점을 말한다. 이하 같다)이 에틸알코올 60중량퍼센트 수용액의 인화점 및 연소점을 초과하는 것

15. "제2석유류"라 함은 등유, 경유 그 밖에 1기압에서 인화점이 섭씨 21도 이상 70도 미만인 것을 말한다. 다만, 도료류 그 밖의 물품에 있어서 가연성 액체량이 40중량퍼센트 이하이면서 인화점이 섭씨 40도 이상인 동시에 연소점이 섭씨 60도 이상인 것은 제외한다.

16. "제3석유류"란 중유, 크레오소트유, 그 밖에 1기압에서 인화점이 섭씨 70도 이상 섭씨 200도 미만인 것을 말한다. 다만, 도료류 그 밖의 물품은 가연성 액체량이 40중량퍼센트 이하인 것은 제외한다.

17. "제4석유류"라 함은 기어유, 실린더유 그 밖에 1기압에서 인화점이 섭씨 200도 이상 섭씨 250도 미만의 것을 말한다. 다만 도료류 그 밖의 물품은 가연성 액체량이 40중량퍼센트 이하인 것은 제외한다.

18. "동식물유류"라 함은 동물의 지육(枝肉: 머리, 내장, 다리를 잘라 내고 아직 부위별로 나누지 않은 고기를 말한다) 등 또는 식물의 종자나 과육으로부터 추출한 것으로서 1기압에서 인화점이 섭씨 250도 미만인 것을 말한다. 다만, 법 제20조제1항의 규정에 의하여 행정안전부령으로 정하는 용기기준과 수납·저장기준에 따라 수납되어 저장·보관되고 용기의 외부에 물품의 통칭명, 수량 및 화기엄금(화기엄금과 동일한 의미를 갖는 표시를 포함한다)의 표시가 있는 경우를 제외한다.

19. "자기반응성물질"이란 고체 또는 액체로서 폭발의 위험성 또는 가열분해의 격렬함을 판단하기 위하여 고시로 정하는 시험에서 고시로 정하는 성질과 상태를 나타내는 것을

말하며, 위험성 유무와 등급에 따라 제1종 또는 제2종으로 분류한다.

20. 제5류제11호의 물품에 있어서는 유기과산화물을 함유하는 것 중에서 불활성고체를 함유하는 것으로서 다음의 1에 해당하는 것은 제외한다.

　　가. 과산화벤조일의 함유량이 35.5중량퍼센트 미만인 것으로서 전분가루, 황산칼슘2수화물 또는 인산수소칼슘2수화물과의 혼합물

　　나. 비스(4-클로로벤조일)퍼옥사이드의 함유량이 30중량퍼센트 미만인 것으로서 불활성고체와의 혼합물

　　다. 과산화다이쿠밀의 함유량이 40중량퍼센트 미만인 것으로서 불활성고체와의 혼합물

　　라. 1·4비스(2-터셔리뷰틸퍼옥시아이소프로필)벤젠의 함유량이 40중량퍼센트 미만인 것으로서 불활성고체와의 혼합물

　　마. 사이클로헥산온퍼옥사이드의 함유량이 30중량퍼센트 미만인 것으로서 불활성고체와의 혼합물

21. "산화성액체"라 함은 액체로서 산화력의 잠재적인 위험성을 판단하기 위하여 고시로 정하는 시험에서 고시로 정하는 성질과 상태를 나타내는 것을 말한다.

22. 과산화수소는 그 농도가 36중량퍼센트 이상인 것에 한하며, 제21호의 성상이 있는 것으로 본다.

23. 질산은 그 비중이 1.49 이상인 것에 한하며, 제21호의 성상이 있는 것으로 본다.

24. 위 표의 성질란에 규정된 성상을 2가지 이상 포함하는 물품(이하 이 호에서 "복수성상물품"이라 한다)이 속하는 품명은 다음의 1에 의한다.

　　가. 복수성상물품이 산화성고체의 성상 및 가연성고체의 성상을 가지는 경우 : 제2류제8호의 규정에 의한 품명

　　나. 복수성상물품이 산화성고체의 성상 및 자기반응성물질의 성상을 가지는 경우 : 제5류제11호의 규정에 의한 품명

　　다. 복수성상물품이 가연성고체의 성상과 자연발화성물질의 성상 및 금수성물질의 성상을 가지는 경우 : 제3류제12호의 규정에 의한 품명

　　라. 복수성상물품이 자연발화성물질의 성상, 금수성물질의 성상 및 인화성액체의 성상을 가지는 경우 : 제3류제12호의 규정에 의한 품명

　　마. 복수성상물품이 인화성액체의 성상 및 자기반응성물질의 성상을 가지는 경우 : 제5류제11호의 규정에 의한 품명

25. 위 표의 지정수량란에 정하는 수량이 복수로 있는 품명에 있어서는 당해 품명이 속하는 유(類)의 품명 가운데 위험성의 정도가 가장 유사한 품명의 지정수량란에 정하는 수량과 같은 수량을 당해 품명의 지정수량으로 한다. 이 경우 위험물의 위험성을 실험·비교하기 위한 기준은 고시로 정할 수 있다.

26. 위 표의 기준에 따라 위험물을 판정하고 지정수량을 결정하기 위하여 필요한 실험은 「국가표준기본법」 제23조에 따라 인정을 받은 시험·검사기관, 기술원, 국립소방연구원 또는 소방청장이 지정하는 기관에서 실시할 수 있다. 이 경우 실험 결과에는 실험한 위험물에 해당하는 품명과 지정수량이 포함되어야 한다.

## 02 제1류 위험물(산화성 고체)

### 1 위험등급 · 품명 및 지정수량

| 위험등급 | 품 명 | 지정수량 | 위험등급 | 품 명 | 지정수량 |
|---|---|---|---|---|---|
| I | 아염소산염류<br>염소산염류<br>과염소산염류<br>무기과산화물 | 50kg<br>50kg<br>50kg<br>50kg | III | 과망가니즈산염류<br>다이크로뮴산염류 | 1,000kg<br>1,000kg |
| II | 브로민산염류<br>아이오딘산염류<br>질산염류 | 300kg<br>300kg<br>300kg | 기타 | 행정안전부령으로<br>정하는 것 | 50kg |

※ 그 밖에 행정안전부령으로 정하는 것 : 과아이오딘산염류, 과아이오딘산, 크롬, 납 또는 아이오딘의 산화물, 아질산염류, 차아염소산염류, 염소화이소시아눌산, 퍼옥소이황산염류, 퍼옥소붕산염류

### 2 위험물의 특징 및 소화방법

#### (1) 제1류 위험물의 공통성질

① 대부분 무색결정 또는 백색분말로서 비중이 1보다 크다.
② 대부분 물에 잘 녹는다.
　[염소산칼륨 $KClO_3$와 과염소산칼륨 $KClO_4$는 물(냉수)에 잘녹지 않고 온수에 잘 녹음]
③ 일반적으로 불연성이다.
④ 산소를 많이 함유하고 있는 강산화제이다.
⑤ 반응성이 풍부하여 열, 타격, 마찰 또는 분해를 촉진하는 약품과 접촉하여 산소를 발생한다.

## (2) 제1류 위험물의 저장 및 취급방법

① 대부분 조해성을 가지므로 습기 등에 주의하며 밀폐용기에 저장할 것
② 통풍이 잘되는 차가운 곳에 저장할 것
③ 열원이나 산화되기 쉬운 물질 및 화재위험이 있는 곳에서 멀리할 것
④ 가열, 충격, 마찰 등을 피하고 분해를 촉진하는 약품류와의 접촉을 피할 것
⑤ 취급 시용기 등의 파손에 의한 위험물의 누설에 주의할 것

## (3) 제1류 위험물의 소화방법

① 대량의 물을 주수하는 냉각소화(분해온도 이하로 유지하기 위하여)
② 무기과산화물(알칼리금속의 과산화물)은 급격히 발열반응하므로 탄산수소염류의 분말 소화기, 건조사에 의한 피복소화

## 3 아염소산염류(지정수량 50kg)

$HClO_2$(아염소산)의 수소를 금속 또는 양이온으로 치환된 형태의 화합물의 총칭

## (1) 아염소산나트륨($NaClO_2$)

### ① 일반적 성질

㉠ 분해온도 : 약 350℃

$$3NaClO_2 \rightarrow 2NaClO_3 + NaCl$$
$$2NaClO_3 \rightarrow 2NaClO + 2O_2 \uparrow$$

㉡ 조해성 및 흡습성이 있고 물, 알코올, 에테르 등에 잘 녹는다.
㉢ 무색의 결정성 분말이다.

### ② 위험성

㉠ 산과 작용하여 유독한 이산화염소($ClO_2$)를 발생한다.

산과의 반응 → $3NaClO_2 + 2HCl \rightarrow 3NaCl + 2ClO_2 + H_2O_2$

㉡ 환원성 물질과 접촉 시 폭발한다.

### ③ 저장 및 취급방법

㉠ 습기에 주의하며, 냉암소에 저장한다.
㉡ 저장용기는 밀전·밀봉한다.
㉢ 환원성 물질과 격리·저장한다.

### ④ 소화방법 : 다량의 주수에 의한 냉각소화

## (2) 아염소산칼륨($KClO_2$)

조해성, 부식성이 있고 높은 온도에서 이산화염소($ClO_2$)를 발생

## (3) 아염소산칼슘($CaClO_2$)

물에 용해되며 산과 심하게 반응하여 이산화염소 및 과산화수소 발생

## 4 염소산염류(지정수량 50kg)

$HClO_3$(염소산)의 수소를 금속 또는 양이온으로 치환된 형태의 화합물의 총칭

## (1) 염소산칼륨($KClO_3$)

① **일반적 성질**
  ㉠ 분해온도 : 약 400℃
  ㉡ 찬물에는 녹기 어렵고 온수 및 글리세린에는 잘 녹는다.
  ㉢ 무색의 결정 또는 백색의 분말이다.

② **위험성**
  ㉠ 열분해반응식
    ㉮ 400℃
      $2KClO_3 \rightarrow KCl + KClO_4 + O_2 \uparrow$
    ㉯ 완전분해식
      $2KClO_3 \rightarrow 2KCl + 3O_2 \uparrow$
  ㉡ 인체에 유독하다.
  ㉢ 분해촉진제 : 이산화망간($MnO_2$) 등과 접촉 시 분해가 촉진된다.
  ㉣ 산과 작용하여 유독한 이산화염소($ClO_2$) 및 과산화수소를 발생한다.

$$2KClO_3 + 2HCl \rightarrow 2KCl + 2ClO_2 + H_2O_2$$

③ **저장 및 취급방법**
  ㉠ 강산이나 분해를 촉진하는 물질과의 접촉을 피한다.
  ㉡ 저장용기는 밀전·밀봉하고 냉암소에 저장한다.
  ㉢ 환원성 물질과 격리·저장한다.
④ **소화방법** : 다량의 주수에 의한 냉각소화

## (2) 염소산나트륨($NaClO_3$)

### ① 일반적 성질

㉠ 분해온도 : 약 $300℃$  $2NaClO_3 \rightarrow 2NaCl + 3O_2 \uparrow$

㉡ 조해성과 흡습성이 있고 물, 알코올, 에테르에 잘 녹는다.

㉢ 무색, 무취의 입방정계 주상결정이다.

### ② 위험성

㉠ 흡습성이 좋은 강산화제로 철제를 부식시킨다.

㉡ 산과 작용하여 유독한 이산화염소($ClO_2$)를 발생한다.

$$2NaClO_3 + 2HCl \rightarrow 2NaCl + 2ClO_2 + H_2O_2$$

㉢ 유기물, 인, 황(가연물)과 혼합시 가열에 의해 폭발위험

### ③ 저장 및 취급방법

㉠ 조해성이 크므로 방습에 주의한다.

㉡ 기타 염소산칼륨에 준한다.

### ④ 소화방법 : 다량의 주수에 의한 냉각소화

## (3) 염소산암모늄($NH_4ClO_3$)

폭발성기($NH_4^+$)와 산화성기($ClO_3^-$)로 구성된 물질로 폭발성을 가지며 분해폭발한다. 화약, 불꽃류에 사용된다.

## ⑤ 과염소산염류(지정수량 50kg)

$HClO_4$(과염소산)의 수소를 금속 또는 양이온으로 치환된 형태의 화합물의 총칭

## (1) 과염소산칼륨($KClO_4$)

### ① 일반적 성질

㉠ 분해온도 : 약 $400℃$

㉡ 물(냉수)에 녹기 어렵고 온수에 녹는다.

### ② 위험성

㉠ $400℃$에서 분해가 시작되고, $610℃$에서 완전분해된다.

$KClO_4 \rightarrow KCl + 2O_2 \uparrow$

㉡ 진한 황산과 접촉 시 폭발한다.

㉢ 인, 황, 탄소, 유기물 등과 혼합되었을 때 가열, 마찰, 충격으로 폭발한다.

③ **저장 및 취급방법** : 염소산칼륨에 준한다.
④ **소화방법** : 다량의 주수에 의한 냉각소화

## (2) 과염소산나트륨($NaClO_4$)

460℃에서 산소를 방출, 6류위험물인 과염소산($HClO_4$)의 수소가 $Na$으로 치환한 물질

## (3) 과염소산암모늄($NH_4ClO_4$)

130℃ 이상 가열시 분해하여 산소방출, 충격에 비교적 안정하여 폭약의 주성분으로 사용, 최근 인공위성 고체 추진체의 산화제로 사용

## 6 무기과산화물(지정수량 50kg)

$H_2O_2$(과산화수소)의 수소를 금속 또는 양이온으로 치환된 형태의 화합물의 총칭

> 📂 **무기과산화물**
> • 알칼리금속의 과산화물 : $K_2O_2$, $Na_2O_2$
> • 알칼리토금속의 과산화물 : $MgO_2$, $CaO_2$, $BaO_2$

### (1) 공통성질

① 6류위험물인 과산화수소($H_2O_2$)에서 수소가 알칼리금속, 알칼리토금속으로 치환한 물질로서 분자내 단일결합산소기(−O−O−)를 가지고 있어 매우 불안정한 상태로 가열, 충격 등으로 산소가 방출된다.
② 물과 반응시 산소방출 및 심하게 발열한다. (마른모래에 의한 질식소화 필요)

### (2) 과산화나트륨[비중 2.8, 황색분말, 피부접촉시 부식]

① 순수한 것은 백색이지만 보통은 황백색이다.
② 물과의 반응 → 반응열에 의해 연소, 폭발(금수성), 산소방출
　　$2Na_2O_2 + 2H_2O \rightarrow 4NaOH + O_2\uparrow + 발열$
③ $CO_2$와 반응 → 산소방출(이산화탄소 소화약제 적응성 없음)
④ 산과 반응 → 과산화수소($H_2O_2$) 생성
⑤ 알코올에 녹지 않는다.

**(3) 과산화칼륨[비중 2.9, 무색 또는 오렌지색 분말, 피부접촉시 부식, 에탄올에 녹음]**

① 과산화칼륨의 반응식

분해 반응식 $2K_2O_2 \rightarrow 2K_2O + O_2\uparrow$

물과의 반응 $2K_2O_2 + 2H_2O \rightarrow 4KOH + O_2\uparrow$

탄산가스와의 반응 $2K_2O_2 + 2CO_2 \rightarrow 2K_2CO_3 + O_2\uparrow$

염산과의 반응 $K_2O_2 + 2HCl \rightarrow 2KCl + H_2O_2\uparrow$

초산과의 반응 $K_2O_2 + 2CH_3COOH \rightarrow 2CH_3COOK + H_2O_2\uparrow$

② 등적색(주황색)

③ 물에 녹으며 조해성이 있다.

**(4) 과산화마그네슘[백색분말, 물에 녹지 않음]**

① 분해 반응식 $2MgO_2 \rightarrow 2MgO + O_2\uparrow$

② 물과의 반응 $2MgO_2 + 2H_2O \rightarrow 2Mg(OH)_2 + O_2\uparrow + Q$

③ 산과의 반응 $MgO_2 + 2HCl \rightarrow MgCl_2 + H_2O_2$

**(5) 과산화칼슘[백색분말, 물에 녹지 않음]**

① 분해 반응식 $2CaO_2 \rightarrow 2CaO + O_2\uparrow$

② 물과의 반응 $2CaO_2 + 2H_2O \rightarrow 2Ca(OH)_2 + O_2\uparrow + Q$

③ 산과의 반응 $CaO_2 + 2HCl \rightarrow CaCl_2 + H_2O_2\uparrow$

**(6) 과산화바륨[비중 4.9, 백색 분말, 물에 약간 녹음, 과산화물 중 가장 안정]**

① 분해온도 840℃

② $2BaO_2 \rightarrow 2BaO + O_2\uparrow$

③ 물과의 반응 $2BaO_2 + 2H_2O \rightarrow 2Ba(OH)_2 + O_2\uparrow + Q$

## 7 브로민산염류(지정수량 300kg)

$HBrO_3$(브로민산)의 수소를 금속 또는 양이온으로 치환된 형태의 화합물의 총칭

**(1) 브로민산염류의 종류**

$KBrO_3$, $NaBrO_3$, $Zn(BrO_3)_2 \cdot 6H_2O$, $Ba(BrO_3)_2 \cdot H_2O$, $Mg(BrO_3)_2 \cdot 6H_2O$

## (2) 브로민산칼륨

① 분해온도 370℃
② 무색결정 또는 백색분말이다.
③ 물에 잘 녹는다.
④ 소화방법 : 대량의 주수에 의한 냉각소화

## 8 아이오딘산염류(지정수량 300kg)

HIO$_3$(아이오딘산)의 수소를 금속 또는 양이온으로 치환된 형태의 화합물의 총칭

## (1) 아이오딘산염류의 종류

아이오딘산칼륨, 아이오딘산암모늄, 아이오딘산은

## (2) 아이오딘산염류의 공통특성

① 분해온도(KlO$_3$ : 560℃)
② 물에 잘 녹는다.
③ 소화방법 : 대량의 주수에 의한 냉각소화

## 9 질산염류(지정수량 300kg)

HNO$_3$(질산)의 수소를 금속 또는 양이온으로 치환된 형태의 화합물의 총칭

## (1) 질산칼륨(KNO$_3$)(초석)

[비중 2.1, 무색 또는 백색결정 분말, 가연물접촉 피하고 건조한 냉암소보관, 대량의 주수소화]

① 질산칼륨의 열분해 반응식(400℃)

$$2KNO_3 \rightarrow 2KNO_2(아질산칼륨)+O_2\uparrow$$

② 물, 글리세린에 잘 녹는다. 알코올에는 불용이다.
③ 조해성으로 보관에 주의해야 함
④ 황과 숯가루와 혼합하여 흑색화약제조에 사용한다.

## (2) 질산나트륨($NaNO_3$)(칠레초석)

[비중 2.26, 무색 또는 백색결정 분말, 가연물접촉 피하고 건조한 냉암소보관, 대량의 주수소화]

① 질산나트륨의 열분해 반응식(380℃)

$$2NaNO_3 \rightarrow 2NaNO_2(\text{아질산나트륨}) + O_2 \uparrow$$

② 물, 글리세린에 잘 녹는다. 알코올에는 불용이다.

③ 단 맛이 나고 조해성으로서 보관에 주의해야 함

## (3) 질산암모늄($NH_4NO_3$)

[비중 1.73, 무색, 무취 결정, 가연물접촉 피하고 건조한 냉암소보관, 대량의 주수소화]

① 물에 용해시 흡열반응함

② 조해성이 강하며 보관에 주의

③ 단독으로도 급격한 가열, 충격으로 분해, 폭발 가능

④ 물, 에탄올에 잘 녹는다.

⑤ 가열하면 분해하여 아산화질소와 수증기를 발생한다.

$$NH_4NO_3 \rightarrow N_2O + 2H_2O$$
(질산암모늄) (아산화질소)(수증기)

⑥ 급격한 가열이나 충격을 가하면 단독으로 폭발한다.

$$2NH_4NO_3 \rightarrow 2N_2 + 4H_2O + O_2 \uparrow$$
(질산암모늄)　(질소)　(수증기)(산소)

## (4) 질산은($AgNO_3$)

① 분해온도 : 445℃

② 은을 질산과 반응시켜 얻는다.

③ 질산은은 다른 물질과 혼합하여 은거울 반응에 사용된다.

④ 물에 잘 녹으나 알코올, 벤젠, 아세톤 등에는 잘 녹지 않는다.

## (5) 질산바륨($Ba(NO_3)_2$)

① 번개탄의 구성

$$C(62\%) + Ba(NO_3)_2(33\%) + KClO_4(5\%)$$

18

② 신호조명탄, 폭죽 제조 시 사용하는 녹색 발광 물질

## ⑩ 과망가니즈산염류(지정수량 1,000kg)

$HMnO_4$(과망가니즈산)의 수소를 금속 또는 양이온으로 치환된 형태의 화합물의 총칭

### (1) 과망가니즈산칼륨($KMnO_4$)

[비중 2.7, 흑자색의 사방정계결정, 살균력 강함, 가열, 충격, 마찰 피하고 일광차단 및 냉암소보관, 대량의 주수소화]

#### ① 열분해반응식(240℃)

$$2KMnO_4 \rightarrow K_2MnO_4(\text{망간산칼륨}) + MnO_2(\text{이산화망간}) + O_2 \uparrow$$

#### ② 강산과 접촉시 산소방출

　　㉠ 묽은 황산과의 반응식

　　　　$4KMnO_4 + 6H_2SO_4 \rightarrow 2K_2SO_4 + 4MnSO_4 + 6H_2O + 5O_2 \uparrow$

　　㉡ 염산과의 반응식

　　　　$4KMnO_4 + 12HCl \rightarrow 4KCl + 4MnCl_2 + 6H_2O + 5O_2 \uparrow$

#### ③ 물, 알코올에 녹으며 진한 보라색 나타냄

### (2) 과망가니즈산나트륨($NaMnO_4$)

[비중 2.47, 적자색의 사방정계결정, 조해성 있음, 가열, 충격, 마찰 피하고 일광차단 및 냉암소 보관, 대량의 주수소화]

① 분해온도 170℃

② 가열하면 이산화망간, 망간산나트륨, 산소를 발생한다.

$$2NaMnO_4 \rightarrow Na_2MnO_4 + MnO_2 + O_2 \uparrow$$
(과망가니즈산나트륨) (망간산나트륨)(이산화망간)(산소)

## ⑪ 다이크로뮴산염류(지정수량 1,000kg)

$H_2Cr_2O_7$(다이크로뮴산)의 수소를 금속 또는 양이온으로 치환된 형태의 화합물의 총칭

### (1) 다이크로뮴산칼륨($K_2Cr_2O_7$)

[비중 2.7, 등적색(오렌지색)의 단사정계결정, 가열, 충격, 마찰피하고 일광차단 및 냉암소

보관, 대량의 주수소화]

① 물에 녹고 알코올에는 녹지 않는다.

② 피부와 접촉 시 점막을 자극한다.

③ 가연물, 유기물과 접촉 시 가열, 충격, 마찰을 가하면 발화 또는 폭발한다.

### (2) 다이크로뮴산나트륨($Na_2Cr_2O_7 \cdot 2H_2O$)

[비중 2.52, 등적색(오렌지색)의 단사정계결정, 가열, 충격, 마찰피하고 일광차단 및 냉암소 보관, 대량의 주수소화]

다이크로뮴산칼륨과 동일

### (3) 다이크로뮴산암모늄($(NH_4)_2Cr_2O_7$)

[비중 2.15, 등적색(오렌지색)의 단사정계결정, 가열, 충격, 마찰 피하고 일광차단 및 냉암소 보관, 대량의 주수소화]

① 분해온도 185℃

② 물, 알코올에 잘 녹는다.

③ 가열 분해 시 질소($N_2$)기체가 발생된다.

④ 불꽃놀이의 제조 및 화산실험용으로 사용

## 12 삼산화크롬(무수크롬산)(지정수량 300kg)

① 암적색의 침상결정으로 조해성이 있다.

② 가열시 산소를 방출(분해온도 : 250℃)

$$4CrO_3 \rightarrow 2Cr_2O_3 + 3O_2 \uparrow$$

③ 물, 알코올, 에테르, 황산에 잘 녹는다.

④ 물과 반응하여 강산이 되며 심하게 발열한다. (주수소화금지)

$$CrO_3 + H_2O \rightarrow H_2CrO_4(크롬산)$$

⑤ 피부와 접촉시 부식

⑥ 인화점이 낮은 에탄올, 디메틸에테르와 혼촉발화

## 03 제2류 위험물(가연성 고체)

### 1 위험등급 · 품명 및 지정수량

| 위험등급 | 품 명 | 지정수량 | 위험등급 | 품 명 | 지정수량 |
|---|---|---|---|---|---|
| II | 황화인<br>적린<br>황 | 100kg<br>100kg<br>100kg | III | 철분<br>마그네슘<br>금속분<br>인화성 고체 | 500kg<br>500kg<br>500kg<br>1,000kg |
| | | | 기타 | 그 밖에<br>행정안전부령으로<br>정하는 것 | 100kg<br>또는 500kg |

### 2 위험물의 특징 및 소화방법

#### (1) 제2류 위험물의 공통성질

① 상온에서 고체이고 강환원제로서 비중이 1보다 크다.
② 비교적 낮은 온도에서 착화되기 쉬운 가연성 물질이며, 연소시 유독가스를 발생하는 것도 있다.
③ 철분, 마그네슘, 금속분류는 물과 산의 접촉으로 발열한다.
④ 산화제와의 접촉, 마찰로 인하여 착화되면 급격히 연소한다.

#### (2) 제2류 위험물의 저장 및 취급방법

① 점화원으로부터 멀리하고 가열을 피할 것
② 산화제와의 접촉을 피할 것
③ 철분, 마그네슘, 금속분류는 산 또는 물과의 접촉을 피할 것
④ 용기 등의 파손으로 위험물의 누설에 주의할 것

#### (3) 제2류 위험물의 소화방법

① 주수에 의한 냉각소화(적린, 황, 인화성고체)
② 황화인, 마그네슘, 철분, 금속분류는 건조사피복에 의한 질식소화

| 황 | 순도가 60wt% 이상인 것 |
|---|---|
| 철분 | 53㎛ 표준체 통과하는 것이 50wt% 미만인 것은 제외 |
| 마그네슘 | 2mm체를 통과하지 아니하는 덩어리 및 직경 2mm 이상의 막대 모양의 것은 제외 |
| 금속분 | 알칼리금속 · 알칼리토류금속 · 철 및 마그네슘 외의 금속의 분말을 말하고, 구리분 · 니켈분 및 150㎛의 체를 통과하는 것이 50wt% 미만인 것은 제외한다. |
| 인화성고체 | 고형알코올 및 1기압에서 인화점이 40℃ 미만인 고체 |

## ③ 황화인(지정수량 100kg)

| | 삼황화인($P_4S_3$) | 오황화인($P_2S_5$) | 칠황화인($P_4S_7$) |
|---|---|---|---|
| 착화점 | 100℃ | 142.2℃ | 250℃ |
| 융점 | 172.5℃ | 290℃ | 310℃ |
| 비점 | 407℃ | 514℃ | 523℃ |
| 공통 성질 | ① 연소생성물은 모두 유독하다 [$P_2O_5$(오산화인), $SO_2$(이산화항, 아황산가스)] ② 물과 접촉하여 가연성 유독성의 황화수소($H_2S$) 발생[BUT 주수소화 가능] ③ 분말, 마른모래, 이산화탄소 등으로 질식소화 ④ 황린($P_4$), 금속분등과 혼합하면 자연발화하고 알코올, 알칼리, 강산 등과 접촉시 심하게 반응한다. ⑤ 발화점이 융점보다 낮다. ⑥ 소량의 경우 갈색유리병에 저장하고, 대량의 경우에는 양철통에 넣은 후 나무 상자에 보관 | | |

### (1) 삼황화인($P_4S_3$)

① 물에 녹지 않고 질산, 이황화탄소, 알칼리 등에 잘 녹는다.

② 공기 중에서 연소하여 오산화린($P_2O_5$)과 이산화황($SO_2$)이 된다.

$$P_4S_3 + 8O_2 \rightarrow 2P_2O_5 + 3SO_2$$
(삼황화인)(산소) (오산화린) (이산화황)

③ 황록색결정, 조해성 없음

④ 용도 : 성냥 등

### (2) 오황화인($P_2S_5$)

① 물, 알칼리와 분해하여 황화수소($H_2S$)와 인산($H_3PO_4$)으로 된다.

$$P_2S_5+8H_2O \rightarrow 5H_2S+2H_3PO_4$$
(오황화인)　(물)　(황화수소)　(인산)

② 담황색결정, 조해성 있음
③ 용도 : 섬광제, 윤활유첨가제, 의약품 등
④ 발화, 분해반응식

$$2P_2S_5+15O_2 \rightarrow 2P_2O_5+10SO_2$$

## (3) 칠황화인($P_4S_7$)

담황색 결정, 조해성 있음. 온수와 분해하여 황화수소($H_2S$)와 인산($H_3PO_4$)으로 된다.

## 4 적린(붉은 인)(P)(지정수량 100kg)

① 착화점 260℃, 비중 2.2
② 암적색의 분말이다.
③ 황린(노란 인)의 동소체이며, 황린을 공기차단 후 250℃로 가열하여 만든다.

$$P_4 \xrightarrow[\Delta]{250℃} 4P$$
(황린)　　　　　(적린)

④ 황린에 비하여 안정하고, 독성이 없다.
⑤ 물, 이황화탄소, 에테르 등에 녹지 않는다.
⑥ 연소 시 오산화린($P_2O_5$)이 생성된다.

$$4P+5O_2 \rightarrow 2P_2O_5$$
(적린)(산소)　(오산화린)

⑦ 주수에 의한 냉각소화

## 5 황(S)(지정수량 100kg)

순도가 60중량% 이상인 것
① 발화점 : 360℃
② 사방황(팔면체), 단사황(바늘모양), 고무상황(무정형)은 서로 동소체 관계에 있다.
③ 공기 중에서 연소 시 푸른 빛(청색 빛)을 내며 아황산가스($SO_2$)를 발생한다.

$$S + O_2 \rightarrow SO_2$$
(황) (산소) (아황산가스)

④ 전기의 부도체이므로 정전기의 발생에 주의한다.

⑤ 이황화탄소($CS_2$)에 잘 녹는다[고무상황제외]

⑥ 고온에서 용융된 황은 수소와 격렬히 반응하여 황화수소를 발생시킨다.

$$H_2 + S \rightarrow H_2S + Qkcal$$

⑦ **위험성**

    ㉠ 미분이 공기 중에 떠있을 때에는 분진폭발의 위험이 있다.

    ㉡ 산화제와 혼합되었을 때 마찰이나 열에 의해 착화우려가 크다.

    ㉢ 연소 시 발생되는 아황산가스는 인체에 유해하므로 보호구를 착용한다.

⑧ **저장 및 취급방법**

    ㉠ 산화제와 멀리하고 화기 등에 주의한다.

    ㉡ 가열, 충격, 마찰을 피하고 정전기 발생에 주의한다.

⑨ **소화방법**

    ㉠ 다량의 주수에 의한 냉각소화

    ㉡ 탄산가스, 건조사 등에 의한 질식소화

## 6 철분(Fe)(지정수량 500kg)

철의 분말로서 53마이크로미터의 표준체를 통과하는 것이 50중량% 미만인 것을 제외한다.

① **일반적 성질**

    ㉠ 은백색의 광택이 나는 무거운 금속이다.(비중 7.86)

    ㉡ 공기 중에서 서서히 산화되어 산화철이 된다.

$$4Fe + 3O_2 \rightarrow 2Fe_2O_3$$
(철) (산소) (산화철)

    ㉢ 묽은 산과 반응하면 수소가 발생된다.

$$2Fe + 6HCl \rightarrow 2FeCl_3 + 3H_2\uparrow$$
(철) (염산) (염화철) (수소)

    ⓔ 물과 반응하면 수소가 발생된다.

$$2Fe + 3H_2O \rightarrow Fe_2O_3(\text{산화철}) + 3H_2$$

② **소화방법** : 탄산가스, 건조사 등에 의한 질식소화

## ❼ 마그네슘(Mg)(지정수량 500kg)

마그네슘 및 마그네슘을 함유한 것 중 2mm의 체를 통과하지 아니하는 덩어리 및 직경 2mm 이상의 막대모양의 것은 제외한다.

① **일반적 성질**
    ㉠ 은백색의 광택이 나는 가벼운 금속이다.(비중 1.7)
    ㉡ 열전도율 및 전기전도도가 큰 금속이다.
    ㉢ 산 및 온수와 반응하여 수소를 발생한다.
       ㉮ 산과 반응

$$Mg + 2HCl \rightarrow MgCl_2 + H_2 \uparrow$$
$$(\text{마그네슘})(\text{염산}) \ (\text{염화마그네슘})(\text{수소})$$

       ㉯ 온수와 반응

$$Mg + 2H_2O \rightarrow Mg(OH)_2 + H_2 \uparrow$$
$$(\text{마그네슘}) \ (\text{물}) \ \ (\text{수산화마그네슘})(\text{수소})$$

② **위험성**
    ㉠ 공기 중의 습기 또는 할로젠원소와 접촉 시 자연발화의 위험이 있다.
    ㉡ 미분이 공기 중에 떠있을 때에는 분진폭발의 위험이 있다.
    ㉢ 산화제와의 혼합 시 타격, 충격, 마찰 등에 의해 착화하기 쉽다.
    ㉣ 연소 시 푸른 불꽃을 내며 발열량이 크다.

$$2Mg + O_2 \rightarrow 2MgO + 286.4kcal$$
$$(\text{마그네슘})(\text{산소}) \ (\text{산화마그네슘}) \ \ (\text{반응열})$$

    ㉤ 탄산가스와 함께 연소시 유독가스인 일산화탄소를 발생한다.

$$2Mg + CO_2 \rightarrow 2MgO + 2C$$
$$(\text{마그네슘})(\text{이산화탄소})(\text{산화마그네슘})(\text{탄소})$$

$$Mg + CO_2 \rightarrow MgO + CO\uparrow$$
(마그네슘)(이산화탄소)(산화마그네슘)(일산화탄소)

ⓗ 사염화탄소 등과 고온에서 작용할 경우 맹독성가스인 포스겐을 발생한다.

**③ 저장 및 취급방법**

㉠ 가열, 충격, 마찰을 피하고, 산화제와 멀리한다.

㉡ 분진폭발의 우려가 있으므로 분진이 비산되지 않도록 한다.

**④ 소화방법** : 분말의 비산을 막기 위해 건조사, 젖은 가마니 등으로 피복 후 주수소화를 실시한다.

## ⑧ 금속분류(지정수량 500kg)

알칼리금속 · 알칼리토류금속 · 철 및 마그네슘 외의 금속의 분말을 말하고, 구리분 · 니켈분 및 150마이크로미터의 체를 통과하는 것이 50중량% 미만인 것을 제외한다.

### (1) 알루미늄분(Al)

**① 일반적 성질**

㉠ 융점 660℃, 비점 2,000℃, 비중 2.7

㉡ 은백색의 무른 금속이다.

㉢ 전성, 연성이 풍부하며 열전도율 및 전기전도도가 크다.

㉣ 공기 중에서 표면에 산화피막을 형성하여 부식을 방지한다.

$$4Al + 3O_2 \rightarrow 2Al_2O_3$$
(알루미늄) (산소)　(산화알루미늄)

㉤ 산 또는 알칼리수용액에서 수소를 발생한다.

$$2Al + 6HCl \rightarrow 2AlCl_3 + 3H_2\uparrow$$
(알루미늄)　(염산)　(염화알루미늄) (수소)

**② 위험성, 저장 및 취급방법, 소화방법** : 마그네슘분에 준한다.

### (2) 아연분(Zn)

**① 일반적 성질**

㉠ 융점 419℃, 비점 907℃, 비중 2.14

ⓛ 은백색의 분말이다.

ⓒ 산 또는 알칼리수용액에서 수소를 발생한다.

$$2Zn + 6HCl \rightarrow 2ZnCl_3 + 3H_2\uparrow$$

(아연)　　(염산)　　(염화아연)　　(수소)

② **위험성, 저장 및 취급방법, 소화방법** : 마그네슘분에 준한다.

## (3) 안티몬분(Sb)

### ① 일반적 성질

ⓖ 융점 630℃, 비중 6.69

ⓛ 은백색의 분말이다.

ⓒ 흑색안티몬은 공기 중에서 발화한다.

ⓔ 약 630℃ 이상 가열하면 발화한다.

### ② **위험성, 저장 및 취급방법, 소화방법** : 마그네슘분에 준한다.

## ⑨ 인화성 고체(지정수량 1,000kg)

고형 알코올 그 밖에 1기압에서 인화점이 40℃ 미만인 고체를 말한다.

## (1) 고형 알코올

합성수지에 메틸알코올과 가성소다를 혼합하여 비누화시켜 고체상태(한천상 – 휴대연료)로 만든 것

① 인화점 30℃, 물에 잘 녹는다.

② 물에 잘 녹으므로 대량의 주수에 의한 냉각 및 희석소화, 포말소화가능

## (2) 래커퍼티

공기 중에서 단시간에 고화되는 백색 진탕상태의 물질로 휘발성 물질(초산부틸, 초산에틸, 톨루엔 등)을 함유하고 있다.

① 인화점이 21℃ 미만으로 제1석유류와 같은 위험성이 있다.

② 공기 중에서 단시간에 고화되는 백색 진탕상태의 물질이다.

③ 휘발성 물질(초산부틸, 초산에틸, 톨루엔 등)을 함유하고 있다.

④ 소화방법 : 포, 탄산가스, 분말, 할론겐화합물 소화약제로 질식소화

### (3) 고무풀

생고무에 가솔린이나 기타 인화성 용제를 가공하여 풀과 같은 상태로 만든 것

① 인화점이 10℃ 이하로 제1석유류와 같은 위험성이 있다.

② 물에 녹지 않으며 점착성과 응집력이 강하다.

③ 소화방법 : 포, 탄산가스, 분말, 할론겐화합물 소화약제로 질식소화

### (4) 메타알데하이드($CH_3CHO)_4$

① 인화점 36℃

② 무색의 침상 결정이다.

### (5) 제3부틸알코올($(CH_3)_3COH$)

① 인화점 11.1℃, 비중 0.78, 융점 25.6℃

② 무색의 결정으로 물, 알코올, 에테르 등 유기용제와 자유롭게 혼합한다.

③ 물보다 가볍고 물에 잘 녹음. 증기는 공기보다 무거워 낮은 곳에 체류

## 04 제3류 위험물(자연발화성 물질 및 금수성 물질)

고체 또는 액체로서 공기 중에서 발화의 위험성이 있거나 물과 접촉하여 발화하거나 가연성 가스를 발생하는 위험성이 있는 것을 말한다.

### 1 위험등급 · 품명 및 지정수량

| 위험등급 | 품 명 | 지정수량 | 위험등급 | 품 명 | 지정수량 |
|---|---|---|---|---|---|
| Ⅰ | 칼륨<br>나트륨<br>알킬알루미늄<br>알킬리튬<br>황린 | 10kg<br>10kg<br>10kg<br>10kg<br>20kg | Ⅲ | 금속의 수소화물<br>금속의 인화물<br>칼슘 또는 알루미늄의<br>탄화물 | 300kg<br>300kg<br>300kg |
| Ⅱ | 알칼리금속 및<br>알칼리 토금속<br>유기금속화합물 | 50kg<br><br>50kg | 기타 | 그 밖에 행정안전부<br>령으로 정하는 것 | 10kg |

※ 행정안전부령으로 정하는 것 : 염소화규소화합물

## ② 위험물의 특징 및 소화방법

### (1) 제3류 위험물의 공통성질

① 대부분 무기물의 고체이다.
② 자연발화성 물질로서 공기와의 접촉으로 자연발화의 우려가 있다.(황린)
③ 금수성 물질로서 물과 접촉하면 발열 · 발화한다.(금수성 물질)

### (2) 제3류 위험물의 저장 및 취급방법

① 용기의 파손, 부식을 막고 공기와의 접촉을 피할 것
② 금수성 물질로서 수분과의 접촉을 피할 것
③ 보호액 속에 저장하는 위험물은 위험물이 보호액 표면에 노출되지 않도록 할 것
④ 다량을 저장하는 경우에는 소분하여 저장할 것

### (3) 제3류 위험물의 소화방법

① 건조사, 팽창질석, 팽창진주암을 이용한 질식소화(주수소화는 절대엄금)
② 금속화재용(탄산수소염류) 분말소화약제에 의한 질식소화
③ 황린 : 주수 냉각소화

## ③ 칼륨(포타시움)(K)(지정수량 10kg)

### ① 일반적 성질

㉠ 비중 0.857, 융점 63.5℃, 비점 762℃
㉡ 화학적으로 활성이 매우 큰 은백색의 무른 금속이다.
㉢ 연소 시 보라색 불꽃을 내며 연소한다.

$$4K + O_2 \rightarrow 2K_2O$$
(칼륨) (산소) (산화칼륨)

### ② 위험성

㉠ 공기 중에서 수분과 반응하여 수소를 발생한다.

$$2K + 2H_2O \rightarrow 2KOH + H_2\uparrow + 92.8kcal$$
(칼륨) (물) (수산화칼륨)(수소) (반응열)

ⓒ 알코올과 반응하여 칼륨알코올레이드와 수소를 발생시킨다.

$$2K + 2C_2H_5OH \rightarrow 2C_2H_5OK + H_2\uparrow$$
(칼륨)   (에틸알코올) (칼륨알코올레이드)(수소)

ⓒ 피부와 접촉할 경우 화상을 입는다.

② 사염화탄소 및 이산화탄소와는 폭발적으로 반응한다.

$$4K + CCl_4 \rightarrow 4KCl + C$$
(칼륨)(사염화탄소)(염화칼륨)(탄소)

$$4K + 3CO_2 \rightarrow 2K_2CO_3 + C$$
(칼륨)(이산화탄소) (탄산칼륨) (탄소)

### ③ 저장 및 취급방법

ⓐ 석유(파라핀, 경유, 등유) 속에 저장한다.

ⓑ 보호액(석유) 속에 저장할 경우 보호액 표면에 노출되지 않도록 한다.

ⓒ 습기에 노출되지 않도록 하고 소분병에 밀전 · 밀봉한다.

④ 소화방법 : 건조사 또는 금속화재용 분말소화약제, 건조된 소금(NaCl), 탄산칼슘
($CaCO_3$)으로 피복하여 질식소화

## 4  나트륨(Na)(지정수량 10kg)

### ① 일반적 성질

ⓐ 비중 0.97, 융점 97.7℃, 비점 880℃

ⓑ 화학적으로 활성이 매우 큰 은백색의 무른 금속이다.

ⓒ 연소 시 노란색 불꽃을 내며 연소한다.

$$4Na + O_2 \rightarrow 2Na_2O$$
(나트륨) (산소) (산화나트륨)

### ② 위험성

ⓐ 공기 중에서 수분과 반응하여 수소를 발생한다.

$$2Na + 2H_2O \rightarrow 2NaOH + H_2\uparrow + 88.2kcal$$
(나트륨) (물)   (수산화나트륨)(수소) (반응열)

ⓒ 알코올과 반응하여 나트륨알코올레이드와 수소를 발생시킨다.

$$2Na+2C_2H_5OH \rightarrow 2C_2H_5ONa+H_2\uparrow$$
(나트륨) (에틸알코올)(나트륨알코올레이드)(수소)

ⓒ 피부와 접촉할 경우 화상을 입는다.
ⓔ 사염화탄소 및 이산화탄소와는 폭발적으로 반응한다.

$$4Na + CCl_4 \rightarrow 4NaCl + C$$
(칼륨)(사염화탄소) (염화나트륨) (탄소)

$$4Na + 3CO_2 \rightarrow 2Na_2CO_3 + C$$
(칼륨) (이산화탄소) (탄산나트륨) (탄소)

③ **저장 및 취급방법**
  ㉠ 석유(파라핀, 경유, 등유) 속에 저장한다.
  ㉡ 보호액(석유) 속에 저장할 경우 보호액 표면에 노출되지 않도록 한다.
  ㉢ 습기에 노출되지 않도록 하고 소분병에 밀전 · 밀봉한다.
④ **소화방법** : 건조사 또는 금속화재용 분말소화약제, 건조된 소금($NaCl$), 탄산칼슘($CaCO_3$)으로 피복하여 질식소화

## 5  알킬알루미늄($R_3Al$)(지정수량 10kg)

알킬기($R : CnH_{2n+1}$)와 알루미늄(Al)의 화합물

| 종 류 | 화학식 | 약 호 | 상 태 | 물과 접촉 시 생성가스 |
|---|---|---|---|---|
| 트리메틸알루미늄 | $(CH_3)_3Al$ | TMA | 무색액체 | 메탄 |
| 트리에틸알루미늄 | $(C_2H_5)_3Al$ | TEA | 무색액체 | 에탄 |
| 트리프로필알루미늄 | $(C_3H_7)_3Al$ | TPA | 무색액체 | 프로판 |
| 트리부틸알루미늄 | $(C_4H_9)_3Al$ | TBA | 무색액체 | 부탄 |

① **일반적 성질**
  ㉠ 상온에서 무색투명한 액체 또는 고체이다.
  ㉡ 탄소수 $C_1$~$C_4$까지는 공기 중에서 자연발화한다.

$$2(C_2H_5)_3Al+21O_2 \rightarrow 12CO_2+Al_2O_3+15H_2O+1,470.4kcal$$
(트리에틸알루미늄)(산소) (탄산가스)(산화알루미늄)(물) (반응열)

ⓒ 물과 접촉 시 폭발적으로 반응하여 알칸(포화탄화수소)을 생성한다.

$$(C_2H_5)_3Al + 3H_2O \rightarrow Al(OH)_3 + 3C_2H_6\uparrow$$
(트리에틸알루미늄)(물)　(수산화알루미늄)　(에탄)

② **위험성** : 피부에 닿으면 화상의 우려가 있다.
③ **저장 및 취급방법**
　ⓐ 용기는 완전 밀봉하여 공기 및 물과의 접촉을 피한다.
　ⓑ 저장용기 상부에 질소 등 불연성 가스를 봉입한다.
　ⓒ 희석제로는 벤젠, 헥산 등을 이용한다.
④ **소화방법** : 건조사, 팽창질석, 팽창진주암의 피복에 의한 질식소화

## 6 알킬리튬(RLi)(지정수량 10kg)

알킬기 (R : $CnH_{2n+1}$)와 리튬(Li)의 화합물
① **일반적 성질**
　ⓐ 무색의 가연성 액체이며, 자극성이 있다.
　ⓑ 수소기체와 반응하여 LiH와 $C_4H_8$을 생성한다.
　ⓒ 물과 반응하여 메탄, 에탄 등이 발생하며 3류 위험물 중 반응열이 가장 크다.
　　$CH_3Li + H_2O \rightarrow LiOH + CH_4$
　　$C_2H_5Li + H_2O \rightarrow LiOH + C_2H_6$
② **위험성, 저장 및 취급방법, 소화방법** : 알킬알루미늄에 준한다.

## 7 황린($P_4$, 백린)(지정수량 20kg)

① **일반적 성질**
　ⓐ 착화점 34℃(보통 50℃ 전후), 융점 44℃, 비점 280℃
　ⓑ 백색 또는 담황색의 고체이다.
　ⓒ 상온에서 서서히 산화하여 어두운 곳에서 인광을 발한다.
　ⓓ 물에 녹지 않아, 물(pH9) 속에 저장한다. 벤젠, 이황화탄소에 일부 녹는다. 삼염화린에 잘 녹는다.
　ⓔ 공기를 차단하고 250℃로 가열하면 적린(P)이 된다.
　ⓕ 연소 시 오산화린($P_2O_5$)의 흰 연기를 낸다.

$$P_4 + 5O_2 \rightarrow 2P_2O_5$$
(황린)    (산소)      (오산화린)

ⓐ 강알칼리 용액과 반응하여 유독성의 포스핀가스를 발생

$$P_4 + 3KOH + 3H_2O \rightarrow 3KH_2PO_2 + PH_3\uparrow$$

### ② 위험성
ⓐ 공기 중에서 쉽게 발화하여 유독한 오산화인($P_2O_5$)의 흰색 연기를 발생한다.

ⓑ 피부와 접촉 시 화상을 입으며 근육, 뼈 속으로 흡수된다.

ⓒ 독성이 강하며 치사량은 0.05g이다.

### ③ 저장 및 취급방법
ⓐ 인화수소($PH_3$)의 생성방지를 위하여 pH9의 물속에 저장한다.

ⓑ 자연발화성이 있어 물속에 저장한다.

ⓒ 맹독성이 있으므로 취급 시 고무장갑, 보호복, 보호안경을 착용한다.

ⓓ 저장용기는 금속 또는 유리용기를 사용한다.

### ④ 소화방법 : 주수에 의한 냉각소화, 마른 모래에 의한 피복소화

> 고압주수의 경우 황린을 비산시켜 화재의 확산 우려가 있으므로 주의를 요한다.

## 8 알칼리금속(K 및 Na 제외) 및 알칼리토금속의 성질(지정수량 : 50kg)

### (1) 금속리튬(Li)
① 융점 180℃, 비중 0.534, 발화점 179℃

② 은백색의 연한 경금속이다.

③ 물과 접촉시 심하게 발열하고 가연성 가스인 수소($H_2$)를 발생한다.

$$2Li + 2H_2O \rightarrow 2LiOH + H_2\uparrow + 105.4kcal$$
(리튬)    (물)      (수산화리튬)(수소)    (반응열)

④ 산과 격렬히 반응하여 수소($H_2$)를 발생한다.

⑤ 물과의 접촉을 방지하고 빗물의 침투가 없도록 주의한다.

⑥ 건조사, 팽창질석, 팽창진주암으로 피복소화

※ 물, $CO_2$, 할로젠화합물 소화약제의 사용을 금한다.

## (2) 금속칼슘(Ca)

① 융점 851℃, 비중 1.55

② 은백색의 연한 경금속이다.

③ 물과 접촉 시 심하게 발열하고 가연성 가스인 수소($H_2$)를 발생한다.

$$Ca + 2H_2O \rightarrow Ca(OH)_2 + H_2\uparrow + 102kcal$$
(칼슘)   (물)      (수산화칼슘) (수소)      (반응열)

④ 물과의 접촉을 방지하고 빗물의 침투가 없도록 주의한다.

⑤ 건조사, 팽창질석, 팽창진주암으로 피복소화

※ 물, $CO_2$, 할로젠화합물, 소화약제의 사용을 금한다.

## ⑨ 유기금속화합물(알킬알루미늄 및 알킬리튬 제외)(지정수량 50kg)

저급 유기 금속화합물은 일반적으로 반응성이 풍부하고 공기 중 자연발화한다.

① 공기 중에 노출되면 자연발화한다.

② 물 또는 습기에 의해 발열하며 분해하여 인화성 증기를 발생한다.

③ 흡입하면 점막을 자극한다.

④ 저장 및 취급방법 : 알킬알루미늄에 준한다.

⑤ 소화방법 : 건조사, 팽창질석, 팽창진주암으로 피복소화

### 📁 유기금속화합물의 종류

- 디메틸텔르륨[$Te(CH_3)_2$]
- 디에틸텔르륨[$Te(C_2H_5)_2$]
- 디메틸아연[$Zn(CH_3)_2$]
- 트리메틸칼륨[$(CH_3)_3K$]
- 디에틸아연[$Zn(C_2H_5)_2$]

## ⑩ 금속의 인화물(지정수량 300kg)

### (1) 인화석회(인화칼슘, $Ca_3P_2$)

① 적갈색 괴상의 고체이다.

② 물 또는 약산과 반응하여 가연성, 유독성 가스인 포스핀($PH_3$)을 발생한다.

$$Ca_3P_2 + 6H_2O \rightarrow 3Ca(OH)_2 + 2PH_3 \uparrow$$
(인화칼슘)  (물)        (수산화칼슘) (포스핀)

$$Ca_3P_2 + 6HCl \rightarrow 3CaCl_2 + 2PH_3 \uparrow$$
(인화칼슘) (염산)    (염화칼슘) (포스핀)

③ 에테르, 벤젠, 이황화탄소와 접촉하면 발화한다.
④ 건조사, 팽창질석, 팽창진주암으로 피복소화(주수엄금)

## (2) 인화알루미늄(AlP)

① 분자량 58, 비중 2.4
② 암회색 또는 황색의 결정 또는 분말의 가연성 물질이다.
③ 물 또는 습기와 접촉 시 가연성, 유독성의 포스핀($PH_3$)를 발생한다.

$$AlP + 3H_2O \rightarrow Al(OH)_3 + PH_3 \uparrow$$
(인화알루미늄)(물) (수산화알루미늄)(포스핀)

④ 건조사, 팽창질석, 팽창진주암으로 피복소화(주수엄금)

## (3) 인화아연($Zn_3P_2$)

$$Zn_3P_2 + 6H_2O \rightarrow 3Zn(OH)_2 + 2PH_3 \uparrow$$

## 11 금속의 수소화물(지정수량 300kg)

알칼리금속 또는 알칼리토금속(Be, Mg 제외)의 수소화합물로서 무색결정으로 물과 반응하여 수소를 발생시키는 이온화합물

## (1) 수소화리튬(LiH)

① 융점 680℃, 비중 0.82
② 유리모양의 투명한 고체이다.
③ 물과 접촉하여 수산화리튬과 수소를 발생한다.

$$LiH + H_2O \rightarrow LiOH + H_2 \uparrow$$
(수소화리튬) (물)    (수산화리튬) (수소)

④ 공기 또는 습기 및 물과의 접촉으로 자연발화의 위험이 있다.

⑤ 대량의 저장용기 중에는 아르곤 또는 질소를 봉입한다.

⑥ 건조사, 팽창질석, 팽창진주암으로 피복소화

## (2) 수소화나트륨(NaH)

① 융점 800℃, 비중 0.92, 분해온도 425℃

② 회백색의 결정 또는 분말이다.

③ 물과 접촉 시 격렬하게 반응하여 수산화나트륨과 수소를 발생한다.

$$NaH + H_2O \rightarrow NaOH + H_2\uparrow$$
(수소화나트륨) (물)    (수산화나트륨) (수소)

④ 425℃ 이상으로 가열하면 수소를 발생한다.

⑤ 점화원 및 산화제와의 접촉을 피한다.

⑥ 대량의 저장용기 중에는 아르곤 또는 질소를 봉입한다.

⑦ 건조사, 팽창질석, 팽창진주암으로 피복소화

## (3) 수소화칼슘(CaH₂)

① 비점 815℃, 비중 1.9, 융점 600℃

② 백색 또는 회색의 결정 또는 분말이다.

③ 물과 접촉 시 격렬하게 반응하여 수산화칼슘과 수소를 발생한다.

$$CaH_2 + 2H_2O \rightarrow Ca(OH)_2 + 2H_2\uparrow$$
(수소화칼슘) (물)    (수산화칼슘) (수소)

④ 건조사, 팽창질석, 팽창진주암으로 피복소화

## (4) 펜타보란(B₅H₉)

### ① 일반적 성질

㉠ 인화점 30℃, 발화점 34℃, 연소범위 4~98%, 비점 60℃, 비중 0.61

㉡ 무색의 자극성 액체로 물에 녹지 않는다.

### ② 위험성

㉠ 발화점이 매우 낮기 때문에 누출되면 자연발화의 위험이 높다.

㉡ 연소범위가 매우 넓어 점화원에 의해서 쉽게 인화, 폭발된다.

㉢ 화학적으로 불안정하여 낮은 온도에서 분해, 발화한다.

　ⓔ 연소 시 유독성, 자극성의 연소가스가 발생한다.

### ③ 저장 및 취급방법
　㉠ 화기로부터 멀리하고 통풍이 잘되는 냉암소에 저장한다.
　㉡ 용기상부에는 헬륨과 같은 불활성 가스를 봉입시킨다.

### ④ 소화방법 : 용기 외벽에 물을 주수하여 열을 흡수시킨다.

## 12 칼슘 또는 알루미늄의 탄화물(지정수량 300kg)

### (1) 탄화칼슘(카바이트)(CaC₂)

#### ① 일반적 성질
　㉠ 융점 2,300℃, 비중 2.22
　㉡ 백색 입방체의 결정이며, 시판품은 회색의 괴상 고체이다.

#### ② 위험성
　㉠ 물과 접촉으로 아세틸렌가스를 발생한다.

$$CaC_2 + 2H_2O \rightarrow Ca(OH)_2 + C_2H_2\uparrow + 27.8kcal$$
(탄화칼슘) (물)　(수산화칼슘) (아세틸렌) (반응열)

　㉡ 카바이트는 불순물을 함유하고 있어 물과 반응 시 아세틸렌 외에 유독가스가 발생한다.
　㉢ 생성되는 아세틸렌가스는 대단히 인화되기 쉽고 단독으로 분해폭발한다.

$$2C_2H_2 + 5O_2 \rightarrow 2H_2O + 4CO_2$$
(아세틸렌) (산소)　(수증기) (탄산가스)

$$C_2H_2 \rightarrow H_2 + 2C$$
(아세틸렌)　(수소)(탄소)

　㉣ 생성되는 아세틸렌가스는 금속(Cu, Ag, Hg, Mg)과 반응하여 폭발성 화합물인 금속아세틸라이드를 생성한다.

$$C_2H_2 + 2Ag \rightarrow 2Ag_2C_2 + H_2\uparrow$$
(아세틸렌) (은) (은아세틸라이트)(수소)

　㉤ 생성되는 아세틸렌가스는 연소범위 2.5~81%로 매우 넓다.

#### ③ 저장 및 취급방법
　㉠ 습기가 없는 밀폐용기에 저장한다.

ⓛ 용기의 상부에는 질소가스 등 불연성가스를 봉입한다.

ⓒ 빗물 또는 침수의 우려가 없고 화기가 없는 장소에 저장할 것

④ **소화방법** : 마른 모래의 피복소화, 탄산가스, 소화분말, 사염화탄소의 방사에 의한 소화

## (2) 탄화알루미늄($Al_4C_3$)

### ① 일반적 성질

㉠ 융점 2,200℃, 비중 2.36

ⓛ 순수한 것은 백색이지만 불순물에 의해 황색을 띤다.

### ② 위험성 : 물과 반응하여 발열과 함께 가연성 가스인 메탄가스를 발생한다.

$$Al_4C_3 + 12H_2O \rightarrow 4Al(OH)_3 + 3CH_4 \uparrow + 360kcal$$

(탄화알루미늄) (물) (수산화알루미늄) (메탄) (반응열)

### ③ 저장 및 취급방법

㉠ 밀폐용기에 저장하고 가연물과의 접촉을 피한다.

ⓛ 건조한 곳에 저장하고 환기가 양호한 곳에 둔다.

### ④ 소화방법 : 건조사, 탄산가스의 방사에 의한 소화

---

### 📁 금수성 물질 중 물과 반응시 수소외의 물질을 생성하는 물질들

수소발생물질 : 나트륨, 칼륨, 리튬, 칼슘, 금속수소화물

- 알킬알루미늄 [메탄, 에탄]
  $(CH_3)_3Al + 3H_2O \rightarrow Al(OH)_3 + 3CH_4 \uparrow$
  $(C_2H_5)_3Al + 3H_2O \rightarrow Al(OH)_3 + 3C_2H_6 \uparrow$
- 알킬리튬 [메탄,에탄]
  $CH_3Li + H_2O \rightarrow LiOH + CH_4$
  $C_2H_5Li + H_2O \rightarrow LiOH + C_2H_6$
- 인화칼슘 [포스핀]
  $Ca_3P_2 + 6H_2O \rightarrow 3Ca(OH)_2 + 2PH_3$
- 인화알루미늄 [포스핀]
  $AlP + 3H_2O \rightarrow Al(OH)_3 + PH_3 \uparrow$
- 인화아연 [포스핀]
  $Zn_3P_2 + 6H_2O \rightarrow 3Zn(OH)_2 + 2PH_3 \uparrow$

- 탄화칼슘 [아세틸렌]
  $CaC_2 + 2H_2O \rightarrow Ca(OH)_2 + C_2H_2 \uparrow + 27.8kcal$
  (소석회, 수산화칼슘)(아세틸렌)
- 탄화알루미늄 [메탄]
  $Al_4C_3 + 12H_2O \rightarrow 4Al(OH)_3 + 3CH_4$
- 탄화리튬, 탄화나트륨, 탄화칼륨, 탄화마그네슘
  아세틸렌 발생함.
- 탄화망간[메탄과 수소]
  $Mn_3C + 6H_2O \rightarrow 3Mn(OH)_2 + CH_4 + H_2 \uparrow$

---

## 05  제4류 위험물(인화성 액체)

### 1  위험등급 · 품명 및 지정수량

| 위험등급 | 품 명 | | 지정수량 | 위험등급 | 품 명 | | 지정수량 |
|---|---|---|---|---|---|---|---|
| I | 특수인화물 | | 50리터 | III | 제2석유류 | 비수용성액체 | 1,000리터 |
| | | | | | | 수용성액체 | 2,000리터 |
| II | 제1석유류 | 비수용성액체 | 200리터 | | 제3석유류 | 비수용성액체 | 2,000리터 |
| | | 수용성액체 | 400리터 | | | 수용성액체 | 4,000리터 |
| | 알코올류 | | 400리터 | | 제4석유류 | | 6,000리터 |
| | | | | | 동식물유류 | | 10,000리터 |

### 2  위험물의 특징 및 소화방법

#### (1) 제4류 위험물의 공통성질

① 상온에서 액체이며 인화의 위험이 높다.
② 대부분 물보다 가볍고 물에 녹지 않는다.
③ 증기는 공기보다 무겁다.
④ 비교적 낮은 착화점을 가지고 있다.
⑤ 증기는 공기와 약간만 혼합되어 있어도 연소의 우려가 있다.

#### (2) 제4류 위험물의 저장 및 취급방법

① 용기는 밀전하고 통풍이 잘되는 찬 곳에 저장할 것
② 화기 및 점화원으로부터 먼 곳에 저장할 것
③ 증기 및 액체의 누설에 주의하며 저장할 것
④ 인화점 이상으로 취급하지 말 것
⑤ 정전기의 발생에 주의하여 저장 · 취급할 것
⑥ 증기는 높은 곳으로 배출할 것

### (3) 제4류 위험물의 소화방법

① **수용성 위험물**

　　㉠ 초기(소규모)화재시 : 물분무, 탄산가스, 분말방사에 의한 질식소화

　　㉡ 대형화재의 경우 : 알코올포 방사에 의한 질식소화

② **비수용성 위험물**

　　㉠ 초기(소규모)화재시 : 탄산가스, 분말, 할론방사에 의한 질식소화

　　㉡ 대형화재의 경우 : 포말 방사에 의한 질식소화

## ❸ 지정품명 및 성질에 따른 품명

### (1) 지정품명

① 특수인화물 : 디에틸에테르, 이황화탄소

② 제1석유류 : 아세톤, 휘발유

③ 제2석유류 : 등유, 경유

④ 제3석유류 : 중유, 클레오소오트유

⑤ 제4석유류 : 기어유, 실린더유

### (2) 성질에 따른 품명

① 특수인화물 : 1기압에서 발화점이 100℃ 이하인 것 또는 인화점이 −20℃ 이하이고 비점이 40℃ 이하인 것

② 제1석유류 : 1기압에서 인화점이 21℃ 미만인 것

③ 제2석유류 : 1기압에서 인화점이 21℃ 이상, 70℃ 미만인 것

④ 제3석유류 : 1기압에서 인화점이 70℃ 이상, 200℃ 미만인 것

⑤ 제4석유류 : 1기압에서 인화점이 200℃ 이상, 250℃ 미만의 것

⑥ 동식물유류 : 동물의 지육 또는 식물의 종자나 과육으로부터 추출한 것으로서 1기압에서 인화점이 250℃ 미만인 것

## ❹ 특수인화물(지정수량 50리터)

지정품명 : 디에틸에테르, 이황화탄소

성상에 따른 품명 : 아세트알데하이드, 산화프로필렌, 이소프렌 등

## (1) 디에틸에테르(에테르)($C_2H_5OC_2H_5$)

### ① 일반적 성질

㉠ 인화점 $-45℃$, 착화점 $180℃$, 연소범위 1.9~48%, 비점 $35℃$, 비중 0.71

㉡ 무색투명한 액체이다.

㉢ 비극성 용매로서 물에 잘 녹지 않는다.

㉣ 전기의 불량도체로 정전기가 발생되기 쉽다.

㉤ 증기는 마취성이 있다.

㉥ 에탄올에 진한 황산을 넣고 130~140℃로 가열하여 제조한다.

$$2C_2H_5OH \xrightarrow{\text{진한 황산}} C_2H_5OC_2H_5 + H_2O$$

(에틸알코올)      (디에틸에테르)   (물)

### ② 위험성

㉠ 인화점이 낮고 휘발성이 강하다.

㉡ 증기는 마취성을 가지므로 장시간 흡입 시 위험하다.

㉢ 동식물성 섬유로 여과 시 정전기 발생의 위험이 있다.

㉣ 공기 중에서 장시간 접촉 시 과산화물이 생성되어 가열, 충격, 마찰에 의해 폭발한다.

> **📁 과산화물**
>
> • 성질 : 5류 위험물과 같은 위험성
> • 검출시약 : 10% 의 아이오딘화칼륨(KI) 용액 → 과산화물 존재 시 황색으로 변색
> • 제거시약 : 황산제일철($FeSO_4$), 환원철 등
> • 생성방지법 : 40메쉬(mesh)의 동(Cu)망을 넣는다.

### ③ 저장 및 취급방법

㉠ 직사광선을 피하고 갈색병에 저장한다.

㉡ 용기는 밀전 · 밀봉하여 냉암소에 저장한다.

㉢ 불꽃 등 화기를 멀리하고 통풍이 잘되는 곳에 저장한다.

### ④ 소화방법 : 포말, 분말, $CO_2$ 방사에 의한 질식소화

## (2) 이황화탄소($CS_2$)

### ① 일반적 성질

㉠ 인화점 $-30℃$, 착화점 $100℃$, 연소범위 1~44%, 비중 1.26

㉡ 무색투명한 액체로, 일광에 의해 황색으로 변색된다.

㉢ 물보다 무겁고, 물에 녹지 않는다(알코올, 에테르, 벤젠 등의 유기용매에 잘 녹는다).

### ② 위험성

㉠ 휘발성 및 인화성이 강하며, 4류 위험물 중 착화점이 가장 낮다.

㉡ 인화점 및 비점이 낮고 연소범위가 넓다.

㉢ 인체에 대한 독성이 있어 흡입 시 유해하다.

㉣ 연소 시 유독성 가스인 아황산가스($SO_2$)를 발생한다.

$$CS_2 + 3O_2 \rightarrow CO_2 + 2SO_2$$
(이황화탄소) (산소)  (이산화탄소)(아황산가스)

㉤ 물과 150℃에서 가열하면 분해하여 황화수소($H_2S$)를 발생한다.

$$CS_2 + 2H_2O \rightarrow CO_2 + 2H_2S$$
(이황화탄소)  (물)   (이산화탄소)(황화수소)

### ③ 저장 및 취급방법

㉠ 물보다 무겁고 물에 녹기 어려우므로 물속에 저장한다.(가연성증기의 발생억제를 위하여 물속에 저장)

㉡ 착화온도가 낮으므로 화기 등 점화원으로부터 멀리한다.

㉢ 직사광선을 피하고 용기는 밀봉하여 냉암소에 저장한다.

④ 소화방법 : 포말, 분말, $CO_2$, 할로젠화합물 방사에 의한 질식소화

## (3) 아세트알데하이드($CH_3CHO$)

### ① 일반적 성질

㉠ 인화점 −39℃, 착화점 185℃, 연소범위 4.1~57%, 비점 21℃, 비중 0.8

㉡ 자극성 과일향을 가지는 무색투명한 휘발성 액체로 물에 잘 녹는다.

㉢ 환원력이 강하므로 은거울반응과 페엘링반응을 한다.

### ② 위험성

㉠ 비점이 대단히 낮아 휘발하거나 인화되기 쉽다.

㉡ 착화온도가 낮고 폭발범위가 넓어 폭발의 위험이 크다.

㉢ 구리, 은, 마그네슘, 수은 및 그 합금과 반응하여 폭발성인 아세틸라이트를 생성한다.

㉣ 증기 및 액체는 인체에 유해한다.

### ③ 저장 및 취급방법

㉠ 용기 내부에는 불연성 가스($N_2$) 또는 수증기($H_2O$)를 봉입한다.

㉡ 공기와의 접촉 시 과산화물이 생성되므로 밀전 · 밀봉하여 냉암소에 저장한다.

㉢ 액체의 누출 및 증기의 누설방지를 위하여 용기는 완전 밀폐한다.

ㄹ 산의 존재하에서 심한 중합반응을 하기 때문에 접촉을 피한다.

④ **소화방법**

ㄱ 분무주수에 의한 냉각 및 희석소화

ㄴ 알코올포 및 분말, $CO_2$, 할로젠화합물 방사에 의한 질식소화

---

📁 **아세트알데하이드의 산화와 환원**

$$C_2H_5OH \underset{\text{환원}}{\overset{\text{산화}}{\rightleftarrows}} CH_3CHO \underset{\text{환원}}{\overset{\text{산화}}{\rightleftarrows}} CH_3COOH$$

---

## (4) 산화프로필렌($CH_3CHOCH_2$)

① **일반적 성질**

ㄱ 인화점 −37℃, 연소범위 2.1~38.5%, 비점 34℃, 비중 0.83

ㄴ 무색 투명한 휘발성 액체이다.

ㄷ 물에 잘 녹고 반응성이 풍부하다.

② **위험성**

ㄱ 증기압이 대단히 높아(20℃에서 442mmHg) 상온에서 쉽게 위험농도에 도달한다.

ㄴ 구리, 은, 마그네슘, 수은 및 그 합금과의 반응은 폭발성인 아세틸라이트를 생성한다.

ㄷ 증기 및 액체는 인체에 유해하여 흡입 시 폐부종을 일으킨다.

ㄹ 피부에 접촉 시 동상과 같은 증상이 나타난다.

ㅁ 산, 알칼리와는 중합반응을 한다.

③ **저장 및 취급방법** : 아세트알데하이드에 준한다.

④ **소화방법** : 아세트알데하이드에 준한다.

## (5) 이소프렌($CH_2=C(CH_3)CH=CH_2$)

① **일반적 성질**

ㄱ 인화점 −54℃, 발화점 220℃, 연소범위 2~9%, 비점 34℃, 비중 0.83

ㄴ 무색의 휘발성 액체로 물에 녹지 않는다.

② **위험성**

ㄱ 인화점이 매우 낮아 위험성이 매우 높다.

ㄴ 직사광선, 가열, 산화성 물질 및 과산화물에 의해 폭발적으로 중합한다.

ㄷ 밀폐용기가 가열되면 심하게 파열한다.

③ **저장 및 취급방법**

ㄱ 화기로부터 멀리하고 통풍이 잘되는 냉암소에 저장한다.

ⓛ 강산화제, 강산류와 철저히 격리한다.

④ **소화방법** : 분말, $CO_2$, 할로젠화합물 방사에 의한 질식소화

## 5 제1석유류(지정수량 : 비수용성 200리터, 수용성 400리터)

지정품명 : 아세톤, 휘발유

성상에 따른 품명 : 벤젠, 톨루엔, 메틸에틸케톤, 피리딘, 시안화수소, 초산에스터류, 의산에스터류

### (1) 아세톤(디메틸케톤, $CH_3COCH_3$)(지정수량 400리터)

#### ① 일반적 성질

㉠ 인화점 $-18℃$, 착화점 538℃, 연소범위 2.6~12.8%, 비점 56.5℃, 비중 0.79

㉡ 무색 투명한 독특한 냄새가 있는 휘발성 액체이다.

㉢ 물에 잘 녹는다.

㉣ 일광을 쪼이면 분해하여 황색으로 변한다.

㉤ 독성은 없으나 오랜 시간 흡입 시 구토가 일어난다.

#### ② 위험성

㉠ 비점과 인화점이 낮아 인화의 위험이 크다.

㉡ 피부에 닿으면 탈지작용을 한다.

#### ③ 저장 및 취급방법

㉠ 화기 등에 주의하고 통풍이 잘되는 찬 곳에 저장한다.

㉡ 저장용기는 밀봉하여 냉암소에 저장한다.

#### ④ 소화방법

㉠ 분무주수에 의한 냉각 및 희석소화

㉡ 알코올포 및 분말, $CO_2$, 할로젠화합물 방사에 의한 질식소화

### (2) 휘발유(가솔린)(지정수량 200리터)

탄소 수가 5~9까지의 포화 · 불포화탄화수소의 혼합물

#### ① 일반적 성질

㉠ 인화점 $-43℃~-20℃$, 착화점 300℃, 연소범위 1.4~7.6%, 증기비중 3~4, 비중 0.65~0.80

㉡ 무색 투명한 휘발성 액체이다.

㉢ 물에 녹지 않고 유기용제에 잘 녹는다.

　　ⓔ 전기의 부도체로 정전기가 발생된다.

　　ⓜ 옥탄가를 높이기 위하여 첨가제를 넣어 착색되어 있다.

② **위험성**

　　㉠ 작은 점화에너지로도 인화되기 쉽다.

　　ⓛ 증기는 공기보다 3~4배 무거우므로 누설 시 낮은 곳에 체류한다.

　　ⓒ 연소하한값이 낮아 소량 누설되어도 연소의 우려가 크다.

　　ⓔ 첨가제인 사에틸납의 첨가로 유독성이 있다.

　　ⓜ 불순물에 의해 연소 시 아황산가스 ($SO_2$)가 발생된다.

③ **저장 및 취급방법**

　　㉠ 화기 등에 주의하고 통풍이 잘되는 찬 곳에 저장한다.

　　ⓛ 증기의 누설 및 액체의 누출을 방지하고 저장용기는 밀봉하여 냉암소에 저장한다.

④ **소화방법** : 포말 및 분말, $CO_2$, 할로젠화합물 방사에 의한 질식소화

> 📁 **옥탄값**
>
> 이소옥탄을 100, 노르말 헵탄을 0으로 하여 가솔린의 품질을 정하는 기준

## (3) 벤젠(벤졸, $C_6H_6$)(지정수량 200리터)

① **일반적 성질**

　　㉠ 인화점 −11℃, 착화점 562℃, 융점 5.5℃, 연소범위 1.4~7.1%, 비점 80℃

　　ⓛ 무색의 휘발성 액체로 증기는 마취성, 독성이 있는 방향성을 갖는다.

　　ⓒ 물에는 녹지 않는다.

　　ⓔ 불포화결합을 하고 있으나 첨가반응보다 치환반응이 많다.

　　ⓜ 탄소수에 비해 수소의 수가 적기 때문에 연소 시 그을음을 많이 낸다.

　　ⓗ 융점이 5.5℃로 겨울에 찬 곳에서는 고체가 된다.

② **위험성**

　　㉠ 융점은 5.5℃이고 인화점은 −11℃로 겨울철에는 고체상태에서 가연성 증기를 발생한다.

　　ⓛ 증기는 마취성과 독성이 강하여 2% 이상 고농도의 증기를 5~10분간 흡입하면 치명적이다.

　　ⓒ 증기는 공기보다 무거우므로 누설 시 낮은 곳에 체류한다.

　　ⓔ 유체의 마찰에 의해 정전기의 발생, 축적의 위험이 있다.

　　ⓜ 산화성 물질과의 혼촉에 의해 발화위험이 있다.

③ **저장 및 취급방법** : 가솔린에 준한다.

④ **소화방법** : 포말 및 분말, $CO_2$, 할로젠화합물 방사에 의한 질식소화

[ 벤젠의 구조식 ]

## (4) 톨루엔(메틸벤젠, $C_6H_5CH_3$)(지정수량 200리터)

### ① 일반적 성질

㉠ 인화점 4℃, 착화점 552℃, 연소범위 1.4~6.7%, 비중 0.87

㉡ 무색의 휘발성 액체로 벤젠보다 독성은 적고 방향성을 갖는다.

㉢ 물에는 녹지 않으나 유기용제에 잘 녹는다.

㉣ 톨루엔에 진한 질산과 진한 황산을 가하면 나이트로화에 의해 트리나이트로톨루엔 (TNT)이 생성된다.

$$C_6H_5CH_3 + 3HNO_3 \xrightarrow{(C-H_2SO_4)} C_6H_2CH_3(NO_2)_3 + 3H_2O$$

### ② 위험성, 저장 및 취급방법 : 벤젠에 준한다.

### ③ 소화방법 : 포말 및 분말, $CO_2$, 할로젠화합물 방사에 의한 질식소화

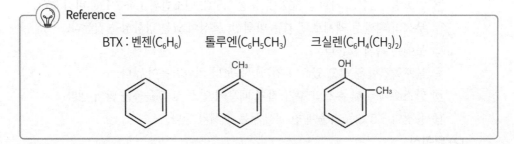

Reference

BTX : 벤젠($C_6H_6$)    톨루엔($C_6H_5CH_3$)    크실렌($C_6H_4(CH_3)_2$)

## (5) 메틸에틸케톤(MEK, $CH_3COC_2H_5$)(지정수량 200리터)

### ① 일반적 성질

㉠ 인화점 −7℃, 착화점 516℃, 연소범위 1.4~11.4%, 비중 0.81

㉡ 아세톤과 비슷한 냄새가 나는 무색의 휘발성 액체이다.

㉢ 물에 잘 녹으며 유기용제에도 잘 녹는다.

### ② 위험성

㉠ 비점이 낮고 인화점이 낮아 인화의 위험이 크다.

ⓒ 피부에 닿으면 탈지작용을 한다.

ⓒ 다량의 증기를 흡입하면 마취성과 구토가 일어난다.

### ③ 저장 및 취급방법

㉠ 화기 등에 주의하고 통풍이 잘되는 찬 곳에 저장한다.

ⓒ 저장용기는 갈색병을 사용하고 밀봉하여 냉암소에 저장한다.

### ④ 소화방법

㉠ 분무주수에 의한 냉각 및 희석소화

ⓒ 알코올포 및 분말, $CO_2$, 할로젠화합물 방사에 의한 질식소화

## (6) 피리딘(아딘, $C_5H_5N$)(지정수량 400리터)

### ① 일반적 성질

㉠ 인화점 20℃, 착화점 482℃, 연소범위 1.8~12.4%, 비중 0.98

ⓒ 무색 또는 담황색의 독성이 있는 액체이다.

ⓒ 물에 잘 녹으며 약 알칼리성을 띤다.

### ② 위험성

㉠ 상온에서 인화의 위험이 크다.

ⓒ 증기는 독성이 크므로 독성에 주의한다.(허용농도 5ppm)

### ③ 저장 및 취급방법, 소화방법 : MEK에 준한다.

## (7) 시안화수소(청산, HCN)(지정수량 400리터)

### ① 일반적 성질

㉠ 인화점 −18℃, 착화점 540℃, 연소범위 6~41%, 비중 0.69, 증기비중 0.94

ⓒ 자극성 냄새가 나는 무색의 액체이다.

ⓒ 물, 알코올에 잘 녹고 수용액은 약산성을 띤다.

ⓒ 4류 위험물 중 유일하게 증기가 공기보다 가볍다.

### ② 위험성

㉠ 휘발성이 매우 높아 인화의 위험성이 크다.

ⓒ 맹독성 물질이다.

ⓒ 저온에서는 안정하나 소량의 수분 또는 알칼리와 혼합되면 중합폭발의 우려가 있다.

ⓒ 밀폐용기를 가열하면 심하게 폭발한다.

### ③ 저장 및 취급방법

㉠ 안정제로서 철분 또는 황산 등의 무기산을 소량 넣어준다.

ⓒ 사용 후 3개월이 지나면 안전하게 폐기시킨다.

ⓒ 저장 중 수분 또는 알칼리와 접촉되지 않도록 하고 용기는 밀봉한다.

ⓔ 색깔이 암갈색으로 변하였거나 중합반응이 일어난 것을 확인하면 즉시 폐기한다.

④ **소화방법**

ⓐ 분무주수에 의한 냉각 및 희석소화

ⓑ 알코올포 및 분말, $CO_2$, 할로젠화합물 방사에 의한 질식소화

## (8) 초산에스터류(아세트산에스터류, $CH_3COOR$)(지정수량 200리터)

초산($CH_3COOH$)에서 카르복실기($-COOH$)의 수소가 알킬기(R)로 치환된 화합물

> 📁 **에스터류의 분자량 증가에 따른 성질변화**
>
> • 인화점이 높아진다.        • 연소범위가 감소한다.
> • 휘발성이 감소한다.        • 점도가 커진다.
> • 증기비중이 커진다.        • 수용성이 감소한다.
> • 비점이 높아진다.        • 이성질체가 많아진다.
> • 비중이 작아진다.        • 착화점이 낮아진다.

### 1) 초산메틸(아세트산메틸, $CH_3COOCH_3$)

① **일반적 성질**

ⓐ 인화점 $-10℃$, 착화점 $454℃$, 연소범위 3.1~16%

ⓑ 무색의 과일향이 있는 액체로 독성 및 마취성이 있다.

ⓒ 수용성이 매우 크다.

ⓔ 초산과 메틸알코올의 혼합물에 황산을 가하여 만든다.

$$CH_3COOH + CH_3OH \xrightarrow{C-H_2SO_4} CH_3COOCH_3 + H_2O$$
$$\text{(초산)} \quad \text{(메틸알코올)} \qquad \text{(초산메틸)} \quad \text{(물)}$$

② **위험성**

ⓐ 휘발성이 매우 높아 인화의 위험성이 크다.

ⓑ 독성이 있으므로 주의한다.

ⓒ 피부에 접촉 시 탈지작용이 있다.

③ **저장 및 취급방법**

ⓐ 화기를 피하고 용기의 파손 및 누출에 주의한다.

ⓑ 용기는 밀전·밀봉하여 냉암소에 저장한다.

④ **소화방법**

ⓐ 분무주수에 의한 냉각 및 희석소화

ⓛ 알코올포 및 분말, $CO_2$, 할로젠화합물 방사에 의한 질식소화

## 2) 초산에틸(아세트산에틸, $CH_3COOC_2H_5$)

### ① 일반적 성질

ⓞ 인화점 −4℃, 착화점 427℃, 연소범위 2.2~11.4%

ⓛ 무색의 과일향이 있는 액체이다.

ⓒ 물에 잘 녹으며 독성은 없다.

ⓔ 초산과 에틸알코올의 혼합물에 황산을 가하여 만든다.

$$CH_3COOH + C_2H_5OH \xrightarrow{C-H_2SO_4} CH_3COOC_2H_5 + H_2O$$
(초산)　(에틸알코올)　　　　　(초산에틸)　(물)

### ② 위험성, 저장 및 취급방법 : 초산메틸에 준한다.(단, 독성은 없다.)

### ③ 소화방법

ⓞ 분무주수에 의한 냉각 및 희석소화

ⓛ 알코올포 및 분말, $CO_2$, 할로젠화합물 방사에 의한 질식소화

## 3) 초산프로필(아세트산프로필, $CH_3COOC_3H_7$)

### ① 일반적 성질

ⓞ 인화점 14℃, 착화점 450℃, 연소범위 2.0~8%

ⓛ 무색의 과일향이 있는 액체이다.

ⓒ 물에는 약간 녹고, 독성이 없다.

ⓔ 초산과 프로필알코올을 반응시켜 만든다.

$$CH_3COOH + C_3H_7OH \xrightarrow{C-H_2SO_4} CH_3COOC_3H_7 + H_2O$$
(초산)　(프로필알코올)　　　　　(초산프로필)　(물)

### ② 위험성, 저장 및 취급방법 : 초산메틸에 준한다.(단, 독성은 없다.)

### ③ 소화방법 : 포말 및 분말, $CO_2$, 할로젠화합물 방사에 의한 질식소화

## (9) 의산(포름산)에스터류(개미산에스터류, HCOOR)(지정수량 200리터/400리터)

의산(HCOOH)에서 카르복실기(−COOH)의 수소가 알킬기(R)로 치환된 화합물

## 1) 의산(포름산)메틸(개미산메틸, $HCOOCH_3$)[수용성 지정수량 400리터]

### ① 일반적 성질

ⓞ 인화점 −19℃, 착화점 456℃, 연소범위 5.9~20%

ⓛ 럼주와 같은 냄새가 나는 무색의 액체로 약간의 마취성을 가진다.

ⓒ 수용성이 매우 크다.

ⓔ 의산과 메틸알코올을 반응시켜 만든다.

$$HCOOH + CH_3OH \xrightarrow{C-H_2SO_4} HCOOCH_3 + H_2O$$
$$\text{(의산)} \quad \text{(메틸알코올)} \qquad \text{(의산메틸)} \quad \text{(물)}$$

② **위험성** : 휘발성이 매우 높아 인화의 위험성이 크다.

③ **저장 및 취급방법**

㉠ 화기를 피하고 용기의 파손 및 누출에 주의한다.

ⓛ 용기는 밀전·밀봉하여 냉암소에 저장한다.

④ **소화방법**

㉠ 분무주수에 의한 냉각 및 희석소화

ⓛ 알코올포 및 분말, $CO_2$, 할로젠화합물 방사에 의한 질식소화

## 2) 의산(포름산)에틸(개미산에틸, $HCOOC_2H_5$)[비수용성 200리터]

① **일반적 성질**

㉠ 인화점 $-20℃$, 착화점 $455℃$, 연소범위 2.8~16%

ⓛ 럼주와 같은 냄새가 나는 무색의 액체이다.

ⓒ 물에 잘 녹고 독성은 없다.

ⓔ 의산과 에틸알코올을 반응시켜 만든다.

$$HCOOH + C_2H_5OH \xrightarrow{C-H_2SO_4} HCOOC_2H_5 + H_2O$$
$$\text{(의산)} \quad \text{(에틸알코올)} \qquad \text{(의산에틸)} \quad \text{(물)}$$

② **위험성, 저장 및 취급방법** : 의산메틸에 준한다.

③ **소화방법**

㉠ 분무주수에 의한 냉각 및 희석소화

ⓛ 알코올포 및 분말, $CO_2$, 할로젠화합물 방사에 의한 질식소화

## 3) 의산(포름산)프로필(개미산프로필, $HCOOC_3H_7$)[비수용성 200리터]

① **일반적 성질**

㉠ 인화점 $-3℃$, 착화점 $455℃$

ⓛ 무색의 특유의 향이 있는 액체이다.

ⓒ 물에는 녹기 어렵다.

ⓔ 의산과 프로필알코올을 반응시켜 만든다.

$$HCOOH + C_3H_7OH \xrightarrow{C-H_2SO_4} HCOOC_3H_7 + H_2O$$
(의산)　(프로필알코올)　　　　　(의산프로필)　(물)

② **위험성, 저장 및 취급방법** : 의산메틸에 준한다.
③ **소화방법** : 포말 및 분말, $CO_2$, 할로겐화합물 방사에 의한 질식소화

## ⑥ 알코올류(지정수량 400리터)

1분자를 구성하는 탄소원자의 수가 1개부터 3개까지인 포화1가 알코올(변성알코올을 포함한다.)을 말한다. 다만, 다음에 해당하는 것을 제외한다.
① 1분자를 구성하는 탄소원자의 수가 1개 내지 3개의 포화 1가 알코올의 함유량이 60중량% 미만인 수용액
② 가연성 액체량이 60중량% 미만이고 인화점 및 연소점이 에틸알코올 60중량% 수용액의 인화점 및 연소점을 초과하는 것

### (1) 메틸알코올(메탄올, $CH_3OH$)

① **일반적 성질**
　㉠ 인화점 11℃, 착화점 464℃, 비점 64℃, 연소범위 7.3~36%, 증기비중 1.1
　㉡ 무색 투명한 휘발성 액체로 독성이 있다.
　㉢ 물에 잘 녹고 유기용제에도 잘 녹는다.
　㉣ 산화되면 포름알데하이드를 거쳐 최종적으로 포름산이 된다.

$$CH_3OH \underset{환원}{\overset{산화}{\rightleftarrows}} HCHO \underset{환원}{\overset{산화}{\rightleftarrows}} HCOOH$$
(메틸알코올)　　(포름알데하이드)　　(포름산)

② **위험성**
　㉠ 밝은 곳에서 연소 시 불꽃이 잘 보이지 않는다.
　㉡ 독성이 강하여 30~100ml를 먹으면 사망한다.
　㉢ K, Na 등 알칼리금속과 반응하여 수소($H_2$)를 발생한다.

$$2Na + 2CH_3OH \longrightarrow 2CH_3ONa + H_2$$
(나트륨)　(메탄올)　　　(나트륨알코올레이드)(수소)

③ **저장 및 취급방법**
　㉠ 화기 등을 멀리하고 액체의 온도가 인화점 이상이 되지 않도록 한다.

ⓛ 용기는 밀전 · 밀봉하여 통풍이 잘되는 냉암소에 저장한다.

④ **소화방법**

  ㉠ 분무주수에 의한 냉각 및 희석소화

  ⓛ 알코올포 및 분말, $CO_2$, 할로젠화합물 방사에 의한 질식소화

## (2) 에틸알코올(에탄올, $C_2H_5OH$)

① **일반적 성질**

  ㉠ 인화점 13℃, 착화점 423℃, 비점 78℃, 연소범위 4.3~19%, 증기비중 1.59

  ⓛ 무색 투명한 휘발성 액체로 독성은 없다.

  ⓒ 물에 잘 녹으며 유기용제에도 잘 녹는다.

  ⓓ 산화되면 아세트알데하이드를 거쳐 최종적으로 초산(아세트산)이 된다.

$$2C_2H_5OH \underset{\text{환원}}{\overset{\text{산화}}{\longleftarrow}} CH_3CHO \underset{\text{환원}}{\overset{\text{산화}}{\longleftarrow}} CH_3COOH$$
   (에틸알코올)    (아세트알데하이드)    (아세트산)

  ⓜ 140℃에서 진한 황산과 가열하면 디에틸에테르가 얻어진다.

$$2C_2H_5OH \xrightarrow[\text{탈수 축합}]{C-H_2SO_4} C_2H_5OC_2H_5 + H_2O$$
   (에틸알코올)        (디에틸에테르)  (물)

  ⓗ 160℃에서 진한 황산과 가열하면 에틸렌이 얻어진다.

$$C_2H_5OH \xrightarrow{C-H_2SO_4} C_2H_4 + H_2O$$
   (에틸알코올)        (에틸렌)  (물)

② **위험성**

  ㉠ 밝은 곳에서 연소 시 불꽃이 잘 보이지 않는다.

  ⓛ K, Na 등 알칼리 금속과 반응하여 수소($H_2$)를 발생한다.

$$2Na + 2C_2H_5OH \longrightarrow 2C_2H_5ONa + H_2$$
  (나트륨)   (에탄올)      (나트륨알코올레이드)(수소)

③ **저장 및 취급방법, 소화방법** : 메틸알코올에 준한다.

### (3) 프로필알코올(프로판올, $C_3H_7OH$)

① 일반적 성질
- ㉠ 인화점 12℃, 착화점 399℃, 비점 83℃, 연소범위 2~12.7%, 증기비중 2.1
- ㉡ 물에 잘 녹으며 유기용제에도 잘 녹는다.
- ㉢ 2가지의 이성질체를 갖는다.

② **위험성, 저장 및 취급방법, 소화방법** : 에틸알코올에 준한다.

### (4) 변성알코올

에탄올에 메탄올, 가솔린, 피리딘 등을 소량 첨가하여 공업용으로 사용하는 것으로 음료로는 사용할 수 없다.

## 7 제2석유류(지정수량 : 비수용성 1,000리터, 수용성 2,000리터)

지정품명 : 등유, 경유
성상에 따른 품명 : 의산, 초산, 테레핀유, 스티렌, 장뇌유, 송근유, 에틸셀르솔브, 클로로벤젠, 하이드라진, 크실렌

### (1) 등유(케로신)(지정수량 1,000리터)

탄소수가 $C_9 \sim C_{18}$가 되는 포화, 불포화탄화수소의 혼합물

① 일반적 성질
- ㉠ 인화점 40~70℃, 착화점 220℃ 전후, 연소범위 1.1~6.0%, 증기비중 4~5
- ㉡ 무색 또는 담황색 액체이다.
- ㉢ 물에 불용성이며 여러 가지 유기용제와 잘 섞인다.

② 위험성
- ㉠ 상온에서는 인화의 위험이 적으나 분무상으로 부유하거나 섬유질, 종이 등에 스며든 경우 인화의 위험이 있다.
- ㉡ 연소범위 하한값이 낮아 소량누설에도 위험할 수 있다.
- ㉢ 전기의 불량도체로 정전기에 의해 인화할 위험이 있다.

③ **저장 및 취급방법, 소화방법** : 가솔린에 준한다.

### (2) 경유(디젤유)(지정수량 1,000리터)

탄소수가 $C_{15} \sim C_{20}$가 되는 포화, 불포화탄화수소의 혼합물

① **일반적 성질**
　　㉠ 인화점 50~70℃, 착화점 200℃ 전후, 연소범위 1~6.0%, 증기비중 4~5
　　㉡ 담황색 또는 담갈색 액체이다.
　　㉢ 물에 불용성이며 여러 가지 유기용제와 잘 섞인다.
② **위험성, 저장 및 취급방법, 소화방법** : 등유에 준한다.

## (3) 의산(포름산, 개미산 HCOOH)(지정수량 2,000리터)

① **일반적 성질**
　　㉠ 인화점 69℃, 착화점 601℃, 비중 1.22, 연소범위 18~57%, 증기비중 2.6
　　㉡ 자극성 냄새가 나는 무색의 액체로 초산보다 강산이다.
　　㉢ 물보다 무겁고 물, 에테르, 알코올에 잘 녹는다.
　　㉣ $CH_3OH$와 에스터화 반응한다.
　　㉤ 은거울반응한다.
② **위험성**
　　㉠ 밝은 곳에서 연소 시 불꽃이 잘 보이지 않는다.
　　㉡ 피부에 닿으면 수포상의 화상을 일으킨다.
　　㉢ 증기를 흡입하는 경우 점막을 자극하는 염증을 일으킨다.
　　㉣ 진한 황산에 의해 탈수되어 일산화탄소를 발생한다.

$$HCOOH \xrightarrow{C-H_2SO_4} CO + H_2O$$
(의산)　　　　　　　　(일산화탄소)(물)

③ **저장 및 취급방법**
　　㉠ 용기는 내산성 용기를 사용한다.
　　㉡ 증기의 누설 및 액체의 누출방지를 위하여 용기를 밀전 · 밀봉한다.
④ **소화방법**
　　㉠ 분무주수에 의한 냉각 및 희석소화
　　㉡ 알코올포 및 분말, $CO_2$, 할로젠화합물 방사에 의한 질식소화

## (4) 초산(아세트산, CH₃COOH)(지정수량 2,000리터)

① **일반적 성질**
　　㉠ 인화점 40℃, 착화점 427℃, 비중 1.05, 연소범위 5.4~16%, 증기비중 2.1, 융점 16.7℃
　　㉡ 자극성 냄새가 나는 무색의 액체이다.

ⓒ 물보다 무겁고 물, 에테르, 알코올에 잘 녹는다.

ⓔ 융점이 16.7℃로 16.7℃ 이하에서는 얼음과 같이 된다.

ⓜ 3~5% 수용액을 식초라 한다.

ⓗ 알코올과 반응하여 초산에틸을 만든다.

$$C_2H_5OH + CH_3COOH \xrightarrow{C-H_2SO_4} CH_3COOC_2H_5 + H_2O$$
(에틸알코올)　　(초산)　　　　　　　　　(초산에틸)　　(물)

② **위험성**

ⓐ 밝은 곳에서 연소 시 불꽃이 잘 보이지 않는다.

ⓑ 피부에 닿으면 수포상의 화상을 일으킨다.

ⓒ 증기를 흡입하는 경우 점막을 자극하는 염증을 일으킨다.

③ **저장 및 취급방법, 소화방법** : 의산에 준한다.

## (5) 테레핀유(송정유)(지정수량 1,000리터)

① **일반적 성질**

ⓐ 인화점 35℃, 착화점 240℃, 비중 0.9

ⓑ 소나무과 식물에서 추출한 것으로 무색 또는 담황색의 액체이다.

ⓒ 물에는 녹지 않으나, 유기용제에는 잘 녹는다.

ⓔ 주성분은 피넨($C_{10}H_{16}$)으로 80~90%이다.

② **위험성**

ⓐ 헝겊 및 종이 등에 스며들어 있으면 산화중합반응에 의해 자연발화한다.

ⓑ 연소 시 유독가스인 일산화탄소(CO)가 발생된다.

③ **저장 및 취급방법, 소화방법** : 등유에 준한다.

## (6) 스티렌(비닐벤젠, $C_6H_5CHCH_2$)(지정수량 1,000리터)

① **일반적 성질**

ⓐ 인화점 32℃, 착화점 490℃, 비점 146℃, 비중 0.81, 연소범위 1.1~7%

ⓑ 독특한 냄새의 무색투명한 액체이다.

ⓒ 물에는 녹지 않으나 에틸알코올, 에테르, 아세톤 등 유기용제에 잘 녹는다.

② **위험성**

ⓐ 유독성 및 마취성이 있으므로 취급에 주의한다.

ⓑ 등유에 준한다.

③ **저장 및 취급방법, 소화방법** : 등유에 준한다.

### (7) 장뇌유(백색유, 적색유, 감색유, $C_6H_{16}O$)(지정수량 1,000리터)

① 일반적 성질

ㄱ 엷은 황색의 액체로 인화점은 47℃이다.

ㄴ 물에는 녹지 않으나 알코올, 에테르 등에 잘 녹는다.

② **위험성, 저장 및 취급방법, 소화방법** : 등유에 준한다.

### (8) 송근유(지정수량 1,000리터)

① 일반적 성질

ㄱ 인화점 54~78℃, 착화점 약 350℃

ㄴ 소나무 뿌리에서 추출한 방향성을 갖는 황갈색 액체이다.

ㄷ 물에는 녹지 않으나 유기용제에는 잘 녹는다.

② **위험성, 저장 및 취급방법, 소화방법** : 등유에 준한다.

### (9) 에틸셀르솔브($C_2H_5OCH_2CH_2OH$)(지정수량 2,000리터)

① 일반적 성질

ㄱ 인화점 40℃, 착화점 238℃, 연소범위 12.8~18%

ㄴ 무색의 액체로 물에 잘 녹으며 유리의 청결제로 쓰인다.

② **위험성, 저장 및 취급방법** : 등유에 준한다.

③ 소화방법

ㄱ 분무주수에 의한 냉각 및 희석소화

ㄴ 알코올포 및 분말, $CO_2$, 할로젠화합물 방사에 의한 질식소화

### (10) 클로로벤젠(염화페닐, $C_6H_5Cl$)(지정수량 1,000리터)

① 일반적 성질

ㄱ 인화점 32℃, 착화점 638℃, 비중 1.11, 연소범위 1.3~7.1%

ㄴ 석유와 비슷한 냄새를 가진 무색의 액체로 물보다 무겁다.

ㄷ 물에는 녹지 않고 유기용제에는 잘 녹는다.

ㄹ DDT의 원료로 사용된다.

② 위험성

ㄱ 마취성이 있고 독성도 있으나 벤젠보다 약하다.

ㄴ 연소 시 포스겐, 염화수소를 포함한 유독가스를 발생한다.

③ **저장 및 취급방법, 소화방법** : 등유에 준한다.

### (11) 크실렌(디메틸벤젠, $C_6H_4(CH_3)_2$)(지정수량 1000리터)

벤젠핵의 수소(H)와 $CH_3$(메틸기)가 치환된 것(프리텔크라프트 반응)

| 구 분 | 구조식 | 인화점 | 발화점 | 융 점 | 연소범위 | 비 고 |
|---|---|---|---|---|---|---|
| o-크실렌<br>(ortho-Xylene) | orth-Xylene | 32℃ | 464℃ | -25℃ | 0.9~7% | 제2<br>석유류 |
| m-크실렌<br>(meta-Xylene) | meta-Xylene | 27℃ | 527℃ | -48℃ | 1.1~7% | 제2<br>석유류 |
| p-크실렌<br>(para-Xylene) | para-Xylene | 27℃ | 528℃ | 13℃ | 1.1~7% | 제2<br>석유류 |

① **일반적 성질**
  ㉠ 무색의 액체로 톨루엔 보다 독성이 적고 방향성을 갖는다.
  ㉡ 물에는 녹지 않으나 유기용제에 잘 녹는다.
  ㉢ 3개의 이성질체를 가지고 있다.
② **위험성, 저장 및 취급방법** : 벤젠에 준한다.
③ **소화방법** : 포말 및 분말, $CO_2$, 할로젠화합물 방사에 의한 질식소화

## 8 제3석유류(지정수량 : 비수용성 2,000리터, 수용성 4,000리터)

지정품명 : 중유, 클레오소오트유
성상에 따른 품명 : 에틸렌글리콜, 글리세린, 나이트로벤젠, 아닐린, 담금질유, 메타크레졸

### (1) 중유(헤비오일, 직류중유, 분해중유)(지정수량 2,000리터)
① **일반적 성질**
  ㉠ 인화점 60~150℃, 착화점 254~405℃, 비점 300℃ 이상
  ㉡ 갈색 또는 암갈색의 끈적한 액체로 직류중유와 분해중유로 나눈다.
  ㉢ 점도차에 따라 A중유, B중유, C중유로 구분한다.

### ② 위험성
  ㉠ 상온에서 인화의 위험은 없으나 일단 인화되면 액온이 높아 소화에 어려움이 크다.
  ㉡ 분해중유의 경우 종이 및 헝겊에 장기간 스며들어 있으면 자연발화의 위험이 있다.
  ㉢ 대형탱크 화재시 보일오버(Boil Over) 또는 슬롭오버(Slope Over) 현상을 초래한다.
### ③ 저장 및 취급방법, 소화방법 : 등유에 준한다.

## (2) 클레오소오트유(타르유)(지정수량 2,000리터)
### ① 일반적 성질
  ㉠ 인화점 74℃, 착화점 336℃, 비중 1.05
  ㉡ 자극성 타르냄새가 나는 황갈색의 액체이다.
  ㉢ 물에 녹지 않으며 물보다 무겁다.
  ㉣ 자체 내에 나프탈렌 및 안트라센을 포함하여 독성을 가진다.
### ② 위험성 : 중유에 준한다.
### ③ 저장 및 취급방법
  ㉠ 타르산이 함유되어 용기를 부식하므로 내산성 용기를 사용한다.
  ㉡ 기타 중유에 준한다.
### ④ 소화방법 : 중유에 준한다.

## (3) 에틸렌글리콜($C_2H_4(OH)_2$)(지정수량 4,000리터)
### ① 일반적 성질
  ㉠ 인화점 111℃, 착화점 413℃, 융점 −12.6℃, 비중 1.1
  ㉡ 무색, 무취의 끈적한 액체로 강한 흡습성이 있다.
  ㉢ 물, 알코올, 아세톤, 글리세린 등에 잘 녹는다.
  ㉣ 2가 알코올로 독성이 있으며 단맛이 있다.
  ㉤ 자동차용 부동액의 원료로 사용된다.
### ② 위험성, 저장 및 취급방법 : 중유에 준한다.
### ③ 소화방법
  ㉠ 분무주수에 의한 냉각 및 희석소화
  ㉡ 알코올포 및 분말, $CO_2$, 할로젠화합물 방사에 의한 질식소화

## (4) 글리세린($C_3H_5(OH)_3$)(지정수량 4,000리터)
### ① 일반적 성질
  ㉠ 인화점 160℃, 착화점 393℃, 융점 19℃, 비중 1.26

ⓛ 단맛이 있는 시럽상태의 무색 액체로 흡습성이 좋다.

ⓒ 물보다 무겁고 물, 알코올에 잘 녹는다.

ⓔ 3가 알코올로 단맛이 있다.

ⓜ 나이트로글리세린의 원료 및 화장품 등의 원료로 사용된다.

② **위험성, 저장 및 취급방법, 소화방법** : 독성은 없으며 그 밖의 사항은 에틸렌글리콜에 준한다.

## (5) 나이트로벤젠(나이트로벤졸, $C_6H_5NO_2$)(지정수량 2,000리터)

① **일반적 성질**

ⓐ 인화점 88℃, 착화점 482℃, 융점 5.7℃, 비중 1.2

ⓛ 특유한 냄새를 지닌 담황색 또는 갈색의 액체이다.

ⓒ 물보다 무겁고 물에 녹지 않는다.

ⓔ 벤젠을 나이트로화시켜 제조한다.

② **위험성**

ⓐ 독성이 강하여 피부에 접촉하면 쉽게 흡수된다.

ⓛ 증기를 오래 흡입하면 두통, 구토현상이 나타나고 심하면 의식불명되어 사망한다.

③ **저장 및 취급방법, 소화방법** : 중유에 준한다.

## (6) 아닐린(아미노벤젠, $C_6H_5NH_2$)(지정수량 2,000리터)

① **일반적 성질**

ⓐ 인화점 70℃, 착화점 538℃, 비중 1.02, 융점 −6℃

ⓛ 특유한 냄새를 가진 황색 또는 담황색의 끈기있는 기름 모양의 액체이다.

ⓒ 물보다 무겁고 물에는 약간 녹으며, 유기용제에는 잘 녹는다.

② **위험성**

ⓐ 독성이 강하므로 증기를 흡입하면 급성 또는 만성중독을 일으킨다.

ⓛ 알칼리금속 및 알칼리토금속과 작용하여 수소($H_2$)를 발생한다.

③ **저장 및 취급방법, 소화방법** : 중유에 준한다.

## (7) 담금질유(지정수량 2,000리터)

① **일반적 성질** : 철, 강철 등 기타 금속을 900℃ 정도로 가열하여 기름 속에 넣어 급격히 냉각시키면 금속의 재질이 처리 전보다 단단해지는데 이때 사용하는 기름을 담금질유라 한다.

※ 인화점 200℃ 이상 250℃ 미만인 담금질유는 제4석유류에 속한다.

② **위험성, 저장 및 취급방법, 소화방법** : 중유에 준한다.

## (8) 메타크레졸($C_6H_4(CH_3)OH$)(지정수량 2,000리터)

### ① 일반적 성질

ㄱ 인화점 86℃, 착화점 630℃, 융점 4℃, 비중 1.04

ㄴ 무색 또는 황색의 액체이다.

ㄷ 물보다 무겁고 물에 약간 녹는다.

### ② 위험성 : 독성과 부식성이 있다.

### ③ 저장 및 취급방법, 소화방법 : 중유에 준한다.

> (💡) Reference
>
> **크레졸의 이성질체**
>
>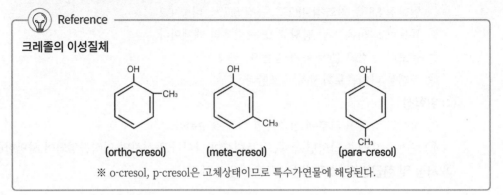
>
> (ortho-cresol)      (meta-cresol)      (para-cresol)
>
> ※ o-cresol, p-cresol은 고체상태이므로 특수가연물에 해당된다.

## 9 제4석유류(지정수량 : 6,000리터)

지정품명 : 기어유, 실린더유

성상에 따른 품명 : 위 지정품명 이외의 것

## (1) 윤활유

기계의 활동부분의 마찰을 감소케하여 마찰열의 발생을 감소시키기 위한 기름

• **종류** : 기계유, 스핀들유, 터빈유, 모빌유, 엔진오일, 컴프레서오일 중 인화점이 200℃ 이상, 250℃ 미만인 것

## (2) 가소제

합성수지 또는 합성섬유에 배합하여 전이점이나 탄성률을 저하시켜 가소성을 주는 기름

• **종류** : DIDP, DOZ, DBS, DOS, DOP, DDP, TCP 등으로 인화점이 200℃ 이상, 250℃ 미만인 것

## ⑩ 동식물유류(지정수량 : 10,000리터)

동물의 지육 등 또는 식물의 종자나 과육으로부터 추출한 것으로서 1기압에서 인화점이 250℃ 미만인 것. 다만, 행정안전부령으로 정하는 용기기준과 수납·저장기준에 따라 수납되어 저장·보관되고 용기의 외부에 물품의 통칭명, 수량 및 화기엄금의 표시가 있는 경우는 제외한다.

| 구 분 | 아이오딘값 | 종 류 |
|---|---|---|
| 건성유 | 130 이상 | 해바라기기름, 아마인유, 정어리기름, 들기름 등 |
| 반건성유 | 100 이상, 130 미만 | 청어기름, 쌀겨기름, 채종유, 옥수수기름, 콩기름, 참기름 등 |
| 불건성유 | 100 미만 | 피마자유, 올리브유, 야자유 등 |

- 아이오딘값(옥소값) : 유지 100g에 부가되는 아이오딘의 g 수
- 아이오딘값이 크다는 것은 불포화도가 큰 것으로 자연발화의 위험이 크다.

### (1) 건성유

① **일반적 성질** : 동식물유류 중 불포화도가 가장 커 자연발화의 위험이 가장 크다.

② **위험성**

　㉠ 헝겊 또는 종이에 스며들어 있는 상태에서 자연발화의 위험이 크다.

　㉡ 인화점 이상에서는 가솔린과 같은 위험이 있다.

③ **저장 및 취급방법**

　㉠ 통풍이 양호한 곳에 저장하여 산화열의 축적을 방지한다.

　㉡ 습기가 높은 곳을 피하고, 화기 및 점화원으로부터 멀리한다.

　㉢ 가열 시 인화점 이상 가열되지 않도록 한다.

④ **소화방법** : 포말 및 분말, $CO_2$, 할로젠화합물 방사에 의한 질식소화

### (2) 반건성유

자연발화의 위험이 건성유보다는 작지만 불건성유보다는 크다.
기타 사항은 건성유에 준한다.

### (3) 불건성유

아이오딘값이 가장 작으므로 자연발화의 위험성이 가장 작다.
기타 사항은 건성유에 준한다.

## 06 제5류 위험물(자기반응성 물질)

### 1 위험등급 · 품명 및 지정수량

| 위험등급 | 품 명 | 지정수량 | 위험등급 | 품 명 | 지정수량 |
|---|---|---|---|---|---|
| I | 질산에스터류<br>유기과산화물 | 10kg<br>10kg | II | 나이트로화합물<br>나이트로소화합물<br>아조화합물<br>다이아조화합물<br>하이드라진 유도체<br>하이드록실아민<br>하이드록실아민염류 | 200kg<br>200kg<br>200kg<br>200kg<br>200kg<br>100kg<br>100kg |
| | | | I , II | 기타 행정안전부령으로 정하는 것 | 10kg, 100kg 또는 200kg |

※ 행정안전부령으로 정하는 것 : 금속의 아지화합물, 질산구아니딘

### 2 위험물의 특징 및 소화방법

#### (1) 제5류 위험물의 공통성질

① 가연성이면서 분자 내에 산소를 함유하고 있는 자기연소성 물질이다.
② 유기물질로 연소속도가 매우 빨라 폭발적으로 연소한다.
③ 가열, 충격, 마찰 등에 의하여 폭발의 위험이 있다.
④ 공기 중에서 장시간 방치하면 자연발화를 일으키는 경우도 있다.

#### (2) 제5류 위험물의 저장 및 취급방법

① 화재시 소화가 어려우므로 소분하여 저장할 것
② 가열, 충격, 마찰을 피하고 화기 및 점화원으로부터 멀리할 것
③ 용기의 파손 및 균열에 주의하고 통풍이 잘되는 냉암소에 저장할 것
④ 용기는 밀전 · 밀봉하고 운반용기 및 포장외부에는 "화기엄금" "충격주의" 등의 주의사항을 게시할 것

#### (3) 제5류 위험물의 소화방법

초기소화에는 주수에 의한 냉각소화

## ③ 질산에스터류(지정수량 10kg)

질산($HNO_3$)의 수소원자(H)를 알킬기(R, $C_nH_{2n+1}$)로 치환한 화합물의 총칭

## (1) 질산메틸($CH_3ONO_2$)

### ① 일반적 성질
　㉠ 인화점 15℃, 비점 66℃, 비중 1.22
　㉡ 무색투명한 액체로 물에 녹지 않고 알코올, 에테르에 잘 녹는다.

### ② 위험성
　㉠ 비점 이상으로 가열하면 격렬하게 폭발한다.
　㉡ 휘발하기 쉽고 인화점이 낮으므로 인화가 쉽다.
　㉢ 마취성이 있으며 독성이 있다.

### ③ 저장 및 취급방법
　㉠ 불꽃, 화기엄금, 직사광선을 차단한다.
　㉡ 용기는 밀봉하고 통풍 환기가 잘되는 찬 곳에 저장한다.

### ④ 소화방법 : 다량의 주수에 의한 냉각소화

## (2) 질산에틸($C_2H_5ONO_2$)

### ① 일반적 성질
　㉠ 인화점 −10℃, 비점 87℃, 비중 1.11
　㉡ 무색투명한 액체로 단맛이 있다.
　㉢ 물에 녹지 않지만 유기용제에는 잘 녹는다.

### ② 위험성, 저장 및 취급방법, 소화방법 : 질산메틸에 준한다.

## (3) 나이트로셀룰로오스(질화면, NC)[$C_{24}H_{29}O_9(ONO_3)_{11}$]

### ① 일반적 성질
　㉠ 인화점 13℃, 발화점 160~170℃, 분해온도 130℃, 비중 1.7
　㉡ 맛과 냄새가 없으며 물에 녹지 않는다.
　㉢ 천연 셀룰로오스를 진한 황산과 진한 질산의 혼산으로 반응시켜 만든다.

$$4C_6H_{10}O_5 + 11HNO_3 \xrightarrow{C-H_2SO_4} C_{24}H_{29}O_9(ONO_3)_{11} + 11H_2O$$

(셀룰로오스)　(질산)　　　　　　　　(나이트로셀룰로오스)　　(물)

### ② 위험성
㉠ 약 130℃에서 서서히 분해하고 180℃에서 격렬하게 연소한다.

㉡ 건조된 것은 충격, 마찰 등에 민감하여 발화하기 쉽고 점화되면 폭발한다.

㉢ 직사광선, 산·알칼리 등에 의해 분해되어 자연발화한다.

㉣ 질화도가 클수록 폭발의 위험성이 크고, 무연화약으로 사용된다.

### ③ 저장 및 취급방법
㉠ 저장 시 소분하여 물이 함유된 알코올로 습면시켜 저장한다.

㉡ 불꽃 등 화기로부터 멀리하고 마찰, 충격, 전도 등을 피한다.

### ④ 소화방법 : 다량의 주수에 의한 냉각소화

> 📁 **질화도 : 나이트로셀룰로오스 중 질소의 함유율(%)**
>
> • 강면약 : 에테르(2)와 에틸알코올(1)의 혼합액에 녹지 않는 것(질화도가 12.76% 이상)
> • 약면약 : 에테르(2)와 에틸알코올(1)의 혼합액에 녹는 것(질화도가 10.18% 이상, 12.76% 미만)

## (4) 나이트로글리세린[$C_3H_5(ONO_2)_3$]

### ① 일반적 성질
㉠ 융점 13℃, 비점 257℃, 발화점 205~215℃, 비중 1.6

㉡ 무색 투명한 기름모양의 액체(공업용은 담황색)로 일명 NG라 한다.

㉢ 물에 녹지 않지만 유기용제에는 잘 녹는다.

㉣ 상온에서는 액체이지만 겨울에는 동결한다.

㉤ 규조토에 흡수시킨 것을 다이나마이트라 한다.

### ② 위험성
㉠ 점화하면 즉시 연소하고 다량이면 폭발한다.

$$4C_3H_5(ONO_2)_3 \longrightarrow 12CO_2 + 10H_2O + 6N_2 + O_2$$
(나이트로글리세린)      (탄산가스) (수증기) (질소) (산소)

㉡ 산과 접촉하면 분해가 촉진되어 폭발할 수 있다.

㉢ 증기는 유독하다.

### ③ 저장 및 취급방법
㉠ 가열, 충격, 마찰 등에 민감하므로 주의한다.

㉡ 증기는 유독하므로 피부보호나 보호구 등을 착용한다.

㉢ 저장용기는 구리(Cu)제 용기를 사용한다.

㉣ 통풍, 환기가 잘되는 찬 곳에 저장한다.

④ **소화방법** : 다량의 주수에 의한 냉각소화

## (5) 나이트로글리콜[(CH₂ONO₂)₂]

### ① 일반적 성질
㉠ 융점 −22℃, 발화점 215℃, 비중 1.5
㉡ 무색 투명한 기름모양의 액체(공업용은 담황색)이다.
㉢ 에틸렌글리콜을 질산, 황산의 혼산 중에 반응시켜 만든다.

$$C_2H_4(OH)_2 + 2HNO_3 \xrightarrow{C-H_2SO_4} C_2H_4(ONO_2)_2 + 2H_2O$$

### ② 위험성 : 충격이나 급열에 대한 감도는 NG보다 둔하지만 휘발성이 크고 인화점이 낮아 위험성이 크다.
### ③ 저장 및 취급방법, 소화방법 : 나이트로글리세린에 준한다.

## 4 유기과산화물(지정수량 10kg)

과산화기(−O−O−)를 가진 유기화합물과 소방청장이 정하여 고시하는 품명을 말한다.

## (1) 과산화벤조일(벤조일퍼옥사이드)[(C₆H₅CO)₂O₂]

### ① 일반적 성질
㉠ 발화점 125℃, 융점 103~105℃, 비중 1.33
㉡ 무색, 무취의 백색분말 또는 결정이다.
㉢ 물에는 잘 녹지 않으나 알코올 등에는 잘 녹는다.
㉣ 가열하면 100℃ 부근에서 흰 연기를 내며 분해한다.

### ② 위험성
㉠ 75~80℃에서 오래 있으면 분해한다.
㉡ 상온에서는 안정하나 열, 빛, 충격, 마찰 등에 의해 폭발할 위험이 있다.
㉢ 진한 황산, 진한 질산, 금속분 등과 혼합하면 분해를 일으켜 폭발한다.
㉣ 건조상태에서 마찰·충격으로 폭발의 위험이 있다.

### ③ 저장 및 취급방법
㉠ 이물질이 혼입되지 않도록 하며, 액체의 누출이 없도록 한다.
㉡ 마찰, 충격, 화기, 직사광선 등을 피하며, 냉암소에 저장한다.
㉢ 분진 등을 취급할 때는 눈이나 폐 등을 자극하므로 반드시 보호구(보호안경, 마스크 등)를 착용해야 한다.

　　　㉣ 저장 용기에 희석제를 넣어서 폭발위험성을 낮춘다.

　　　　※ 희석제 : 프탈산디메틸, 프탈산디부틸 등

　　　㉤ 누출시 팽창질석 또는 팽창진수암 등으로 흡수후 제거

　④ **소화방법** : 다량의 주수에 의한 냉각소화

## (2) 메틸에틸케톤퍼옥사이드(MEKPO, 과산화메틸에틸케톤)[(CH₃COC₂H₅)₂O₂]

### ① 일반적 성질

　　㉠ 인화점 58℃, 발화점 205℃, 융점 −20℃

　　㉡ 무색 투명한 기름모양의 액체로 독특한 냄새가 난다.

　　㉢ 물에는 녹지 않지만 알코올, 케톤, 에테르에는 잘 녹는다.

　　㉣ 시판품은 50~60% 정도의 희석제(프탈산디메틸, 프탈산디부틸)를 첨가하여 희석시킨 것이다.

### ② 위험성

　　㉠ 상온에서는 안정하지만 40℃ 이상이 되면 분해가 촉진되어 80~100℃에서 격렬히 분해한다.

　　㉡ 충격, 타격, 마찰에 매우 민감하며 직사광선, 수은, 철 등과 접촉 시 분해가 촉진되어 폭발한다.

　　㉢ 포, 천 등 다공성 가연물과 접촉하면 30℃ 이하에서도 분해한다.

### ③ 저장 및 취급방법, 소화방법 : 과산화벤조일에 준한다.

## 5 나이트로화합물(지정수량 200kg)

유기화합물의 수소원자가 나이트로기(−NO₂−)로 치환된 화합물로서 소방법에서는 나이트로기가 2개 이상인 것

## (1) 트리나이트로톨루엔(TNT)[C₆H₂CH₃(NO₂)₃]

### ① 일반적 성질

　　㉠ 착화점 약 300℃, 융점 81℃, 비점 240℃, 비중 1.7

　　㉡ 담황색의 주상결정이며 직사광선에 의해 다갈색으로 변한다.

　　㉢ 물에는 녹지 않으며 에테르, 아세톤 등에 잘 녹는다.

　　㉣ 폭발력의 표준이 되는 물질이다.

　　㉤ 피크린산에 비하여 충격, 마찰에 둔감하다.

　　㉥ 톨루엔에 나이트로화제를 혼합하여 만든다.

$$C_6H_5CH_3 + 3HNO_3 \xrightarrow{C-H_2SO_4} C_6H_2CH_3(NO_2)_3 + 3H_2O$$
(톨루엔)    (질산)                              (TNT)              (물)

② **위험성**

㉠ 강산화제와 혼촉하면 발열, 발화, 폭발한다.

㉡ 분해하면 다량의 기체를 발생한다.

$$2C_6H_2CH_3(NO_2)_3 \longrightarrow 12CO + 2C + 3N_2 + 5H_2$$

㉢ 알칼리와 혼합하면 발화점이 낮아져서 160℃ 이하에서 폭발한다.

③ **저장 및 취급방법**

㉠ 가열, 충격, 타격, 마찰을 피하고 저온의 격리된 장소에서 취급한다.

㉡ 분말로 취급될 때에는 정전기의 발생에 주의한다.

㉢ 운반 시 10% 정도의 물로 젖게 하면 안전하다.

④ **소화방법** : 다량의 주수에 의한 냉각소화

## (2) 트리나이트로페놀(피크린산)[$C_6H_2OH(NO_2)_3$]

① **일반적 성질**

㉠ 착화점 약 300℃, 융점 122.5℃, 비점 255℃, 비중 1.76

㉡ 강한 쓴맛과 독성이 있는 침상결정이다.

㉢ 찬물에는 거의 녹지 않고 온수, 알코올, 에테르 등에 잘 녹는다.

㉣ 연소 시 그을음을 내면서 연소한다.

㉤ 페놀을 진한 황산에 녹이고 이것을 질산에 작용시켜 만든다.

$$C_6H_5OH + 3HNO_3 \xrightarrow{C-H_2SO_4} C_6H_2OH(NO_2)_3 + 3H_2O$$
(페놀)    (질산)                              (TNP)              (물)

② **위험성**

㉠ 중금속(Fe, Cu, Pb 등)과 반응하여 민감한 피크린산염을 형성한다.

㉡ 분해하면 다량의 기체를 발생한다.

$$2C_6H_2OH(NO_2)_3 \longrightarrow 4CO_2 + 6CO + 3N_2 + 2C + 3H_2$$

③ **저장 및 취급방법**

㉠ 가열, 충격, 타격, 마찰을 피하고 저온의 격리된 장소에서 취급한다.

㉡ 건조된 것일수록 폭발의 위험이 증대되므로 취급에 주의한다.

ⓒ 운반 시 10~20%의 물로 젖게 하면 안전하다.

④ **소화방법** : 다량의 주수에 의한 냉각소화

## 6 나이트로소화합물(지정수량 200kg)

유기화합물의 수소원자가 나이트로소기($-NO-$)로 치환된 화합물로서 소방법에서는 나이트로소기가 2개 이상인 것

### (1) 파라디나이트로소벤젠[$C_6H_4(NO)_2$]

① 황갈색의 분말로 가열, 충격, 마찰에 의해 폭발한다.

② 가열, 충격, 타격, 마찰을 피하고 저온의 격리된 장소에서 취급한다.

③ 다량 저장하지 않도록 하고 저장용기 중에 파라핀을 첨가하여 안정을 기한다.

④ 다량의 주수에 의한 냉각소화를 실시한다.

### (2) 다이나이트로소레조르신[$C_6H_2(OH)_2(NO)_2$]

① 흑회색 결정으로 폭발성이 있다.

② 약 160℃에서 분해한다.

③ 다량의 주수에 의한 냉각소화를 실시한다.

## 7 아조화합물(지정수량 200kg)

아조기($-N=N-$)가 탄화수소의 탄소원자와 결합되어 있는 화합물을 말한다.

### (1) 아조벤젠[$C_6H_5N=NC_6H_5$]

① 트렌스(trans)형과 시스(sis)형이 있다.

② 트렌스형의 융점은 68℃, 시스형의 융점은 71℃이다.

### (2) 하이드록시아조벤젠[$C_6H_5N=NC_6H_4OH$]

① 황색의 결정이다.

② 세 가지(o, m, p) 이성질체가 있다.

## ⑧ 다이아조화합물(지정수량 200kg)

다이아조기(＝$N_2$)가 탄화수소의 탄소원자와 결합되어 있는 화합물을 말한다.

### (1) 다이아조메탄[$CH_2N_2$]

① 융점 −145℃, 비등점 −24℃
② 황색, 무취의 기체이다.

### (2) 다이아조카르복실산에틸[$N_2CHCOOC_2H_5$]

① 비점 140℃
② 황색의 기름형태의 액체이다.
③ 반응성이 풍부하여 알칼리성으로 주의한다.

## ⑨ 하이드라진유도체(지정수량 200kg)

하이드라진이란 유기화합물로부터 얻어진 물질이며, 탄화수소 치환체를 포함한 것을 말한다.

### (1) 메틸하이드라진[$CH_3NHNH_2$]
### (2) 하이드라조벤젠[$C_6H_5NHHNC_6H_5$]
### (3) 염산하이드라진[$N_2H_4HCl$]
### (4) 황산하이드라진[$N_2H_4H_2SO_4$]

## 07 제6류 위험물(산화성 액체)

### ① 위험등급 · 품명 및 지정수량

| 위험등급 | 품 명 | 지정수량 | 위험등급 | 품 명 | 지정수량 |
|---|---|---|---|---|---|
| I | 과염소산<br>과산화수소<br>질산 | 300kg<br>300kg<br>300kg | II | 그밖에<br>행정안전부령으로<br>정하는 것 | 300kg |

※ 그밖에 행정안전부령으로 정하는 것

## ② 위험물의 특징 및 소화방법

### (1) 제6류 위험물의 공통성질

① 산화성 액체로 비중이 1보다 크며 물에 잘 녹는다.

② 불연성이지만 분자 내에 산소를 많이 함유하고 있어 다른 물질의 연소를 돕는 조연성 물질이다.

③ 부식성이 강하며 증기는 유독하다.

④ 가연물 및 분해를 촉진하는 약품과 접촉 시 분해폭발한다.

### (2) 제6류 위험물의 저장 및 취급방법

① 물, 가연물 , 유기물 및 환원제와의 접촉을 피할 것

② 저장용기는 내산성 용기를 사용하며 밀전 · 밀봉하여 누설에 주의할 것

③ 증기는 유독하므로 보호구를 착용할 것

### (3) 제6류 위험물의 소화방법

① 소량일 때는 대량의 물로 희석소화

② 대량일 때는 주수소화가 곤란하므로 건조사, 인산염류의 분말로 질식소화

## ③ 과염소산($HClO_4$)(지정수량 300kg)

### ① 일반적 성질

㉠ 비중 1.76, 융점 $-112℃$, 비점 $39℃$

㉡ 무색, 무취의 유동하기 쉬운 액체로, 흡습성이 대단히 강하다.

㉢ 염소산 중에서 가장 강한 산이다.

### ② 위험성

㉠ 불연성이지만 자극성, 산화성이 매우 크다.

㉡ $92℃$ 이상에서는 폭발적으로 분해한다.

㉢ 물과 접촉 시 심하게 발열한다.

### ③ 저장 및 취급방법

㉠ 비, 눈 등 물과의 접촉을 피하고 충격, 마찰을 주지 않도록 주의한다.

㉡ 누설 시 톱밥이나 종이, 나무부스러기 등에 섞여 폐기되지 않도록 한다.

㉢ 가열금지, 화기엄금, 직사광선을 차단하고 가연성 물질과의 접촉을 피한다.

    ② 저장용기는 내산성용기를 사용한다.

  ④ **소화방법** : 다량의 물로 분무주수하거나 분말을 방사한다.

## 4 과산화수소($H_2O_2$)(지정수량 300kg)

농도가 36중량% 이상인 것

① **일반적 성질**

    ㉠ 비중 1.465, 융점 −0.89℃, 비점 80℃

    ㉡ 순수한 것은 점성이 있는 무색의 액체이나 양이 많을 경우 청색을 띤다.

    ㉢ 물에 잘 녹는다.

    ㉣ 강한 산화성을 가지고 있지만, 환원제로도 작용한다.

    ㉤ 3% 수용액을 소독약으로 사용하며 옥시풀이라 한다.

② **위험성**

    ㉠ 가열, 햇빛 등에 의해 분해가 촉진되며 보관 중에는 분해하기 쉽다.

    ㉡ Ag, Pt 등과 접촉 시 촉매역할을 하여 급격한 반응과 함께 산소를 방출한다.

    ㉢ 농도가 60% 이상인 것은 단독으로 폭발한다.

    ㉣ 농도가 진한 것은 피부와 접촉 시 수종을 일으킨다.

③ **저장 및 취급방법**

    ㉠ 갈색병에 저장하여 직사광선을 피하고 냉암소에 저장한다.

    ㉡ 용기의 내압상승을 방지하기 위하여 밀전하지 말고 구멍뚫린 마개를 사용한다.

    ㉢ 농도가 클수록 위험성이 높으므로 안정제(인산, 요산, 글리세린 등)를 넣어 분해를 억제시킨다.

④ **소화방법** : 다량의 주수에 의한 냉각 및 희석소화

## 5 질산($HNO_3$)(지정수량 300kg)

① **일반적 성질**

    ㉠ 융점 −43℃, 비점 86℃, 비중 1.49, 응축결정온도 −40℃

    ㉡ 무색의 액체로 보관 중 담황색으로 변색된다.

    ㉢ 부식성이 강한 강산이지만 금, 백금, 이리듐, 로듐만은 부식시키지 못한다.

    ㉣ 흡습성이 강하고 공기 중에서 발열한다.

    ㉤ 진한질산은 철(Fe), 니켈(Ni), 코발트(Co), 알루미늄(Al) 등을 부동태화한다.

**② 위험성**

㉠ 물과 접촉 시 심하게 발열한다.

㉡ 직사광선에 의해 분해되어 갈색증기인 이산화질소($NO_2$)를 생성시킨다.

$$4HNO_3 \longrightarrow 2H_2O + 4NO_2\uparrow + O_2\uparrow$$
(질산) (수증기)(이산화질소) (산소)

㉢ 산화력과 부식성이 강해 피부에 닿으면 화상을 입는다.

**③ 저장 및 취급방법**

㉠ 직사광선에 의해 분해되므로 갈색병에 넣어 냉암소에 저장한다.

㉡ 금속분 및 가연성 물질과는 이격시켜 저장해야 한다.

**④ 소화방법** : 다량의 주수에 의한 냉각 및 희석소화

📁 **발연질산($HNO_3$ + $nNO_2$)**

진한질산에 이산화질소를 과잉으로 녹인 무색 또는 적갈색의 발연성 액체로 공기 중에서 분해하여 유독한 이산화질소($NO_2$)를 발생하며 진한 질산보다 강한 산화력을 가진다.

# 위험물의 시설기준

## 01 저장소 및 취급소의 구분

### ❶ 저장소의 구분

① **옥내저장소** : 옥내에 저장하는 장소
② **옥외탱크저장소** : 옥외에 있는 탱크에 위험물을 저장하는 장소
③ **옥내탱크저장소** : 옥내에 있는 탱크에 위험물을 저장하는 장소
④ **지하탱크저장소** : 지하에 매설한 탱크에 위험물을 저장하는 장소
⑤ **간이탱크저장소** : 간이탱크에 위험물을 저장하는 장소
⑥ **이동탱크저장소** : 차량에 고정된 탱크에 위험물을 저장하는 장소
⑦ **옥외저장소** : 옥외에 다음에 해당하는 위험물을 저장하는 장소
   ㉠ 제2류 위험물 중 황 또는 인화성 고체(인화점이 섭씨 0도 이상인 것에 한한다.)
   ㉡ 제4류 위험물 중 제 1석유류(인화점 0℃ 이상인 것) · 알코올류 · 제2석유류 · 제3
      석유류 · 제4석유류 · 동식물유류
   ㉢ 제6류 위험물
   ㉣ 제2류 위험물 · 제4류 위험물 중 특별시 · 광역시 · 특별자치시 · 도 또는 특별자치
      도의 조례에서 정하는 위험물
⑧ **암반탱크저장소** : 암반 내의 공간을 이용한 탱크에 액체의 위험물을 저장하는 장소

### ❷ 취급소의 구분

① **주유취급소** : 고정된 주유설비에 의하여 자동차 · 항공기 또는 선박 등의 연료탱크에
   직접 주유하기 위하여 위험물을 취급하는 장소
② **판매취급소** : 점포에서 위험물을 용기에 담아 판매하기 위하여 지정수량의 40배 이하
   의 위험물을 취급하는 장소

③ **이송취급소** : 배관 및 이에 부속된 설비에 의하여 위험물을 이송하는 장소
④ **일반취급소** : ①~③ 외의 위험물을 취급하는 장소

## 02 제조소의 위치·구조 및 설비의 기준

### 1 안전거리

건축물의 외벽 또는 이에 상당하는 공작물의 외측으로부터 당해 제조소의 외벽 또는 이에 상당하는 공작물의 외측까지의 사이에 다음의 규정에 의한 수평거리(안전거리)를 두어야 한다(6류위험물은 제외).
① 문화재보호법에 의한 지정문화재 : 50m
② 학교, 병원, 공연장(3백 명 이상 수용) : 30m
③ 아동복지시설, 노인복지시설, 장애인복지시설로서 20인 이상 수용시설 : 30m
④ 고압가스, 액화석유가스, 도시가스를 저장, 취급하는 시설 : 20m
⑤ 건축물 그 밖의 공작물로서 주거용으로 사용되는 것 : 10m
⑥ 사용전압이 35,000V를 초과하는 특고압가공전선 : 5m
⑦ 사용전압이 7,000V 초과 35,000V 이하의 특고압가공전선 : 3m

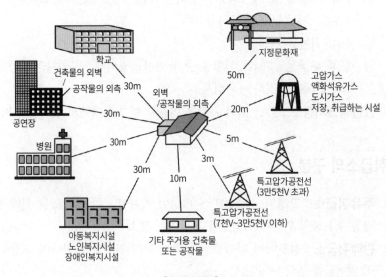

[ 안전거리 ]

74

## **2** 안전거리의 단축

불연재료로 된 방화상 유효한 담 또는 벽을 설치하는 경우에는 안전거리를 단축할 수 있다.

### (1) 방화상 유효한 담의 높이 산정식

① $H \leqq p D^2 + a$인 경우                          $h = 2m$
② $H > p D^2 + a$인 경우                          $h = H - p(D^2 - d^2)$

  D : 제조소 등과 인근 건축물 또는 공작물과의 거리(m), H : 인근 건축물 또는 공작물의 높이(m)
  a : 제조소 등의 외벽의 높이(m), d : 제조소 등과 방화상 유효한 담과의 거리(m)
  h : 방화상 유효한 담의 높이(m), p : 상수

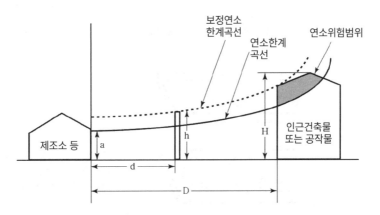

③ 산출된 벽의 높이가 2m 미만인 경우 2m로 한다.
④ 방화상 유효한 담은 제조소 등으로부터 5m 미만의 거리에 설치하는 경우에는 내화구조로, 5m 이상의 거리에 설치하는 경우에는 불연재료로 하고, 제조소 등의 벽을 높게 하여 방화상 유효한 담을 갈음하는 경우에는 그 벽을 내화구조로 하고 개구부를 설치해서는 아니된다.

**[ 제조소 등의 높이(a) ]**

| 구 분 | 제조소 등의 높이(a) | 비 고 |
|---|---|---|
| 제조소 · 일반취급소 · 옥내저장소 | (그림: a) | 벽체가 내화구조로 되어 있고, 인접 측에 면한 개구부가 없거나, 개구부에 60분+ 또는 60분 방화문이 있는 경우 |

| 구 분 | 제조소 등의 높이(a) | 비 고 |
|---|---|---|
| 제조소 · 일반취급소 · 옥내저장소 | | 벽체가 내화구조이고, 개구부에 60분+ 또는 60분 방화문이 없는 경우 |
| | | 벽체가 내화구조 외의 것으로 된 경우 |
| | | 옮겨 담는 작업장에 공작물이 있는 경우 |
| 옥외탱크 저장소 | | 옥외에 있는 세로형탱크 |
| | | 옥외에 있는 가로형탱크. 다만, 탱크 내의 증기를 상부로 방출하는 구조로 된 것은 탱크의 최상단까지의 높이로 한다. |
| 옥외저장소 | | |

[ 상수(p) ]

| 연소의 우려가 있는 인접 건축물의 구분 | P의 값 |
|---|---|
| • 학교·주택·문화재 등의 건축물 또는 공작물이 목조인 경우<br>• 학교·주택·문화재 등의 건축물 또는 공작물이 방화구조 또는 내화구조이고, 제조소 등에 면한 부분의 개구부에 60분+, 60분 또는 30분 방화문이 설치되지 아니한 경우 | 0.04 |
| • 학교·주택·문화재 등의 건축물 또는 공작물이 방화구조인 경우<br>• 학교·주택·문화재 등의 건축물 또는 공작물이 방화구조 또는 내화구조이고, 제조소 등에 면한 부분의 개구부에 30분 방화문이 설치된 경우 | 0.15 |
| • 학교·주택·문화재 등의 건축물 또는 공작물이 내화구조이고, 제조소 등에 면한 개구부에 60분+ 또는 60분 방화문이 설치된 경우 | $\infty$ |

76

### (2) 소화설비의 보강

(1)에 의하여 산출된 담의 높이가 4m 이상일 때에는 담의 높이를 4m로 하고 다음의 소화설비를 보강해야 한다.

① 소형소화기 설치대상인 것에 있어서는 대형소화기를 1개 이상 증설을 할 것

② 대형소화기 설치대상인 것에 있어서는 대형소화기 대신 옥내소화전설비·옥외소화전설비·스프링클러설비·물분무소화설비·포소화설비·불활성가스소화설비·할로젠화합물소화설비·분말소화설비 중 적응소화설비를 설치할 것

③ 옥내소화전설비·옥외소화전설비·스프링클러설비·물분무소화설비·포소화설비·불활성가스소화설비·할로젠화합물소화설비 또는 분말소화설비의 설치대상인 것에 있어서는 반경 30m마다 대형소화기 1개 이상을 증설할 것

### (3) 방화상 유효한 담의 길이

제조소 등의 외벽의 양단($a_1$, $a_2$)을 중심으로 인근 건축물 또는 공작물에 따른 안전거리를 반지름으로 한 원을 그려서 당해 원의 내부에 들어오는 인근 건축물 등의 부분 중 최외측 양단($p_1$, $p_2$)을 구한 다음, $a_1$과 $p_1$을 연결한 선분($\ell_1$)과 $a_2$와 $p_2$를 연결한 선분($\ell_2$) 상호간의 간격(L)으로 한다.

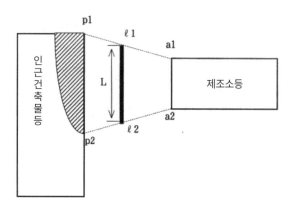

[ 방화상 유효한 벽을 설치한 경우의 안전거리 ]

(단위 : m)

| 구 분 | 취급하는 위험물의 최대수량(지정수량의 배수) | 안전거리(이상) | | |
| --- | --- | --- | --- | --- |
| | | 주거용 건축물 | 학교·유치원 등 | 문화재 |
| 제조소·일반취급소(취급하는 위험물의 양이 주거지역에 있어서는 30배, 상업지역에 있어서는 35배, 공업지역에 있어서는 50배 이상인 것을 제외한다.) | 10배 미만 | 6.5 | 20 | 35 |
| | 10배 이상 | 7.0 | 22 | 33 |

| 구 분 | 취급하는 위험물의 최대수량(지정수량의 배수) | 안전거리(이상) | | |
|---|---|---|---|---|
| | | 주거용 건축물 | 학교 · 유치원 등 | 문화재 |
| 옥내저장소(취급하는 위험물의 양이 주거지역에 있어서는 지정수량의 120배, 상업지역에 있어서는 150배, 공업지역에 있어서는 200배 이상인 것을 제외한다.) | 5배 미만 | 4.0 | 12.0 | 23.0 |
| | 5배 이상 10배 미만 | 4.5 | 12.0 | 23.0 |
| | 10배 이상 20배 미만 | 5.0 | 14.0 | 26.0 |
| | 20배 이상 50배 미만 | 6.0 | 18.0 | 32.0 |
| | 50배 이상 200배 미만 | 7.0 | 22.0 | 38.0 |
| 옥외탱크저장소(취급하는 위험물의 양이 주거지역에 있어서는 지정수량의 600배, 상업지역에 있어서는 700배, 공업지역에 있어서는 1,000배 이상인 것을 제외한다.) | 500배 미만 | 6.0 | 18.0 | 32.0 |
| | 500배 이상 1,000배 미만 | 7.0 | 22.0 | 38.0 |
| 옥외저장소(취급하는 위험물의 양이 주거지역에 있어서는 지정수량의 10배, 상업지역에 있어서는 15배, 공업지역에 있어서는 20배 이상인 것을 제외한다.) | 10배 미만 | 6.0 | 18.0 | 32.0 |
| | 10배 이상 20배 미만 | 8.5 | 25.0 | 44.0 |

## 📁 하이드록실아민을 취급하는 제조소의 특례기준

1. 안전거리 : $D = 51.1 \times \sqrt[3]{N}$

   D : 거리(m), N : 해당 제조소에서 취급하는 하이드록실아민 등의 지정수량의 배수
2. 담 또는 토제의 설치기준
   ① 당해 제조소의 외벽 또는 이에 상당하는 공작물의 외측으로부터 2m 이상 떨어진 장소에 설치할 것
   ② 높이는 당해 제조소에 있어서 하이드록실아민 등을 취급하는 부분의 높이 이상으로 할 것
   ③ 담은 두께 15cm 이상의 철근 · 철골철근콘크리트조 또는 두께 20cm 이상의 보강콘크리트 블록조로 할 것
   ④ 토제 경사면의 경사도는 60도 미만으로 할 것
3. 하이드록실아민 등을 취급하는 설비에는 하이드록실아민 등의 온도 및 농도의 상승에 의한 위험한 반응을 방지하기 위한 조치를 강구할 것
4. 하이드록실아민 등을 취급하는 설비에는 철 이온 등의 혼입에 의한 위험한 반응을 방지하기 위한 조치를 강구할 것

 Reference

방화상 유효한 담은 제조소 등으로부터 5m 미만의 거리에 설치하는 경우에는 내화구조로, 5m 이상의 거리에 설치하는 경우에는 불연재료로 하고, 제조소등의 벽을 높게 하여 방화상 유효한 담을 갈음하는 경우에는 그 벽을 내화구조로 하고 개구부를 설치해서는 안된다.

## ③ 보유공지(연소확대방지, 피난의 원활, 소화활동공간확보)

보유공지의 계산은 위험물 시설의 외벽 또는 이에 상응하는 공작물의 외벽으로부터 계산한다. 보유공지 기준을 적용함에 있어 시설별로 중복되는 경우에는 최대거리를 적용한다.

### (1) 위험물의 최대수량에 따른 보유공지

| 취급하는 위험물의 최대수량 | 공지의 너비 |
|---|---|
| 지정수량의 10배 이하 | 3m 이상 |
| 지정수량의 10배 초과 | 5m 이상 |

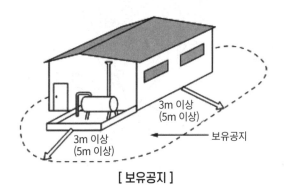

[ 보유공지 ]

※ 동일부지 내에 2개 이상의 위험물 취급시설이 설치된 경우 그 상호 간의 보유공지는 각각 보유해야 할 공지 중 가장 큰 공지의 폭을 보유해야 한다.

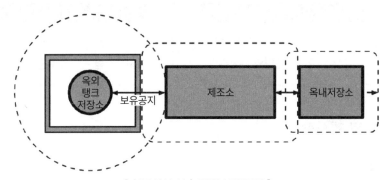

[ 취급시설 상호 간의 보유공지 ]

### (2) 보유공지를 보유하지 않아도 되는 경우

제조소의 건축물 그 밖의 공작물의 주위에 공지를 두게 되는 경우 그 제조소의 작업에 현저한 지장이 생길 우려가 있고 당해 제조소와 다른 작업장 사이에 다음의 기준에 따라 방화상 유효한 격벽을 설치한 경우에는 공지를 보유하지 아니할 수 있다.

① 방화벽은 내화구조로 할 것(6류 위험물인 경우에는 불연재료)

② 방화벽에 설치하는 출입구 및 창 등의 개구부는 가능한 한 최소로 하고 출입구 및 창에는 자동폐쇄식의 60분+ 또는 60분 방화문을 설치할 것

③ 방화벽의 양단 및 상단이 외벽 또는 지붕으로부터 50cm 이상 돌출하도록 할 것

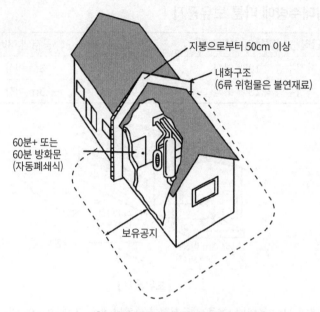

[ 보유공지를 두지 않아도 되는 경우 ]

### 2개 이상의 위험물을 취급, 저장하는 경우의 지정수량의 배수산정

$$\text{지정수량의 배수} = \frac{\text{A품명의 저장량}}{\text{A품명의 지정수량}} + \frac{\text{B품명의 저장량}}{\text{B품명의 지정수량}} + \frac{\text{C품명의 저장량}}{\text{C품명의 지정수량}} + \cdots\cdots$$

## 4 표지 및 게시판

### (1) 표지판

제조소에는 보기 쉬운 곳에 다음 기준에 따라 "위험물 제조소"라는 표시를 한 표지를 설치해야 한다.

① 표지는 한 변의 길이가 0.3m 이상, 다른 한 변의 길이가 0.6m 이상인 직사각형으로 할 것

② 표지의 바탕은 백색으로, 문자는 흑색으로 할 것

## (2) 게시판

제조소에는 보기 쉬운 곳에 다음 기준에 따라 방화에 관하여 필요한 사항을 게시한 게시판을
설치해야 한다.

① 게시판은 한 변의 길이가 0.3m 이상, 다른 한 변의 길이가 0.6m 이상인 직사각형으로 할 것

② 게시판의 바탕은 백색으로, 문자는 흑색으로 할 것

### ③ 게시판에 기재하여야 할 사항

　　㉠ 저장 · 취급하는 위험물의 유별 및 품명

　　㉡ 저장 · 취급 최대수량 및 지정수량의 배수

　　㉢ 안전관리자의 성명 또는 직명

[ 표지판, 게시판 ]

### ④ 위험물에 따른 주의사항을 표시한 게시판을 설치할 것

| 게시판의<br>내용 | 화기엄금<br>(적색바탕, 백색문자) | 물기엄금<br>(청색바탕, 백색문자) | 화기주의<br>(적색바탕, 백색문자) |
|---|---|---|---|
| 위험물의<br>종류 | • 제2류위험물 중 인화성고체<br>• 제3류위험물 중 자연발화성<br>　물질<br>• 제4류 위험물<br>• 제5류 위험물 | • 제1류 위험물 중<br>　알칼리금속의 과산화물<br>• 제3류 위험물 중 금수성<br>　물질 | • 제2류 위험물<br>　(인화성 고체 제외) |

제1류위험물(알카리금속의 과산화물 제외) 제6류 위험물 : 별도의 표시없음.

## 5 건축물의 구조

위험물을 취급하는 건축물의 구조는 다음 각호의 기준에 의해야 한다.

① 지하층이 없도록 해야 한다. 다만, 위험물을 취급하지 아니하는 지하층으로서 위험물의 취급장소에서 새어나온 위험물 또는 가연성의 증기가 흘러 들어갈 우려가 없는 구조로 된 경우에는 그러하지 아니하다.

② 벽·기둥·바닥·보·서까래 및 계단을 불연재료로 하고, 연소(延燒)의 우려가 있는 외벽(소방청장이 정하여 고시하는 것에 한한다. 이하 같다)은 출입구 외의 개구부가 없는 내화구조의 벽으로 해야 한다. 이 경우 제6류 위험물을 취급하는 건축물에 있어서 위험물이 스며들 우려가 있는 부분에 대하여는 아스팔트 그 밖에 부식되지 아니하는 재료로 피복해야 한다.

③ 지붕(작업공정상 제조기계시설 등이 2층 이상에 연결되어 설치된 경우에는 최상층의 지붕을 말한다)은 폭발력이 위로 방출될 정도의 가벼운 불연재료로 덮어야 한다. 다만, 위험물을 취급하는 건축물이 다음의 1에 해당하는 경우에는 그 지붕을 내화 구조로 할 수 있다.

    ㉠ 제2류 위험물(분말상태의 것과 인화성고체를 제외한다), 제4류 위험물 중 제4석유류·동식물유류 또는 제6류 위험물을 취급하는 건축물인 경우

    ㉡ 다음의 기준에 적합한 밀폐형 구조의 건축물인 경우

        ㉮ 발생할 수 있는 내부의 과압(過壓) 또는 부압(負壓)에 견딜 수 있는 철근콘크리트조일 것

        ㉯ 외부화재에 90분 이상 견딜 수 있는 구조일 것

④ 출입구와 「산업안전보건기준에 관한 규칙」 제17조에 따라 설치하여야 하는 비상구에는 60분+, 60분 또는 30분 방화문을 설치하되, 연소의 우려가 있는 외벽에 설치하는 출입구에는 수시로 열 수 있는 자동폐쇄식의 60분+ 또는 60분 방화문을 설치해야 한다.

⑤ 위험물을 취급하는 건축물의 창 및 출입구에 유리를 이용하는 경우에는 망입유리로 해야 한다.

⑥ 액체의 위험물을 취급하는 건축물의 바닥은 위험물이 스며들지 못하는 재료를 사용하고, 적당한 경사를 두어 그 최저부에 집유설비를 해야 한다.

## 6 채광·조명 및 환기설비

위험물을 취급하는 건축물에는 다음의 기준에 의하여 위험물을 취급하는데 필요한 채광·조명 및 환기의 설비를 설치해야 한다.

① **채광설비** : 채광설비는 불연재료로 하고, 연소의 우려가 없는 장소에 설치하되 채광면적을 최소로 할 것
② **조명설비** : 조명설비는 다음의 기준에 적합하게 설치할 것
　　㉠ 가연성가스 등이 체류할 우려가 잇는 장소의 조명등은 방폭등으로 할 것
　　㉡ 전선은 내화·내열전선으로 할 것
　　㉢ 점멸스위치는 출입구 바깥부분에 설치할 것. 다만, 스위치의 스파크로 인한 화재·폭발의 우려가 없을 경우에는 그러하지 아니하다.
③ **환기설비** : 환기설비는 다음의 기준에 의할 것
　　㉠ 환기는 자연배기방식으로 할 것
　　㉡ 급기구는 당해 급기구가 설치된 실의 바닥면적 150㎡마다 1개 이상으로 하되, 급기구의 크기는 800㎠ 이상으로 할 것. 다만 바닥면적이 150㎡ 미만인 경우에는 다음의 크기로 해야 한다.

| 바닥면적 | 급기구의 면적 |
|---|---|
| 60㎡ 미만 | 150㎠ 이상 |
| 60㎡ 이상 90㎡ 미만 | 300㎠ 이상 |
| 90㎡ 이상 120㎡ 미만 | 450㎠ 이상 |
| 120㎡ 이상 150㎡ 미만 | 600㎠ 이상 |

　　㉢ 급기구는 낮은 곳에 설치하고 가는 눈의 구리망 등으로 인화방지망을 설치할 것
　　㉣ 환기구는 지붕위 또는 지상 2m 이상의 높이에 회전식 고정벤티레이터 또는 루프팬방식으로 설치할 것

> 배출설비가 설치되어 유효하게 환기가 되는 건축물에는 환기설비를 하지 아니 할 수 있고, 조명설비가 설치되어 유효하게 조도가 확보되는 건축물에는 채광설비를 하지 아니할 수 있다.

**7 배출설비**

가연성 증기 또는 미분이 체류할 우려가 있는 건축물에는 옥외의 높은 곳으로 배출할 수 있도록 배출설비를 설치해야 한다.
① 배출설비는 국소방식으로 해야 한다. 다만, 다음의 1에 해당하는 경우에는 전역방식으로 할수 있다.
　　㉠ 위험물취급설비가 배관이음 등으로만 된 경우
　　㉡ 건축물의 구조·작업장소의 분포 등의 조건에 의하여 전역방식이 유효한 경우

② 배출설비는 배풍기ㆍ배출덕트ㆍ후드 등을 이용하여 강제적으로 배출하는 것으로 해야 한다.

③ 배출능력은 1시간당 배출장소 용적의 20배 이상인 것으로 해야 한다. 다만, 전역방식의 경우에는 바닥면적 1㎡당 18㎥ 이상으로 할 수 있다.

④ 배출설비의 급기구 및 배출구는 다음의 기준에 의해야 한다.

　㉠ 급기구는 높은 곳에 설치하고, 가는 눈의 구리망 등으로 인화방지망을 설치할 것

　㉡ 배출구는 지상 2m 이상으로서 연소의 우려가 없는 장소에 설치하고, 배출덕트가 관통하는 벽부분의 바로 가까이에 화재시 자동으로 폐쇄되는 방화댐퍼를 설치할 것

⑤ 배풍기는 강제배기방식으로 하고, 옥내덕트의 내압이 대기압 이상이 되지 아니하는 위치에 설치해야 한다.

## 8 옥외설비의 바닥

옥외에서 액체위험물을 취급하는 설비의 바닥은 다음의 기준에 의해야 한다.

① 바닥의 둘레에 높이 0.15m 이상의 턱을 설치하는 등 위험물이 외부로 흘러나가지 아니하도록 해야 한다.

② 바닥은 콘크리트 등 위험물이 스며들지 아니하는 재료로 하고, ①의 턱이 있는 쪽이 낮게 경사지게 해야 한다.

③ 바닥의 최저부에 집유설비를 해야 한다.

④ 위험물(온도 20℃의 물 100g에 용해되는 양이 1g 미만인 것에 한한다)을 취급하는 설비에 있어서는 당해 위험물이 직접 배수구에 흘러들어가지 아니하도록 집유설비에 유분리장치를 설치해야 한다.

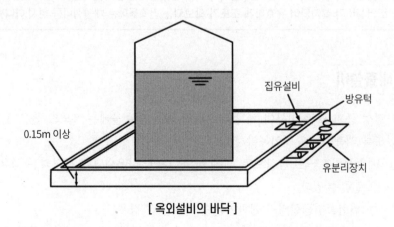

[ 옥외설비의 바닥 ]

## ⑨ 기타 설비

위험물을 취급하는 기계·기구 그 밖의 설비는 위험물이 새거나 넘치거나 비산하는 것을 방지할 수 있는 구조로 해야 한다. 다만, 당해 설비에 위험물의 누출 등으로 인한 재해를 방지할 수 있는 부대설비(되돌림관·수막 등)를 한 때에는 그러하지 아니하다.

① **압력계 및 안전장치** : 위험물을 가압하는 설비 또는 그 취급하는 위험물의 압력이 상승할 우려가 있는 설비에는 압력계 및 다음의 1에 해당하는 안전장치를 설치해야 한다. 다만, ㉣의 파괴판은 위험물의 성질에 따라 안전밸브의 작동이 곤란한 가압설비에 한한다.

　㉠ 자동적으로 압력의 상승을 정지시키는 장치

　㉡ 감압측에 안전밸브를 부착한 감압밸브

　㉢ 안전밸브를 겸하는 경보장치

　㉣ 파괴판

② **정전기 제거설비** : 위험물을 취급함에 있어서 정전기가 발생할 우려가 있는 설비에는 다음의 1에 해당하는 방법으로 정전기를 유효하게 제거할 수 있는 설비를 설치해야 한다.

　㉠ 접지에 의한 방법

　㉡ 공기 중의 상대습도를 70% 이상으로 하는 방법

　㉢ 공기를 이온화하는 방법

③ **피뢰설비** : 지정수량의 10배 이상의 위험물을 취급하는 제조소(제6류 위험물을 취급하는 위험물제조소를 제외한다)에는 피뢰침(「산업표준화법」 제12조에 따른 한국산업표준 중 피뢰설비 표준에 적합한 것을 말한다. 이하 같다)을 설치해야 한다. 다만, 제조소의 주위의 상황에 따라 안전상 지장이 없는 경우에는 피뢰침을 설치하지 아니할 수 있다.

④ 기타 가열·냉각설비 등의 온도측정장치, 가열건조설비, 전기설비, 전동기 등

## ⑩ 옥외에 있는 위험물취급탱크의 방유제 용량(지정수량의 5분의 1 미만인 것을 제외)

① 방유제에 탱크가 1개 설치된 때 : 탱크 용량의 50% 이상

② 방유제에 탱크가 2개 이상 설치된 때 : 최대탱크 용량의 50%에 나머지 탱크용량 합계의 10%를 가산한 양 이상(이 경우, 방유제의 용량은 당해 방유제의 내용적에서 용량이 최대인 탱크 외의 탱크의 방유제 높이 이하 부분의 용적, 당해 방유제 내에 있는 모든 탱크의 지반면 이상 부분의 기초의 체적, 간막이둑의 체적 및 당해 방유제 내에 있는 배관 등의 체적을 뺀 것으로 한다)

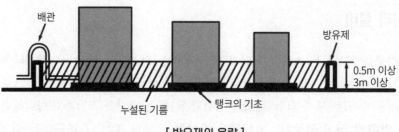

[ 방유제의 용량 ]

## 11 탱크의 내용적 및 용량

### (1) 내용적

#### ① 양쪽이 볼록한 것

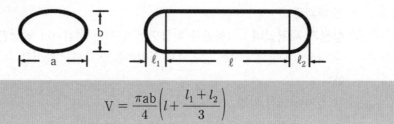

$$V = \frac{\pi ab}{4}\left(l + \frac{l_1 + l_2}{3}\right)$$

#### ② 한쪽은 오목하고 한쪽은 볼록한 것

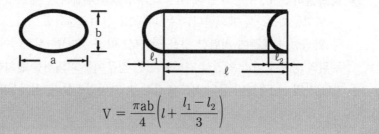

$$V = \frac{\pi ab}{4}\left(l + \frac{l_1 - l_2}{3}\right)$$

#### ③ 횡으로 설치한 것

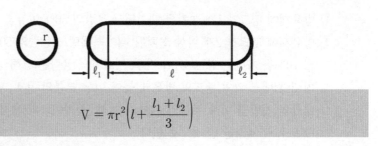

$$V = \pi r^2\left(l + \frac{l_1 + l_2}{3}\right)$$

④ 종으로 설치한 것

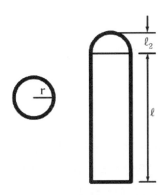

$$V = \pi r^2 l$$

⑤ **기타의 탱크** : 통상의 수학적 계산방법에 의한다. 다만, 쉽게 그 내용적을 계산하기
어려운 탱크에 있어서는 당해 탱크 내용적의 근사계산에 의할 수 있다.

## (2) 공간용적

탱크의 공간용적은 탱크 내부에 여유를 가질 수 있는 공간이다. 이는 위험물의 과주입
또는 온도의 상승에 의한 부피 증가에 따른 체적팽창으로 위험물의 넘침을 막아주는 기능
을 가지고 있다.

① **일반적인 탱크의 공간용적** : 탱크 내용적의 5/100 이상 10/100 이하
② **소화약제 방출구를 탱크 안의 윗부분에 설치한 탱크** : 당해 탱크의 내용적 중 당해
소화약제 방출구의 아래 0.3m 내지 1m 사이의 면으로부터 윗부분의 용적

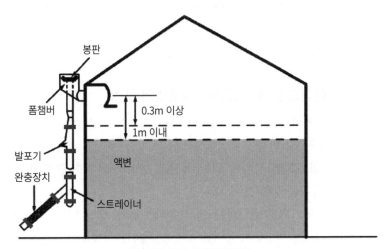

[ 탱크의 용량 및 공간용적 ]

③ **부상지붕식 탱크** : 부상지붕식 탱크는 당해 탱크의 특성상 지붕판이 최대로 상승할 수 있는 곳까지의 용적을 탱크의 허가량으로 보는 것이 타당하다.

## (3) 탱크의 용량 = 탱크의 내용적 - 공간용적

## 12 배 관

① 불연성액체를 이용하는 경우 배관에 걸리는 최대상용압력의 1.5배 이상(불연성기체를 이용하는 경우 최대상용압력의 1.1배 이상)의 압력으로 내압시험을 실시하여 누설 그 밖의 이상이 없는 것으로 해야 한다.

② 배관을 지하에 매설하는 경우에는 다음의 기준에 적합하게 해야 한다.

　㉠ 금속성 배관의 외면에는 부식방지를 위하여 도장 · 복장 · 코팅 또는 전기방식등의 필요한 조치를 할 것

　㉡ 배관의 접합부분(용접에 의한 접합부 또는 위험물의 누설의 우려가 없다고 인정되는 방법에 의하여 접합된 부분을 제외한다)에는 위험물의 누설여부를 점검할 수 있는 점검구를 설치할 것

　㉢ 지면에 미치는 중량이 당해 배관에 미치지 아니하도록 보호할 것

## 13 위험물의 성질에 따른 제조소의 특례

## (1) 알킬알루미늄 등을 취급하는 제조소의 특례

① 누설범위를 국한하기 위한 설비와 누설된 알킬알루미늄 등을 안전한 장소에 설치된 저장실에 유입시킬 수 있는 설비를 갖출 것

② 불활성 기체를 봉입하는 장치를 갖출 것

## (2) 아세트알데하이드 등을 취급하는 제조소의 특례

① 아세트알데하이드 등을 취급하는 설비는 은 · 수은 · 동 · 마그네슘 또는 이들을 성분으로 하는 합금으로 만들지 아니할 것

② 연소성 혼합기체의 생성에 의한 폭발을 방지하기 위한 불활성 기체 또는 수증기를 봉입하는 장치를 갖출 것

③ 아세트알데하이드를 취급하는 탱크(옥외에 있는 탱크 또는 옥내에 있는 탱크로서 그 용량이 지정수량의 5분의 1 미만의 것을 제외한다)에는 냉각장치 또는 보냉장치 및 연소성 혼합기체의 생성에 의한 폭발을 방지하기 위한 불활성 기체를 봉입하는 장치를

갖출 것. 다만, 지하에 있는 탱크가 아세트알데하이드 등의 온도를 저온으로 유지할 수 있는 구조인 경우에는 냉각장치 및 보냉장치를 갖추지 아니할 수 있다.

④ 냉각장치 또는 보냉장치는 둘 이상 설치하여 하나의 냉각장치 또는 보냉장치가 고장난 때에도 일정온도를 유지할 수 있도록 하고 다음 기준에 적합한 비상전원을 갖출 것

　㉠ 상용전력원이 고장난 경우에 자동으로 비상전원으로 전환되어 가동되도록 할 것

　㉡ 비상전원의 용량은 냉각장치 또는 보냉장치를 유효하게 작동할 수 있는 정도일 것

⑤ 탱크를 지하에 매설하는 경우에는 당해 탱크를 탱크전용실에 설치할 것

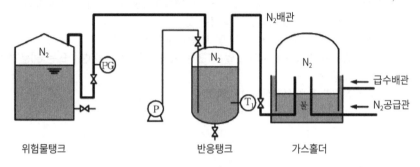

[ 불연성 가스 봉입장치 ]

## 03  옥내저장소의 위치·구조 및 설비의 기준

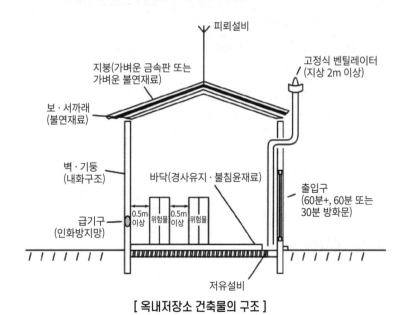

[ 옥내저장소 건축물의 구조 ]

## 1 안전거리

제조소의 안전거리에 준한다.

> **📁 안전거리를 두지 않아도 되는 경우**
>
> ① 제4석유류 또는 동식물유류를 지정수량 20배 미만으로 저장·취급하는 옥내저장소
> ② 제6류 위험물을 저장 또는 취급하는 옥내저장소
> ③ 지정수량의 20배(하나의 저장창고의 바닥면적이 150m² 이하인 경우 50배) 이하를 저장·취급하는 옥내저장소로서 다음에 적합한 것
> ㉮ 저장창고의 벽·기둥·바닥·보 및 지붕이 내화구조일 것
> ㉯ 저장창고의 출입구에 수시로 열 수 있는 자동폐쇄방식의 60분+ 또는 60분 방화문이 설치되어 있을 것
> ㉰ 저장창고에 창을 설치하지 아니할 것

## 2 보유공지

| 저장 또는 취급하는 위험물의 최대수량 | 공지의 너비 | |
|---|---|---|
| | 벽·기둥 및 바닥이 내화구조로 된 건축물 | 그 밖의 건축물 |
| 지정수량의 5배 이하 | – | 0.5m 이상 |
| 지정수량의 5배 초과 10배 이하 | 1m 이상 | 1.5m 이상 |
| 지정수량의 10배 초과 20배 이하 | 2m 이상 | 3m 이상 |
| 지정수량의 20배 초과 50배 이하 | 3m 이상 | 5m 이상 |
| 지정수량의 50배 초과 200배 이하 | 5m 이상 | 10m 이상 |
| 지정수량의 200배 초과 | 10m 이상 | 15m 이상 |

※ 다만, 지정수량의 20배를 초과하는 옥내저장소와 동일한 부지내에 있는 다른 옥내저장소와의 사이에는 위 표 공지 너비의 $\frac{1}{3}$ (당해 수치가 3배 미만인 경우에는 3m)의 공지를 보유할 수 있다.

## 3 표지 및 게시판

제조소에 준한다.

## 4 건축물의 구조

① 저장창고는 위험물의 저장을 전용으로 하는 독립된 건축물로 해야 한다.

② 저장창고는 지면에서 처마까지의 높이가 6m 미만인 단층건물로 하고 그 바닥을 지반 면보다 높게 해야 한다.

> **📁 처마높이를 20m 이하로 할 수 있는 경우**
>
> 제2류 또는 제4류 위험물만을 저장하는 창고로서 다음의 기준에 적합한 때
> ① 벽 · 기둥 · 보 및 바닥을 내화구조로 할 것
> ② 출입구에 60분+ 또는 60분 방화문을 설치할 것
> ③ 피뢰침을 설치할 것

③ 하나의 저장창고 바닥면적(각 실 바닥면적의 합계)은 다음의 면적 이하로 해야 한다.
- ㉠ 1,000m² 이하
  - ㉮ 제1류 위험물 중 아염소산염류, 염소산염류, 과염소산염류, 무기과산화물 그 밖에 지정수량이 50kg인 위험물
  - ㉯ 제3류 위험물 중 칼륨, 나트륨, 알킬알루미늄, 알킬리튬 그 밖에 지정수량이 10kg인 위험물 및 황린
  - ㉰ 제4류 위험물 중 특수인화물, 제1석유류 및 알코올류
  - ㉱ 제5류 위험물 중 유기과산화물, 질산에스터류 그 밖에 지정수량이 10kg인 위험물
  - ㉲ 제6류 위험물
- ㉡ 2,000m² 이하 : 그 밖의 위험물
- ㉢ 1,500m² 이하 : ㉠과 ㉡의 위험물을 내화구조의 격벽으로 완전히 구획된 실에 각각 저장하는 경우(이 경우 ㉠의 위험물을 저장하는 실의 면적은 500m²를 초과할 수 없다.)

④ 저장창고의 벽 · 기둥 및 바닥은 내화구조로 하고 보와 서까래는 불연재료로 해야 한다.

> **📁 벽 · 기둥 및 바닥을 불연재료로 할 수 있는 경우**
>
> • 지정수량의 10배 이하의 위험물을 저장하는 경우
> • 제2류 위험물(인화성 고체 제외)을 저장하는 경우
> • 제4류 위험물(인화점 70℃ 미만은 제외)을 저장하는 경우

⑤ 바닥에 물이 스며들지 아니하도록 해야하는 위험물의 종류
   ㉠ 제1류 위험물 중 알칼리금속의 과산화물 또는 이를 함유하는 것
   ㉡ 제2류 위험물 중 철분·금속분·마그네슘 또는 이 중 어느 하나 이상을 함유하는 것
   ㉢ 제3류 위험물 중 금수성 물품
   ㉣ 제4류 위험물
⑥ 선반 등의 수납장 설치기준
   ㉠ 수납장은 불연재료로 만들어 견고한 기초 위에 고정할 것
   ㉡ 수납장은 당해 수납장 및 그 부속설비의 자중, 저장하는 위험물의 중량 등의 하중에
      의하여 생기는 응력에 대하여 안전한 것으로 할 것
   ㉢ 수납장에는 위험물을 수납한 용기가 쉽게 떨어지지 아니하게 하는 조치를 할 것
⑦ 저장창고는 지붕을 폭발력이 위로 방출될 정도의 가벼운 불연재료로 하고, 천장을
만들지 않아야 한다. 다만, 제2류 위험물(분말상태의 것과 인화성고체를 제외한다)과
제6류 위험물만의 저장창고에 있어서는 지붕을 내화구조로 할 수 있고, 제5류 위험물
만의 저장창고에 있어서는 당해 저장창고내의 온도를 저온으로 유지하기 위하여 난연
재료 또는 불연재료로 된 천장을 설치할 수 있다.
⑧ 저장창고의 출입구에는 60분+, 60분 또는 30분 방화문을 설치하되, 연소의 우려가
있는 외벽에 설치하는 출입구에는 수시로 열 수 있는 자동폐쇄식의 60분+ 또는 60분
방화문을 설치해야 한다.
⑨ 저장창고의 창 및 출입구에 유리를 이용하는 경우에는 망입유리로 해야 한다.
⑩ 액체 위험물을 취급하는 저장창고의 바닥은 위험물이 스며들지 아니하는 구조로 하고
적당한 경사를 두어 그 최저부에 집유설비를 해야 한다.
⑪ 저장창고에는 별표 4 Ⅴ 및 Ⅵ의 규정에 준하여 채광·조명 및 환기의 설비를 갖추어야
하고, 인화점이 70℃ 미만인 위험물의 저장창고에 있어서는 내부에 체류한 가연성의
증기를 지붕 위로 배출하는 설비를 갖추어야 한다.
⑫ 저장창고에 설치하는 전기설비는 「전기사업법」에 의한 전기설비기술기준에 의해야
한다.
⑬ 지정수량의 10배 이상의 저장창고(제6류 위험물의 저장창고를 제외한다)에는 피뢰침
을 설치해야 한다. 다만, 저장창고의 주위의 상황에 따라 안전상 지장이 없는 경우에는
피뢰침을 설치하지 아니할 수 있다.
⑭ 제5류 위험물 중 셀룰로이드 그 밖에 온도의 상승에 의하여 분해·발화할 우려가
있는 것의 저장창고는 당해 위험물이 발화하는 온도에 달하지 아니하는 온도를 유지하
는 구조로 하거나 다음의 기준에 적합한 비상전원을 갖춘 통풍장치 또는 냉방장치 등
의 설비를 2 이상 설치해야 한다.

㉠ 상용전력원이 고장인 경우에 자동으로 비상전원으로 전환되어 가동되도록 할 것
㉡ 비상전원의 용량은 통풍장치 또는 냉방장치 등의 설비를 유효하게 작동할 수 있는 정도일 것

## 5 다층건물의 옥내저장소의 설치기준

**대상** : 제2류 위험물(인화성 고체 제외) 또는 제4류 위험물(인화점 70℃ 미만 제외)만을 저장 또는 취급하는 옥내저장소
① 저장창고는 각 층의 바닥을 지면보다 높게 하고 바닥면으로부터 상층의 바닥까지의 높이를 6m 미만으로 해야 한다.
② 하나의 저장창고 바닥면적 합계는 1,000m² 이하로 해야 한다.
③ 저장창고의 벽·기둥·바닥 및 보를 내화구조로 하고 계단을 불연재료로 하며 연소의 우려가 있는 외벽은 출입구 외의 개구부를 갖지 아니하는 벽으로 해야 한다.
④ 2층 이상의 층 바닥에는 개구부를 두지 아니해야 한다(단, 내화구조의 벽, 60분+ 또는 60분 방화문, 30분 방화문으로 구획된 계단실 제외).

## 6 복합용도 건축물의 옥내저장소의 설치기준

**대상** : 지정수량의 20배 이하의 것
① 벽·기둥·바닥 및 보가 내화구조인 건축물의 1층 또는 2층의 어느 하나의 층에 설치해야 한다.
② 바닥은 지면보다 높게 설치하고 그 층고를 6m 미만으로 해야 한다.
③ 바닥면적은 75m² 이하로 해야 한다.
④ 벽·기둥·바닥·보 및 지붕(상층이 있는 경우 상층의 바닥)을 내화구조로 하고 출입구 외의 개구부가 없는 두께 70mm 이상의 철근콘크리트조 또는 이와 동등 이상의 강도가 있는 구조의 바닥 또는 벽으로 당해 건축물의 다른 부분과 구획되도록 해야 한다.
⑤ 출입구에는 수시로 열 수 있는 자동폐쇄방식의 60분+ 또는 60분 방화문을 설치해야 한다.
⑥ 창을 설치하지 아니해야 한다.
⑦ 환기설비 및 배출설비에는 방화상 유효한 댐퍼 등을 설치해야 한다.

## 7 소규모 옥내저장소

**대상** : 지정수량 50배 이하인 옥내저장소(처마높이 6m 미만)

## 04 옥외탱크저장소의 위치 · 구조 및 설비의 기준

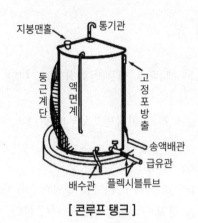

[ 콘루프 탱크 ]

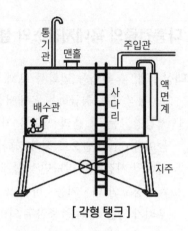

[ 각형 탱크 ]

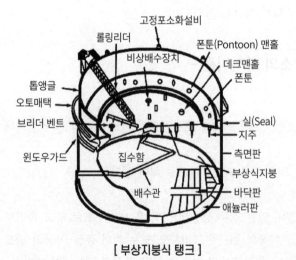

[ 부상지붕식 탱크 ]

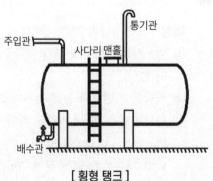

[ 횡형 탱크 ]

### 1 안전거리

제조소에 준한다.

## 2  보유공지

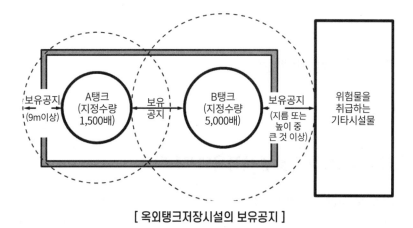

[ 옥외탱크저장시설의 보유공지 ]

옥외저장탱크의 주위에는 그 저장 또는 취급하는 위험물의 최대수량에 따라 옥외저장탱크의 측면으로부터 다음 표에 의한 너비의 공지를 보유해야 한다.

| 저장 또는 취급하는 위험물의 최대수량 | 공지의 너비 |
| --- | --- |
| 지정수량의 500배 이하 | 3m 이상 |
| 지정수량의 500배 초과 1,000배 이하 | 5m 이상 |
| 지정수량의 1,000배 초과 2,000배 이하 | 9m 이상 |
| 지정수량의 2,000배 초과 3,000배 이하 | 12m 이상 |
| 지정수량의 3,000배 초과 4,000배 이하 | 15m 이상 |
| 지정수량의 4,000배 초과 | 당해 탱크의 수평단면의 최대지름(가로형인 경우에는 긴 변)과 높이 중 큰 것과 같은 거리 이상.<br>다만, 30m 초과의 경우에는 30m 이상으로 할 수 있고, 15m 미만의 경우에는 15m 이상으로 해야 한다. |

▶ 특례 1) 동일한 방유제 안에 2개 이상 인접하여 설치하는 경우 그 인접하는 방향의 보유공지는 규정에 의한 보유공지의 3분의 1 이상의 너비로 할 수 있다. 이 경우 보유공지의 너비는 3m 이상이 되어야 한다 (제6류 위험물 또는 지정수량의 4,000배를 초과할 경우 제외).
▶ 특례 2) 제6류 위험물을 저장·취급하는 경우
　　가. 옥외저장탱크는 규정에 의한 보유공지의 3분의 1 이상의 너비로 할 수 있다.
　　　이 경우 보유공지의 너비는 1.5m 이상이 되어야 한다.
　　나. 옥외저장탱크를 동일구내에 2개 이상 인접하여 설치하는 경우 그 인접하는 방향의 보유공지는 가.의 규정에 의하여 산출된 너비의 3분의 1 이상의 너비로 할 수 있다. 이 경우 보유 공지의 너비는 1.5m 이상이 되어야 한다.
▶ 특례 3) 옥외저장탱크에 다음 기준에 적합한 물분무설비로 방호조치를 하는 경우에는 그 보유공지를 규정에 의한 보유공지의 2분의 1 이상(최소 3m 이상)의 너비로 할 수 있다.
　　가. 탱크의 표면에 방사하는 물의 양은 탱크의 원주길이 1m에 대하여 분당 37ℓ 이상으로 할 것

나. 수원의 양은 가.의 규정에 의한 수량으로 20분 이상 방사할 수 있는 수량으로 할 것

다. 탱크에 보강링이 설치된 경우에는 보강링의 아래에 분무헤드를 설치하되 분무헤드는 탱크의 높이 및 구조를 고려하여 분무가 적정하게 이루어질 수 있도록 배치할 것

라. 물분무소화설비의 설치기준에 준할 것

## ③ 표지 및 게시판, 피뢰설비

제조소에 준한다.

## ④ 특정옥외저장탱크 및 준특정옥외저장탱크

① **기초 및 지반** : 저장탱크 및 그 부속설비의 자중, 위험물 중량 등의 하중에 의하여 발생하는 응력에 대하여 안전할 것(준특정옥외저장탱크의 경우 탱크하중에 의하여 발생하는 응력에 대하여 안전할 것)

② 저장탱크의 용접부는 방사선투과시험 · 진공시험 등의 비파괴시험에 적합할 것

③ 지진 및 풍압에 견딜 수 있는 구조로 하고 그 기둥은 철근콘크리트조, 철골콘크리트조 등의 내화성능이 있는 것으로 할 것

> ### 📁 특정옥외탱크저장소 및 준특정옥외탱크저장소의 구분
>
> • 특정옥외탱크저장소 : 옥외탱크저장소 중 액체위험물의 최대수량이 100만ℓ 이상의 것
> • 준특정옥외탱크저장소 : 옥외탱크저장소 중 액체위험물의 최대수량이 50만ℓ 이상 100만ℓ 미만의 것

## ⑤ 옥외저장탱크의 외부구조 및 설비

① **탱크의 재료** : 3.2mm 이상의 강철판 또는 소방청장이 정하여 고시하는 규격에 적합한 재료

② **시험방법**
　㉠ 압력탱크 : 수압시험(최대 상용압력의 1.5배 압력으로 10분간)
　㉡ 압력탱크 외의 탱크 : 충수시험

③ **기초 및 지반** : 지진 등에 의한 관성력 또는 풍하중에 대한 응력이 옥외저장탱크의 옆판 또는 기둥의 특정한 점에 집중하지 아니하도록 당해 탱크를 견고한 기초 및 지반 위에 고정할 것

④ 외면에는 녹을 방지하기 위한 도장을 할 것(단, 부식 우려 없는 스테인리스, 강판 등은

그러하지 아니하다)

⑤ 위험물의 폭발 등에 의하여 탱크 내의 압력이 비정상적으로 상승하는 경우 내부의 가스 또는 증기를 상부로 방출할 수 있는 구조로 할 것

⑥ 밑판의 부식방지조치 방법

　　㉠ 탱크의 밑판 아래에 밑판의 부식을 유효하게 방지할 수 있도록 아스팔트샌드 등의 방식재료를 댈 것

　　㉡ 탱크의 밑판에 전기방식의 조치를 강구할 것

　　㉢ 위 ㉠ 및 ㉡ 규정에 의한 것과 동등 이상으로 밑판의 부식을 방지할 수 있는 조치를 강구할 것

⑦ **압력탱크 외 탱크의 통기관**

　　㉠ 밸브 없는 통기관

　　　㉮ 직경은 30mm 이상일 것

　　　㉯ 끝부분은 수평면보다 45도 이상 구부려 빗물 등의 침투를 막는 구조로 할 것

　　　㉰ 인화점이 38℃ 미만인 위험물만을 저장 또는 취급하는 탱크에 설치하는 통기관에는 화염방지장치를 설치하고 그외의 탱크에 설치하는 통기관에는 40메쉬(mesh) 이상의 구리망 또는 동등이상의 성능을 가진 인화방지장치를 설치할 것

　　　㉱ 가연성의 증기를 회수하기 위한 밸브를 통기관에 설치하는 경우에 있어서는 당해 통기관의 밸브는 저장탱크에 위험물을 주입하는 경우를 제외하고는 항상 개방되어 있는 구조로 하는 한편, 폐쇄하였을 경우에 있어서는 10kPa 이하의 압력에서 개방되는 구조로 할 것. 이 경우 개방된 부분의 유효단면적은 777.15㎟ 이상이어야 한다.

　　㉡ 대기밸브부착 통기관

　　　㉮ 5kPa 이하의 압력차로 작동할 수 있을 것

　　　㉯ 인화점이 38℃ 미만인 위험물만을 저장 또는 취급하는 탱크에 설치하는 통기관에는 화염방지장치를 설치하고 그외의 탱크에 설치하는 통기관에는 40메쉬(mesh) 이상의 구리망 또는 동등이상의 성능을 가진 인화방지장치를 설치할 것

⑧ **옥외저장탱크의 주입구**

　　㉠ 화재예방상 지장이 없는 장소에 설치할 것

　　㉡ 주입호스 또는 주입관과 결합할 수 있고 결합하였을 때 위험물이 새지 아니할 것

　　㉢ 주입구에는 밸브 또는 뚜껑을 설치할 것

　　㉣ 정전기가 발생할 우려가 있는 액체위험물 주입구 부근에는 정전기를 제거하기 위한 접지전극을 설치할 것

　　㉤ 인화점이 21℃ 미만인 옥외저장탱크 주입구에는 보기 쉬운 곳에 다음 기준에 의한

게시판을 설치할 것

㉮ 한 변이 0.3m 이상, 다른 한 변이 0.6m 이상인 직사각형으로 할 것

㉯ "옥외저장탱크 주입구"라고 표시하는 것 외에 취급하는 위험물의 유별, 품명 및 주의사항을 표시할 것

㉰ 게시판은 백색바탕에 흑색문자로 할 것

㉽ 주입구 주위에는 새어나온 기름 등 액체가 외부로 유출되지 아니하도록 방유턱을 설치하거나 집유설비 등의 장치를 설치할 것

⑨ **펌프설비의 설치기준**

㉠ 펌프설비의 주위에는 너비 3m 이상의 공지를 보유할 것. 다만, 방화상 유효한 격벽을 설치하는 경우와 제6류 위험물 또는 지정수량의 10배 이하 위험물의 옥외저장탱크의 펌프설비에 있어서는 그러하지 아니하다.

㉡ 펌프설비로부터 옥외저장탱크까지의 사이에는 당해 옥외저장탱크의 보유공지 너비의 3분의 1 이상의 거리를 유지할 것

㉢ 펌프설비는 견고한 기초 위에 고정할 것

㉣ 펌프 및 이에 부속하는 전동기를 위한 건축물 그 밖의 공작물의 벽·기둥·바닥 및 보는 불연재료로 할 것

㉤ 펌프실의 지붕은 폭발력이 위로 방출될 정도의 가벼운 불연재료로 할 것

㉥ 펌프실의 창 및 출입구에는 60분+, 60분 또는 30분 방화문을 설치할 것

㉦ 펌프실의 창 및 출입구에 유리를 이용하는 경우에는 망입유리로 할 것

㉧ 펌프실의 바닥 주위에는 높이 0.2m 이상의 턱을 만들고 바닥은 콘크리트등 위험물이 스며들지 아니하는 재료로 적당히 경사지게 하여 그 최저부에는 집유설비를 설치할 것

㉨ 펌프실에는 위험물을 취급하는 데 필요한 채광, 조명 및 환기설비를 설치할 것

㉩ 가연성 증기가 체류할 우려가 있는 펌프실에는 그 증기를 옥외의 높은 곳으로 배출하는 설비를 설치할 것

㉪ 펌프실 외의 장소에 설치하는 펌프설비에는 그 직하의 지반면 주위에 높이 0.15m 이상의 턱을 만들고, 그 지반면의 바닥은 콘크리트등 위험물이 스며들지 아니하는 재료로 적당히 경사지게 하여 그 최저부에는 집유설비를 할 것. 이 경우 제4류 위험물(온도 20℃의 물 100g에 용해되는 양이 1g 미만인 것에 한한다)을 취급하는 펌프설비에 있어서는 당해 위험물이 직접 배수구에 유입하지 아니하도록 집유설비에 유분리장치를 설치해야 한다.

⑩ 옥외저장탱크의 배수관은 탱크의 옆판에 설치할 것

⑪ 제3류위험물 중 금수성물질(고체에 한한다)의 옥외저장탱크에는 방수성의 불연재료로

만든 피복설비를 설치할 것

⑫ 이황화탄소의 옥외저장탱크는 벽 및 바닥의 두께가 0.2m 이상이고 누수가 되지 아니하는 철근콘크리트의 수조에 넣어 보관해야 한다. 이 경우 보유공지·통기관 및 자동계량장치는 생략할 수 있다.

---

### 📁 탱크의 내진 및 내풍압구조

옥외탱크저장소의 탱크는 다음 기준에 따라 진동력 및 풍압력에 견딜 수 있는 구조로 해야 한다.
① 탱크의 자중, 저장 위험물의 자중, 지반계수 및 출렁임 현상 등을 고려할 것
② 풍하중산출식 $Q = 0.588K\sqrt{h}$

　　 Q＝풍하중(kN/m²)

　　 K : 풍력계수

　　 h : 지면으로부터의 높이(m)

　　 ※ 풍력계수 : 원형탱크 : 0.7, 그 밖의 탱크 : 1
③ 옥외탱크저장소의 탱크는 견고한 지면 또는 기초 위에 고정시켜야 한다.
④ 진동력 또는 풍압력에 대한 대응력이 탱크의 측면·지주 등 어느 한쪽에만 집중되지 않도록 해야 한다.

---

## ⑥ 방유제의 설치기준

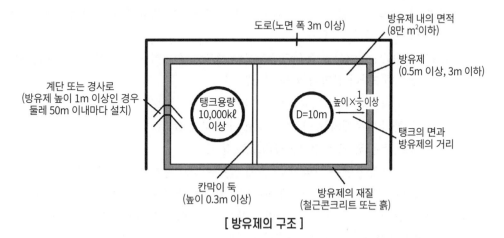

[ 방유제의 구조 ]

제3류, 제4류 및 제5류 위험물 중 인화성이 있는 액체위험물(이황화탄소 제외)의 옥외탱크저장소의 탱크 주위에는 위험물이 누설되었을 경우에 그 유출을 방지하기 위한 방유제를 설치해야 한다.

① 방유제의 용량은 방유제 안에 설치된 탱크가 하나인 때에는 그 탱크 용량의 110%

이상, 2기 이상인 때에는 그 탱크 중 용량이 최대인 것 용량의 110% 이상으로 할 것. 다만, 인화성이 없는 액체위험물의 경우는 탱크 용량의 100% 이상으로 한다.

② 방유제의 높이는 0.5m 이상 3m 이하, 두께 0.2m 이상, 지하매설깊이 1m 이상으로 할 것

③ 방유제 내의 면적은 8만m² 이하로 할 것

④ 방유제 내에 설치하는 옥외저장탱크의 수

  ㉠ 10기 이하일 것

  ㉡ 방유제 내의 전 탱크 용량이 20만ℓ 이하이고, 저장·취급하는 위험물의 인화점이 70℃ 이상, 200℃ 미만인 경우 : 20기 이하

  ㉢ 인화점이 200℃ 이상인 위험물을 저장 또는 취급하는 경우 : 무제한

⑤ 방유제 외면의 2분의 1 이상은 자동차 등이 통행할 수 있는 3m 이상의 노면 폭을 확보한 구내도로에 직접 접하도록 할 것

⑥ 방유제는 옥외저장탱크의 지름에 따라 그 탱크의 옆판으로부터 다음에 정하는 거리를 유지할 것. 다만, 인화점이 200℃ 이상인 위험물을 저장 또는 취급하는 것에 있어서는 그러하지 아니하다.

  ㉠ 지름이 15m 미만인 경우에는 탱크 높이의 3분의 1 이상

  ㉡ 지름이 15m 이상인 경우에는 탱크 높이의 2분의 1 이상

⑦ 방유제는 철근콘크리트로 하고, 방유제와 옥외저장탱크 사이의 지표면은 불연성과 불침윤성이 있는 구조(철근콘크리트 등)로 할 것. 다만, 누출된 위험물을 수용할 수 있는 전용유조 및 펌프 등의 설비를 갖춘 경우에는 방유제와 옥외저장탱크 사이의 지표면을 흙으로 할 수 있다.

⑧ 용량이 1,000만ℓ 이상인 옥외저장탱크의 주위에 설치하는 방유제에는 다음의 규정에 따라 당해 탱크마다 간막이 둑을 설치할 것

  ㉠ 간막이 둑의 높이는 0.3m(옥외저장탱크 용량 합계가 2억ℓ를 넘는 경우 1m) 이상으로 하되 방유제의 높이보다 0.2m 이상 낮게 할 것

  ㉡ 간막이 둑은 흙 또는 철근콘크리트로 할 것

  ㉢ 간막이 둑의 용량은 간막이 둑 안에 설치된 탱크 용량의 10% 이상일 것

⑨ 방유제 또는 간막이 둑에는 당해 방유제를 관통하는 배관을 설치하지 아니할 것

⑩ 높이가 1m를 넘는 방유제 및 간막이 둑의 안팎에는 방유제 내에 출입하기 위한 계단 또는 경사로를 약 50m 마다 설치할 것

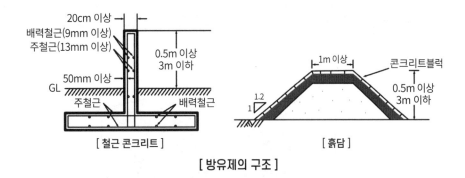

[ 철근 콘크리트 ]　　　　[ 흙담 ]

[ 방유제의 구조 ]

## 7 위험물의 성질에 따른 옥외탱크저장소의 특례

### (1) 알킬알루미늄 등의 옥외탱크저장소

① 주위에는 누설범위를 국한하기 위한 설비 및 누설된 알킬알루미늄 등을 안전한 장소에 설치된 조에 이끌어 들일 수 있는 설비를 설치할 것

② 옥외저장탱크에는 불활성의 기체를 봉입하는 장치를 설치할 것

### (2) 아세트알데하이드 등의 옥외탱크저장소

① 옥외저장탱크의 설비는 동·마그네슘·은·수은 또는 이들을 성분으로 하는 합금으로 만들지 아니할 것

② 옥외저장탱크에는 냉각장치 또는 보냉장치 그리고 연소성 혼합기체의 생성에 의한 폭발을 방지하기 위한 불활성의 기체를 봉입하는 장치를 설치할 것

### (3) 하이드록실아민등의 옥외탱크저장소

① 옥외탱크저장소에는 하이드록실아민 등의 온도상승에 의한 위험한 반응을 방지하기 위한 조치를 강구할 것

② 옥외탱크저장소에는 철 이온 등의 혼입에 의한 위험한 반응을 방지하기 위한 조치를 강구할 것

## 05 옥내탱크저장소의 위치 · 구조 및 설비의 기준

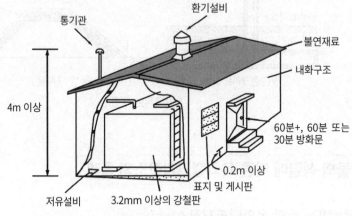

[ 단층건축물의 옥내탱크저장소 ]

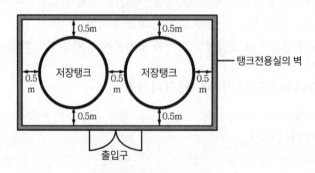

[ 저장소 내부의 간격 ]

### 1 탱크전용실을 단층건축물에 설치하는 경우 설치기준

#### (1) 상호 간 간격

　① 옥내저장탱크와 탱크전용실의 벽 : 0.5m 이상
　② 옥내저장탱크의 상호거리 : 0.5m 이상

#### (2) 표지판 및 게시판

제조소에 준한다.

## (3) 옥내저장탱크의 용량

탱크전용실의 탱크용량의 합계는 지정수량의 40배 이하일 것
단, 제4석유류 및 동식물유류 외의 제4류 위험물에 있어서는 20,000ℓ 이하일 것

## (4) 압력탱크 외의 통기관

### ① 밸브 없는 통기관

㉠ 통기관의 끝부분은 건축물의 창·출입구 등의 개구부로부터 1m 이상 떨어진 옥외의 장소에 지면으로부터 4m 이상의 높이에 설치하되 인화점이 40℃ 미만인 위험물의 탱크에 설치하는 통기관에 있어서는 부지경계선으로부터 1.5m 이상 이격할 것. 다만, 고인화점 위험물만을 100℃ 미만의 온도로 저장 또는 취급하는 탱크에 설치하는 통기관은 그 끝부분을 탱크 전용실 내에 설치할 수 있다.

㉡ 통기관은 가스 등이 체류할 우려가 있는 굴곡이 없도록 할 것

㉢ 직경은 30mm 이상일 것

㉣ 끝부분은 수평면보다 45° 이상 구부려 빗물 등의 침투를 막는 구조로 할 것

㉤ 인화점이 38℃ 미만인 위험물만을 저장 또는 취급하는 탱크에 설치하는 통기관에는 화염방지장치를 설치하고 그외의 탱크에 설치하는 통기관에는 40메쉬(mesh) 이상의 구리망 또는 동등이상의 성능을 가진 인화방지장치를 설치할 것

㉥ 가연성 증기를 회수하기 위한 밸브를 통기관에 설치하는 경우에 있어서는 당해 통기관의 밸브는 저장탱크에 위험물을 주입하는 경우를 제외하고는 항상 개방되어 있는 구조로 하는 한편 폐쇄하였을 경우에 있어서는 10kPa 이하의 압력에서 개방되는 구조로 할 것

### ② 대기밸브 부착통기관

㉠ 통기관의 끝부분은 건축물의 창·출입구 등의 개구부로부터 1m 이상 떨어진 옥외의 장소에 지면으로부터 4m 이상의 높이에 설치하되 인화점이 40℃ 미만인 위험물의 탱크에 설치하는 통기관에 있어서는 부지경계선으로부터 1.5m 이상 이격할 것. 다만, 고인화점 위험물만을 100℃ 미만의 온도로 저장 또는 취급하는 탱크에 설치하는 통기관은 그 끝부분을 탱크 전용실 내에 설치할 수 있다.

㉡ 통기관은 가스 등이 체류할 우려가 있는 굴곡이 없도록 할 것

㉢ 5kPa 이하의 압력차이로 작동할 수 있을 것

㉣ 인화점이 38℃ 미만인 위험물만을 저장 또는 취급하는 탱크에 설치하는 통기관에는 화염방지장치를 설치하고 그외의 탱크에 설치하는 통기관에는 40메쉬(mesh) 이상의 구리망 또는 동등이상의 성능을 가진 인화방지장치를 설치할 것

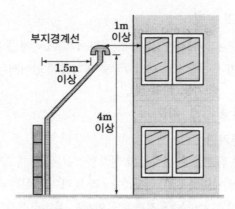

[ 밸브없는 통기관의 설치방법 ]

## (5) 옥내저장탱크의 주입구

옥외저장탱크의 주입구에 준한다.

## (6) 채광 · 조명 · 환기 및 배출설비

제조소에 준한다.

## (7) 기타 사항

① 옥내저장탱크의 외면에는 녹을 방지하기 위한 도장을 할 것
② 옥내저장탱크에는 액체위험물의 양을 자동적으로 표시하는 장치를 설치할 것
③ 탱크전용실은 벽 · 기둥 및 바닥을 내화구조로 하고, 보는 불연재료로 할 것
④ 연소의 우려가 있는 외벽은 출입구 외에는 개구부가 없도록 할 것
⑤ 탱크전용실은 지붕을 불연재료로 하고, 천장을 설치하지 아니할 것(출입구 : 자동폐쇄식, 60분+ 또는 60분 방화문)
⑥ 탱크전용실의 창 및 출입구에는 60분+, 60분 또는 30분 방화문을 설치할 것. 연소우려가 있는 외벽의 경우 수시로 열 수 있는 자동폐쇄식의 60분+ 또는 60분 방화문을 설치할 것
⑦ 탱크전용실의 창 또는 출입구에 유리를 이용하는 경우에는 망입유리로 할 것
⑧ 탱크전용실의 바닥은 위험물이 침투하지 아니하는 구조로 할 것(액상위험물에 한한다.)
⑨ 탱크전용실의 바닥은 적당한 경사를 두고 집유설비를 설치할 것(액상위험물에 한한다.)
⑩ 탱크전용실 출입구의 턱의 높이 : 탱크 전용실 내의 옥내저장탱크 중 최대용량의 탱크용량을 수용할 수 있는 높이 이상으로 하거나 옥내저장탱크로부터 누설된 위험물이 탱크전용실 외의 부분으로 유출하지 아니하는 구조로 할 것

**2** 탱크전용실을 단층건축물 이외의 건축물에 설치하는 경우 설치기준(다층건축물)

## (1) 단층이외의 건축물에 탱크전용실을 설치할수 있는 대상위험물의 종류

① 제2류 위험물 중 황화인 · 적린 및 덩어리 황

② 제3류 위험물 중 황린

③ 제4류 위험물 중 인화점이 38℃ 이상인 위험물

④ 제6류 위험물 중 질산

## (2) 위 (1)중 탱크전용실을 1층 또는 지하층에 설치하여야 하는 위험물

① 제2류 위험물 중 황화인 · 적린 및 덩어리 황

② 제3류 위험물 중 황린

③ 제6류 위험물 중 질산

## (3) 옥내저장탱크의 용량

(동일한 탱크전용실에 옥내저장탱크를 2 이상 설치하는 경우에는 각 탱크의 용량의 합계)

| 구 분 | 지정수량 | 비 고 |
|---|---|---|
| 1층 이하의 층 | 지정수량의 40배 이하 | 제4석유류, 동식물유류외의 제4류 위험물은 당해 수량이 20,000ℓ 초과 시 20,000ℓ 이하 |
| 2층 이상의 층 | 지정수량의 10배 이하 | 제4석유류, 동식물유류외의 제4류 위험물은 당해 수량이 5,000ℓ 초과 시 5,000ℓ 이하 |

## (4) 기타 단층건물 이외의 건축물에 설치하는 경우 탱크전용실의 설치기준(다층건축물)

| 구 분 | 내 용 |
|---|---|
| 환기 및 배출설비 | 방화상 유효한 댐퍼 등을 설치 |
| 탱크전용실 출입구 턱의 높이 | 당해 탱크전용실내의 옥내저장탱크의 용량을 수용할 수 있는 높이 이상으로 하거나 옥내저장탱크로부터 누설된 위험물이 탱크전용실 외의 부분으로 유출하지 아니하는 구조(옥내저장탱크가 2 이상인 경우에는 모든 탱크) |
| 벽 · 기둥, 바닥 및 보 | 내화구조 |
| 지붕 | 상층이 없는 경우에 있어서는 지붕을 불연재료로 설치 |
| 천장 | 설치하지 아니할 것 |
| 출입구 | 수시로 열 수 있는 자동폐쇄식의 60분+ 또는 60분 방화문을 설치 |
| 창 | 설치하지 아니할 것 |

### (5) 탱크전용실이 있는 건축물에 설치하는 옥내저장탱크의 펌프설비 기준

| 구 분 | 내 용 |
|---|---|
| 탱크전용실외의 장소에 펌프설비를 설치하는 경우 | • 펌프실 설치기준<br>- 벽, 기둥, 바닥 및 보를 내화구조로 할 것<br>- 상층이 없는 경우에 지붕 : 불연재료<br>- 천장을 설치하지 아니할 것<br>- 창을 설치하지 아니할 것(제6류 위험물은 제외)<br>- 출입구에는 60분+ 또는 60분 방화문을 설치할 것<br>  (제6류 위험물 : 30분 방화문)<br>- 펌프실의 환기 및 배출의 설비에는 방화상 유효한 댐퍼 등을 설치할 것<br>- 불연재료의 턱을 0.2m 이상의 높이로 설치 |
| 탱크전용실에 펌프설비를 설치하는 경우 | 불연재료로 된 턱을 0.2m 이상의 높이로 설치 |

**3  옥내탱크저장소의 특례**

알킬알루미늄, 아세트알데하이드 및 하이드록실아민 등을 저장 또는 취급하는 옥내탱크저장소에 있어서는 옥외탱크저장소에 준한다.

## 06  지하탱크저장소의 위치 · 구조 및 설비의 기준

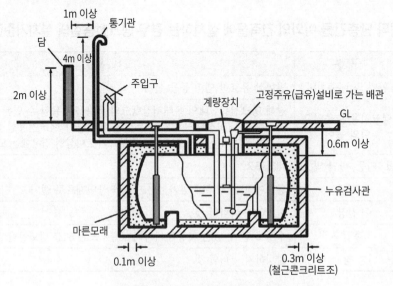

[ 탱크전용실에 설치한 지하저장탱크 ]

위험물을 저장 또는 취급하는 지하탱크는 지면하에 설치된 탱크전용실에 설치해야 한다.

## 1 탱크전용실의 이격거리

① 지하의 가장 가까운 벽 · 피트 · 가스관 등의 시설물 및 대지경계선 : 0.1m 이상
② 지하저장탱크와 탱크전용실의 안쪽 : 0.1m 이상
③ 지하저장탱크의 윗부분과 지면과의 거리 : 0.6m 이상
④ 지하저장탱크 상호 간 거리 : 1m 이상(용량의 합계가 지정수량의 100배 이하인 때 : 0.5m 이상). 다만, 그사이 탱크전용실의 벽이나 두께 20cm 이상의 콘크리트 구조물이 있는 경우에는 그러하지 아니하다.

## 2 표지판 및 게시판

제조소에 준한다.

### 📂 탱크 전용실을 설치하지 않아도 되는 경우

4류위험물의 지하탱크가 다음 기준에 적합한 때
① 당해 탱크를 지하철 · 지하가 또는 지하터널로부터 수평거리 10m 이내의 장소에 설치하지 아니할 때
② 당해 탱크를 그 수평투영의 세로 및 가로보다 각각 0.6m 이상 크고 두께가 0.3m 이상인 철근 콘크리트조의 뚜껑으로 덮을 것
③ 뚜껑에 걸리는 중량이 직접 당해 탱크에 걸리지 아니하는 구조일 것
④ 당해 탱크를 견고한 기초 위에 고정할 것
⑤ 당해 탱크를 지하의 가장 가까운 벽 · 피트 · 가스관 등의 시설물 및 대지경계선으로부터 0.6m 이상 떨어진 곳에 매설할 것

## 3 탱크의 기준

① 다음 표에 정하는 기준에 적합하게 강철판 또는 동등 이상의 성능이 있는 금속재질로 할 것

| 탱크용량(단위 ℓ) | 탱크의 최대직경(단위 mm) | 강철판의 최소두께(단위 mm) |
|---|---|---|
| 1,000 이하 | 1,067 | 3.20 |
| 1,000 초과 2,000 이하 | 1,219 | 3.20 |
| 2,000 초과 4,000 이하 | 1,625 | 3.20 |
| 4,000 초과 15,000 이하 | 2,450 | 4.24 |
| 15,000 초과 45,000 이하 | 3,200 | 6.10 |
| 45,000 초과 75,000 이하 | 3,657 | 7.67 |
| 75,000 초과 189,000 이하 | 3,657 | 9.27 |
| 189,000 초과 | – | 10.00 |

② 완전 용입용접 또는 양면겹침 이음용접으로 틈이 없도록 할 것
③ 탱크의 시험 : 다음의 방식으로 시험하여 새거나 변형되지 아니해야 한다.
   ㉠ 압력탱크 외의 탱크 : 70kPa의 압력으로 10분간 수압시험
   ㉡ 압력탱크 : 최대상용압력의 1.5배의 압력으로 10분간 수압시험
   ※ 압력탱크 : 최대 상용압력이 46.7kPa 이상인 탱크

## ④ 압력탱크 외의 통기관

① 밸브 없는 통기관
   ㉠ 통기관은 지하저장탱크의 윗부분에 연결할 것
   ㉡ 통기관 중 지하의 부분은 그 상부지면에 걸리는 중량이 직접 해당 부분에 미치지
      아니하도록 보호하고, 해당 통기관의 접합부분(용접, 그 밖의 위험물 누설의 우려가
      없다고 인정되는 방법에 의하여 접합된 것은 제외한다)에 대하여는 해당 접합 부분
      의 손상유무를 점검할 수 있는 조치를 할 것
   ㉢ 통기관의 끝부분은 건축물의 창·출입구 등의 개구부로부터 1m 이상 떨어진 옥외
      의 장소에 지면으로부터 4m 이상의 높이에 설치하되 인화점이 40℃ 미만인 위험물
      의 탱크에 설치하는 통기관에 있어서는 부지경계선으로부터 1.5m 이상 이격할 것.
      다만, 고인화점 위험물만을 100℃ 미만의 온도로 저장 또는 취급하는 탱크에 설치
      하는 통기관은 그 끝부분을 탱크 전용실 내에 설치할 수 있다.
   ㉣ 통기관은 가스 등이 체류할 우려가 있는 굴곡이 없도록 할 것
   ㉤ 직경은 30mm 이상일 것
   ㉥ 끝부분은 수평면보다 45° 이상 구부려 빗물 등의 침투를 막는 구조로 할 것

    ◈ 인화점이 38℃ 미만인 위험물만을 저장 또는 취급하는 탱크에 설치하는 통기관에는 화염방지장치를 설치하고 그외의 탱크에 설치하는 통기관에는 40메쉬(mesh) 이상의 구리망 또는 동등이상의 성능을 가진 인화방지장치를 설치할 것

    ◎ 가연성 증기를 회수하기 위한 밸브를 통기관에 설치하는 경우에 있어서는 당해 통기관의 밸브는 저장탱크에 위험물을 주입하는 경우를 제외하고는 항상 개방되어 있는 구조로 하는 한편 폐쇄하였을 경우에 있어서는 10kPa 이하의 압력에서 개방되는 구조로 할 것

② **대기밸브 부착통기관**

    ㉠ 통기관은 지하저장탱크의 윗부분에 연결할 것

    ㉡ 통기관 중 지하의 부분은 그 상부지면에 걸리는 중량이 직접 해당 부분에 미치지 아니하도록 보호하고, 해당 통기관의 접합부분(용접, 그 밖의 위험물 누설의 우려가 없다고 인정되는 방법에 의하여 접합된 것은 제외한다.)에 대하여는 해당 접합 부분의 손상유무를 점검할 수 있는 조치를 할 것

    ㉢ 5kPa 이하의 압력차로 작동할 수 있을 것. 다만, 제4류 위험물 중 제1석유류를 저장하는 탱크는 다음의 압력차에서 작동할 수 있을 것

        ㉮ 정압 : 0.6kPa 이상 1.5kPa 이하

        ㉯ 부압 : 1.5kPa 이상 3kPa 이하

    ㉣ 인화점이 38℃ 미만인 위험물만을 저장 또는 취급하는 탱크에 설치하는 통기관에는 화염방지장치를 설치하고 그외의 탱크에 설치하는 통기관에는 40메쉬(mesh) 이상의 구리망 또는 동등이상의 성능을 가진 인화방지장치를 설치할 것

    ㉤ 통기관의 끝부분은 건축물의 창·출입구 등의 개구부로부터 1m 이상 떨어진 옥외의 장소에 지면으로부터 4m 이상의 높이에 설치하되 인화점이 40℃ 미만인 위험물의 탱크에 설치하는 통기관에 있어서는 부지경계선으로부터 1.5m 이상 이격할 것 다만, 고인화점 위험물만을 100℃ 미만의 온도로 저장또는 취급하는 탱크에 설치하는 통기관은 그 끝부분을 탱크 전용실 내에 설치할 수 있다.

    ㉥ 통기관은 가스 등이 체류할 우려가 있는 굴곡이 없도록 할 것

**5 지하저장탱크의 주입구**

옥외탱크저장소에 준한다.

## 6 누유검사관의 기준

지하저장탱크의 주위에는 액체위험물의 누설을 검사하기 위한 관을 다음 기준에 따라 4개소 이상 적당한 위치에 설치해야 한다.

① 이중관으로 할 것. 다만 소공이 없는 상부는 단관으로 할 수 있다.
② 재료는 금속관 또는 경질합성수지관으로 할 것
③ 관은 탱크실바닥 또는 탱크의 기초까지 닿게 할 것
④ 관의 밑부분에서 탱크의 중심 높이까지는 소공이 뚫려 있을 것. 다만, 지하수위가 높은 장소에 있어서는 지하수위 높이까지의 부분에 소공이 뚫려 있어야 한다.
⑤ 상부는 물이 침투하지 아니하는 구조로 하고, 뚜껑은 검사 시에 쉽게 열 수 있도록 할 것

## 7 탱크전용실의 구조

탱크전용실은 벽, 바닥 및 뚜껑을 다음 기준에 적합한 철근콘크리트구조 또는 이와 동등이상의 강도가 있는 구조로 설치하여야 한다.

① 벽 및 바닥 : 두께 0.3m 이상의 철근콘크리트 또는 이와 동등 이상의 강도가 있는 구조
② 뚜껑 : 두께 0.3m 이상의 철근콘크리트 또는 이와 동등 이상의 강도가 있는 구조
③ 벽, 바닥 및 뚜껑의 내부에는 직경 9mm부터 13mm까지의 철근을 가로 및 세로로 5cm부터 20cm까지의 간격으로 배치할 것
④ 벽, 바닥, 뚜껑의 재료에 수밀콘크리트를 혼입하거나 벽, 바닥, 뚜껑의 중간에 아스팔트 층을 만드는 방법으로 적정한 방수조치를 할 것

## 8 과충전 방지장치

① 탱크용량을 초과하는 위험물이 주입될 때 자동으로 그 주입구를 폐쇄하거나 위험물의 공급을 자동으로 차단하는 방법
② 탱크용량의 90%가 찰 때 경보음을 울리는 방법

## 9 기타 사항

① 탱크와 탱크전용실 사이에는 마른 모래 또는 습기 등에 응고되지 아니하는 직경 5mm 이하의 마른 자갈분을 채울 것

② 지하저장탱크의 외면에 녹방지를 위한 도장을 할 것
③ 액체 위험물의 지하저장탱크에는 위험물의 양을 자동적으로 표시하는 장치 또는 계량구를 설치할 것

## 07 간이탱크저장소의 위치·구조 및 설비의 기준

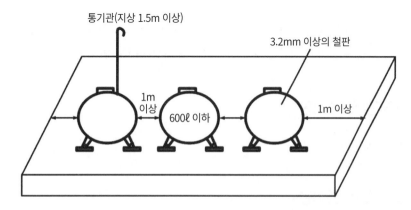

[ 옥외에 설치된 간이탱크 간격 및 보유공지 ]

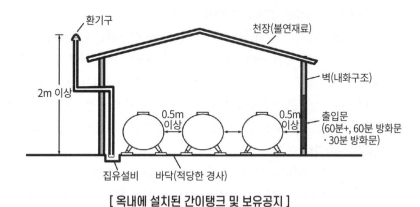

[ 옥내에 설치된 간이탱크 및 보유공지 ]

간이탱크는 옥외에 설치하는 것을 원칙으로 하되 탱크전용실이 옥내탱크저장소의 기준에 적합한 때에는 전용실 안에 설치할 수 있다.

> ### 📁 전용실안에 설치할 수 있는 경우
>
> • 전용실의 구조, 창, 출입구, 바닥은 옥내탱크저장소의 설치 기준에 적합할 것
> • 전용실의 채광·조명·환기 및 배출의 설비는 옥내저장소의 설치 기준에 적합할 것
> • 전용실안에 설치하는 경우에는 탱크와 전용실의 벽과의 사이에 0.5m 이상의 간격을 유지해야 한다.

## 1 간이탱크의 설치 수

하나의 간이탱크저장소에 설치하는 간이저장탱크의 수는 3 이하로 할 것
다만, 동일 품질의 위험물 간이저장탱크는 2 이상 설치하면 아니된다.

## 2 표지판 및 게시판

제조소에 준한다.

## 3 밸브 없는 통기관

### ① 밸브 없는 통기관
　ㄱ 통기관의 지름은 25mm 이상으로 할 것
　ㄴ 통기관은 옥외에 설치하되 그 끝부분의 높이는 지상 1.5m 이상으로 할 것
　ㄷ 통기관의 끝부분은 수평면보다 45° 이상 구부려 빗물 등이 침투하지 아니하도록 할 것
　ㄹ 인화점이 38℃ 미만인 위험물만을 저장 또는 취급하는 탱크에 설치하는 통기관에는 화염방지장치를 설치하고 그외의 탱크에 설치하는 통기관에는 40메쉬(mesh) 이상의 구리망 또는 동등이상의 성능을 가진 인화방지장치를 설치할 것

### ② 대기밸브 부착통기관
　ㄱ 통기관은 옥외에 설치하되 그 끝부분의 높이는 지상 1.5m 이상으로 할 것
　ㄴ 인화점이 38℃ 미만인 위험물만을 저장 또는 취급하는 탱크에 설치하는 통기관에는 화염방지장치를 설치하고 그외의 탱크에 설치하는 통기관에는 40메쉬(mesh) 이상의 구리망 또는 동등이상의 성능을 가진 인화방지장치를 설치할 것
　ㄷ 5kPa 이하의 압력차이로 작동할 수 있을 것

## 4 고정주유설비 또는 고정급유설비

간이저장탱크에 고정주유설비 또는 고정급유설비를 설치하는 경우는 주유취급소의 고정 주유설비 또는 고정급유설비의 기준에 적합하여야 한다.

## 5 기타 사항

① 간이저장탱크는 움직이거나 넘어지지 아니하도록 지면 또는 가설대에 고정시킬 것
② 옥외에 탱크를 설치하는 경우에는 그 탱크의 주위에 너비 1m 이상의 공지를 둘 것
③ 탱크를 전용실 안에 설치하는 경우에는 탱크와 전용실 벽과의 사이에 0.5m 이상의 간격을 둘 것
④ 간이저장탱크의 용량은 600ℓ 이하일 것
⑤ 탱크는 흠이 없는 두께 3.2mm 이상의 강판으로 제작하고, 70kPa의 압력으로 10분간 수압시험을 실시하여 새거나 변형되지 아니할 것
⑥ 간이저장탱크의 외면에는 녹을 방지하기 위한 도장을 할 것

## 08 이동탱크저장소의 위치 · 구조 및 설비의 기준

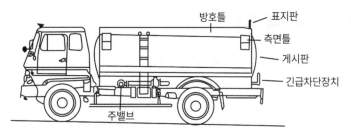

[ 이동탱크 저장소의 측면 ]

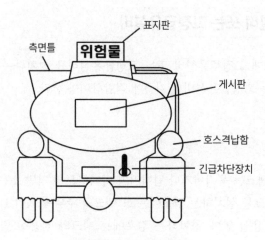

[ 이동탱크 저장소의 뒷면 ]

### ① 상치장소

① **옥외에 있는 상치장소** : 화기를 취급하는 장소 또는 인근의 건축물로부터 5m 이상 (인근의 건축물이 1층인 경우 3m 이상)의 거리를 확보할 것
② **옥내에 있는 상치장소** : 벽·바닥·보·서까래 및 지붕이 내화구조 또는 불연재료로 된 건축물의 1층에 설치할 것

### ② 이동저장탱크의 구조

① 탱크는 두께 3.2mm 이상의 강철판 등의 재료로 할 것
② **탱크의 시험**
   ㉠ 압력탱크 외의 탱크 : 70kPa의 압력으로 수압시험
   ㉡ 압력탱크 : 최대상용압력의 1.5배의 압력으로 10분간 수압시험하여 새거나 변형되지 아니할 것
      ※ 압력탱크 : 최대상용압력이 46.7kPa 이상인 탱크
③ 내부에 4,000ℓ 이하마다 3.2mm 이상의 강철판 등으로 칸막이를 설치할 것
④ **칸막이로 구획된 각 부분마다 맨홀과 안전장치 및 방파판을 설치할 것. 다만, 칸막이로 구획된 부분의 용량이 2,000ℓ 미만인 부분에는 방파판을 설치하지 아니할 수 있다.**
   ㉠ 안전장치의 작동압력
      ㉮ 상용압력이 20kPa 이하인 탱크 : 20kPa 이상, 24kPa 이하의 압력에서 작동할 것
      ㉯ 상용압력이 20kPa을 초과하는 탱크 : 상용압력의 1.1배 이하의 압력에서 작동할 것

114

ⓒ 방파판
　　㉮ 두께 1.6mm 이상의 강철판 등으로 할 것
　　㉯ 칸막이마다 2개 이상의 방파판을 진행방향과 평행으로 설치하고, 각 방파판은 그 높이 및 칸막이로부터의 거리를 다르게 할 것
　　㉰ 하나의 구획부분에 각 방파판 면적의 합계는 당해 구획부분의 최대 수직단면적의 50% 이상으로 할 것

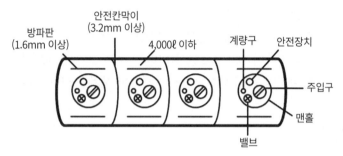

**[ 이동탱크저장소의 칸막이 ]**

⑤ **맨홀·주입구 및 안전장치 등이 탱크의 상부에 돌출되어 있는 탱크의 구조기준**
　㉠ 측면틀
　　㉮ 외부로부터의 하중에 견딜 수 있는 구조로 할 것
　　㉯ 탱크 상부의 네 모퉁이에 당해 탱크의 전단 또는 후단으로부터 각각 1m 이내의 위치에 설치할 것
　　㉰ 측면틀에 걸리는 하중에 의하여 탱크가 손상되지 아니하도록 측면틀의 부착부분에 받침판을 설치할 것
　　㉱ 탱크 뒷부분의 입면도에 있어서 측면틀의 최외측과 탱크의 최외측을 연결하는 직선(이하 Ⅱ에서 "최외측선"이라 한다)의 수평면에 대한 내각이 75도 이상이 되도록 하고, 최대수량의 위험물을 저장한 상태에 있을 때의 당해 탱크중량의 중심점과 측면틀의 최외측을 연결하는 직선과 그 중심점을 지나는 직선 중 최외측선과 직각을 이루는 직선과의 내각이 35도 이상이 되도록 할 것
　㉡ 방호틀
　　㉮ 두께 2.3mm 이상의 강철판 등으로 산모양의 형상으로 할 것
　　㉯ 정상부분은 부속장치보다 50mm 이상 높게 할 것
⑥ 탱크의 외면에는 부석방지도장을 해야 한다. 다만, 탱크의 재질이 부식의 우려가 없는 스테인레스 강판 등의 경우에는 그러하지 아니하다.

## 3 배출밸브 및 폐쇄장치

① 탱크의 배출구에 밸브를 설치하고 비상시에 배출밸브를 폐쇄할 수 있는 수동폐쇄장치 또는 자동폐쇄장치를 설치할 것
② 수동식 폐쇄장치에 설치하는 레버의 설치기준
　㉠ 손으로 잡아당겨 수동폐쇄장치를 작동시킬 수 있도록 할 것
　㉡ 길이는 15cm 이상으로 할 것
③ 탱크 배관의 끝부분에는 개폐밸브를 설치해야 한다.
④ 위 ① 규정에 의하여 배출밸브를 설치하는 경우 그 배출밸브에 대하여 외부로부터의 충격으로 인한 손상을 방지하기 위하여 필요한 장치를 해야 한다.

## 4 주입설비

이동탱크저장소에 주입설비를 설치하는 경우에는 다음의 기준에 의해야 한다.
① 위험물이 샐 우려가 없고 화재예방상 안전한 구조로 할 것
② 주입설비의 길이는 50m 이내로 하고, 그 끝부분에 축적되는 정전기를 유효하게 제거할수 있는 장치를 할 것
③ 분당 토출량은 200ℓ 이하로 할 것

## 5 표지 및 게시판

① 표지판
　㉠ 차량의 전면 및 후면의 보기 쉬운 곳에 설치할 것
　㉡ 한 변의 길이가 0.6m 이상, 다른 한 변의 길이가 0.3m 이상으로 할 것
　㉢ 흑색바탕에 황색의 반사도료 그 밖의 반사성이 있는 재료로 "위험물"이라고 표시한 표지를 설치할 것

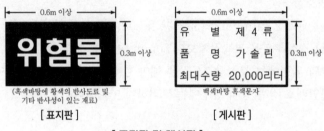

[ 표지판 및 게시판 ]

**6  접지도선**

대상위험물 : 제4류 위험물 중 특수인화물, 제1석유류 또는 제2석유류

**7  기타사항**

① 이동저장탱크로부터 액체위험물을 용기에 옮겨 담지 아니할 것
   다만, 인화점 40℃ 이상의 제4류 위험물은 그러하지 아니하다.
② 이동저장탱크로부터 위험물을 주입할 때에는 이동탱크저장소의 원동기를 정지시킬
   것. 다만, 인화점 40℃ 이상의 제4류 위험물은 그러하지 아니하다.
③ 이동저장탱크로부터 직접 위험물을 자동차의 연료탱크에 주입하지 말 것
④ 정전기로 인한 재해발생의 우려가 있는 액체 위험물을 주입, 배출하는 경우
   ㉠ 접지할 것
   ㉡ 주입관의 끝부분을 이동저장탱크의 밑바닥에 밀착할 것
   ㉢ 위험물의 액표면이 주입관의 끝부분을 넘는 높이가 될 때까지 유속을 1m/sec 이하
      로 할 것

**8  위험물의 성질에 따른 이동탱크저장소의 특례**

**① 알킬알루미늄 등을 저장 또는 취급하는 이동탱크저장소**
   ㉠ 이동저장탱크는 두께 10mm 이상의 강판 등으로 할 것
   ㉡ 1MPa 이상의 압력으로 10분간 실시하는 수압시험에서 새거나 변형하지 아니하는
      것일 것
   ㉢ 이동저장탱크의 용량은 1,900ℓ 미만일 것
   ㉣ 안전장치는 이동저장탱크의 수압시험 압력의 3분의 2를 초과하고 5분의 4 이하에
      서 작동할 것
   ㉤ 이동저장탱크의 맨홀 및 주입구의 뚜껑은 두께 10mm 이상의 강판 등으로 할 것
   ㉥ 이동저장탱크의 배관 및 밸브 등은 당해 탱크의 윗부분에 설치할 것
   ㉦ 이동저장탱크는 불활성의 기체를 봉입할 수 있는 구조로 할 것
   ㉧ 이동저장탱크에는 긴급 시 연락처, 응급조치에 관하여 필요한 사항을 기재한 서류,
      방호복, 고무장갑, 밸브 등을 죄는 결합공구 및 휴대용 확성기를 비치할 것
**② 아세트알데하이드 등을 저장 또는 취급하는 이동탱크저장소**
   ㉠ 이동저장탱크는 불활성의 기체를 봉입할 수 있는 구조로 할 것

ⓒ 이동저장탱크 및 그 설비는 은·수은·동·마그네슘 또는 이들을 성분으로 하는 합금으로 만들지 아니할 것

## 09 옥외저장소의 위치·구조 및 설비의 기준

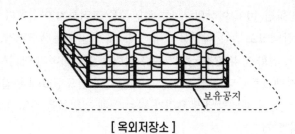

[ 옥외저장소 ]

### 1 안전거리

제조소에 준한다.

### 2 보유공지

경계표시 주위에는 위험물의 최대수량에 따라 다음 표에 의한 너비의 공지를 보유할 것

| 저장 또는 취급하는 위험물의 최대수량 | 공지의 너비 |
|---|---|
| 지정수량의 10배 이하 | 3m 이상 |
| 지정수량의 10배 초과 20배 이하 | 5m 이상 |
| 지정수량의 20배 초과 50배 이하 | 9m 이상 |
| 지정수량의 50배 초과 200배 이하 | 12m 이상 |
| 지정수량의 200배 초과 | 15m 이상 |

다만, 제4류 위험물 중 제4석유류와 제6류 위험물의 경우는 위 표에 의한 보유공지의 3분의 1이상의 너비로 할 수 있다.

**③ 표지판 및 게시판**

제조소에 준한다.

**④ 선반의 설치기준**

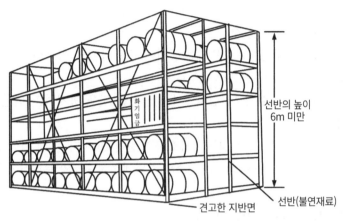

[ 선반의 설치기준 ]

① 선반은 불연재료로 만들고 견고한 지반면에 고정할 것
② 선반은 당해 선반 및 그 부속설비의 자중·저장하는 위험물의 중량·풍하중·지진의 영향 등에 의하여 생기는 응력에 대하여 안전할 것
③ 선반의 높이는 6m를 초과하지 아니할 것
④ 선반에는 위험물을 수납한 용기가 쉽게 낙하하지 아니하는 조치를 강구할 것
⑤ 과산화수소, 과염소산을 저장하는 옥외저장소는 불연성 또는 난연성의 천막등을 설치하여 햇빛을 가릴 것
⑥ 캐노피 또는 지붕을 설치하는 경우 환기 및 소화활동에 지장을 주지 아니하는 구조로 할 것. 이 경우 기둥은 내화구조로 하고 캐노피 또는 지붕을 불연재료로 하며 벽을 설치하지 아니할 것.

**⑤ 옥외저장소에 저장할 수 있는 위험물의 종류**

① 제2류위험물 중 황·인화성 고체(인화점이 0℃ 이상인 것)
② 제4류위험물 중 제1석유류(인화점이 0℃ 이상인 것)
③ 제4류위험물 중 알코올류, 제2석유류, 제3석유류, 제4석유류, 동·식물류

④ 제6류 위험물

⑤ 제2류, 제4류 위험물 중 시·도조례로 정하는 위험물

## 6 덩어리 황을 저장하는 경우의 설치기준

① 하나의 경계표시의 내부 면적은 100m² 이하일 것

② 2 이상의 경계표시를 설치하는 경우 각각의 경계표시 내부의 면적을 합산한 면적은 1,000m² 이하로 할 것

③ 경계표시는 불연재료로 만드는 동시에 황 등이 새지 아니하는 구조로 할 것

④ 경계표시의 높이는 1.5m 이하로 할 것

⑤ 경계표시에는 황 등이 넘치거나 비산하는 것을 방지하기 위한 천막 등을 고정하는 장치를 설치할 것

⑥ 천막 등을 고정하는 장치는 경계표시의 길이 2m마다 한 개 이상 설치할 것

⑦ 황 등을 저장 또는 취급하는 장소의 주위에는 배수구와 분리장치를 설치할 것

## 7 옥외저장소의 설치기준

① 옥외저장소는 습기가 없고 배수가 잘 되는 장소에 설치할 것

② 경계표시(울타리의 기능이 있는 것)를 하여 명확하게 구분할 것

③ 과산화수소 또는 과염소산을 저장하는 경우는 불연성 또는 난연성의 천막 등을 설치하여 햇빛을 가릴 것

④ 눈 · 비 등을 피하거나 차광 등을 위하여 캐노피 또는 지붕을 설치하는 경우에는 환기 및 소화활동에 지장을 주지 아니하는 구조로 할 것

## 8 인화성 고체, 제1석유류 또는 알코올류의 옥외저장소의 특례

제2류 위험물 중 인화성 고체(인화점이 21℃ 미만인 것) 또는 제4류 위험물 중 제1석유류 또는 알코올류를 저장 또는 취급하는 옥외저장소의 설치기준은 다음과 같다.

① 인화성 고체, 제1석유류, 알코올류를 저장, 취급하는 장소에는 위험물을 적당한 온도로 유지하기 위한 살수설비 등을 설치할 것

② 제1석유류 또는 알코올류를 저장 또는 취급하는 장소의 주위에는 배수구 및 집유설비를 설치할 것

# 10 암반탱크저장소의 위치·구조 및 설비의 기준

## 1 암반탱크의 설치기준

① 암반탱크는 암반투수계수가 1초당 10만 분의 1m($10^{-5}$m/sec) 이하인 천연 암반 내에 설치할 것
② 암반탱크는 저장할 위험물의 증기압을 억제할 수 있는 지하수면하에 설치할 것
③ 암반탱크의 내벽은 암반균열에 의한 낙반을 방지할 수 있도록 볼트·콘크리트 등으로 보강할 것

## 2 지하수위 관측공의 설치

암반탱크저장소 주위에는 지하수위 및 지하수의 흐름 등을 확인·통제할 수 있는 관측공을 설치할 것

## 3 계량장치

암반탱크저장소에는 위험물의 양과 내부로 유입되는 지하수의 양을 측정할 수 있는 계량구와 자동측정이 가능한 계량장치를 설치할 것

## 4 배수시설

암반탱크저장소에는 주변 암반으로부터 유입되는 침출수를 자동으로 배출할 수 있는 시설을 설치하고 침출수에 섞인 위험물이 직접 배수구로 흘러 들어가지 아니하도록 유분리 장치를 설치할 것

## 5 펌프설비

암반탱크저장소의 펌프설비는 점검 및 보수를 위하여 사람의 출입이 용이한 구조의 전용 공동에 설치해야 한다.

**6 표지판, 게시판, 압력계, 안전장치 및 정전기 제거설비**

제조소에 준한다.

# 11 주유취급소의 위치·구조 및 설비의 기준

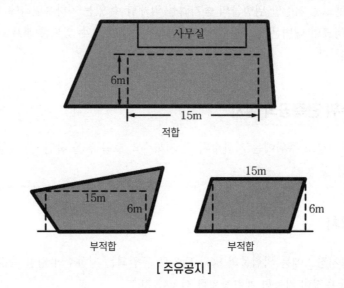

[ 주유공지 ]

**1 주유공지**

① 너비 15m 이상, 길이 6m 이상의 콘크리트 등으로 포장한 공지를 보유할 것
② 공지의 바닥은 주위 지면보다 높게 하고, 그 표면을 적당하게 경사지게 하여 새어나온 기름 그 밖의 액체가 공지의 외부로 유출되지 아니하도록 배수구·집유설비 및 유분리 장치를 할 것

**2 표지 및 게시판**

① 보기 쉬운 곳에 "위험물 주유취급소"라는 표시를 한 표지를 설치할 것(백색바탕, 흑색문자)
② 황색바탕에 흑색문자로 "주유 중 엔진정지"라는 표시를 한 게시판을 설치할 것
③ 그 밖의 내용은 제조소에 준한다.

## ③ 탱크

① 주유취급소에 설치할 수 있는 탱크의 종류 및 용량
- ㉠ 자동차 등에 주유하기 위한 고정주유설비에 직접 접속하는 전용탱크 : 50,000ℓ (고속도로변 60,000ℓ) 이하
- ㉡ 고정급유설비에 직접 접속하는 전용탱크 : 50,000ℓ(고속도로변 60,000ℓ) 이하
- ㉢ 보일러 등에 직접 접속하는 전용탱크 : 10,000ℓ 이하
- ㉣ 자동차 등을 점검·정비하는 작업장 등에서 사용하는 폐유탱크 : 2,000ℓ 이하
- ㉤ 고정주유설비 또는 고정급유설비에 직접 접속하는 3기 이하의 간이탱크

② 옥외의 지하 또는 캐노피 아래의 지하에 매설해야 한다.

## ④ 고정주유설비 등

① 주유취급소에는 자동차 등의 연료탱크에 직접 주유하기 위한 고정주유설비를 설치할 것
② 고정주유설비 또는 고정급유설비는 하나의 탱크만으로부터 위험물을 공급받을 수 있도록 할 것
③ 자동차 등에 주유할 때에는 자동차 등의 원동기를 정지시킬 것
④ 유분리장치에 고인 유류는 넘치지 아니하도록 수시로 퍼낼 것
⑤ 주유관 끝부분에서의 최대토출량
- ㉠ 제1석유류의 경우 : 분당 50ℓ 이하
- ㉡ 경유의 경우 : 분당 180ℓ 이하
- ㉢ 등유의 경우 : 분당 80ℓ 이하
- ㉣ 이동저장탱크에 주입하기 위한 고정급유설비 : 분당 300ℓ 이하
  - ※ 이동저장탱크에 주입하기 위한 고정급유설비의 펌프기기는 분당 토출량이 200ℓ 이상인 것의 경우에는 주유설비에 관계된 모든 배관의 안지름을 40mm 이상으로 해야 한다.
⑥ 고정주유설비 또는 고정급유설비의 주유관의 길이는 5m(현수식의 경우에는 지면 위 0.5m의 수평면에 수직으로 내려 만나는 점을 중심으로 반경 3m) 이내로 할 것

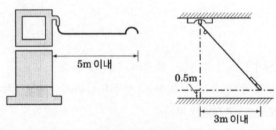

[ 주유관의 길이 ]

⑦ 고정주유설비 또는 고정급유설비의 끝부분에는 축적된 정전기를 유효하게 제거할 수 있는 장치를 설치할 것

⑧ 고정주유설비 또는 고정급유설비의 중심선에서 이격거리

    ㉠ 도로경계선 : 4m 이상

    ㉡ 부지경계선 · 담 및 건축물의 벽 : 2m(개구부가 없는 벽까지는 1m) 이상

      [고정급유설비의 경우 부지경계선 및 담까지는 1m 이상, 벽까지 2m 이상]

    ㉢ 고정주유설비와 고정급유설비의 사이 : 4m 이상

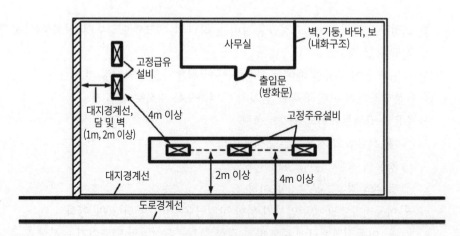

[ 주유취급소의 설치기준 ]

[ 이격거리 기준 정리 ]

| 구분(중심선을 기점) | 고정주유설비 | 고정급유설비 |
|---|---|---|
| 건축물의 벽 | 2m 이상(개구부가 없는 벽까지는 1m 이상) | |
| 부지경계선, 담 | 2m 이상 | 1m 이상 |
| 도로경계선 | 4m 이상 | |
| 고정주유설비, 고정급유설비 상호간 | 4m 이상 | |

## 5 건축물 등의 제한 등

주유취급소에 설치할 수 있는 건축물 또는 공작물의 종류
① 주유 또는 등유 · 경유를 옮겨담기 위한 작업장
② 주유취급소의 업무를 행하기 위한 사무소
③ 자동차 등의 점검 및 간이정비를 위한 작업장
④ 자동차 등의 세정을 위한 작업장
⑤ 주유취급소에 출입하는 사람을 대상으로 한 점포 · 휴게음식점 또는 전시장
⑥ 주유취급소의 관계자가 거주하는 주거시설
⑦ 전기자동차용 충전설비(전기를 동력원으로 하는 자동차에 직접 전기를 공급하는 설비)
⑧ 그 밖의 소방청장이 정하여 고시하는 건축물 또는 시설
  ※ 주유소 직원외의 자가 출입하는 ②, ③, ⑤의 용도에 제공하는 부분의 면적의 합은 1000m²을 초과할 수 없다.

## 6 건축물 등의 구조

① 건축물은 벽 · 기둥 · 바닥 · 보 및 지붕을 내화구조 또는 불연재료로 할 것[다만, 5)의 ※에 해당하는 면적의 합이 500m²을 초과하는 경우에는 건축물의 벽을 내화구조로 해야 한다]
② 창 및 출입구에는 60분+, 60분 또는 30분 방화문 또는 불연재료로 된 문을 설치할 것 [다만, 5)의 ※에 해당하는 면적의 합이 500m²를 초과하는 주유취급소로서 하나의 구획실의 면적이 500m²를 초과하거나 2층 이상의 층에 설치하는 경우에는 해당 구획실 또는 해당층의 2면 이상의 벽에 각각 출입구를 설치해야 한다]
③ 사무실 등의 창 및 출입구에 유리를 사용하는 경우에는 망입유리 또는 강화유리로 할 것. 이 경우 강화유리의 두께는 창에는 8mm 이상, 출입구에는 12mm 이상으로 해야 한다.
④ 주유취급소의 관계자가 거주하는 주거시설의 경우에는 개구부가 없는 내화구조의 바닥 또는 벽으로 당해 건축물의 다른 부분과 구획하고 주유를 위한 작업장 등 위험물 취급장소에 면한 쪽의 벽에는 출입구를 설치하지 아니할 것
⑤ **건축물중 사무실 그밖의 화기를 사용하는 곳은 누설한 가연성의 증기가 그 내부에 유입되지 아니하도록 다음 기준에 적합한 구조로 할 것**

      ㉠ 출입구는 건축물의 안에서 밖으로 수시로 개방할 수 있는 자동폐쇄식의 것으로
할 것

      ㉡ 출입구 또는 사이통로의 문턱의 높이를 15cm 이상으로 할 것

      ㉢ 높이 1m 이하의 부분에 있는 창 등은 밀폐시킬 것

⑥ **자동차 등의 점검 · 정비를 행하는 설비는 다음의 기준에 적합하게 할 것**

      ㉠ 고정주유설비로부터 4m 이상, 도로경계선으로부터 2m 이상 떨어지게 할 것

      ㉡ 위험물을 취급하는 설비는 위험물의 누설 · 넘침 또는 비산을 방지할 수 있는 구조
로 할 것

⑦ **자동차 등의 세정을 행하는 설비는 다음의 기준에 적합하게 할 것**

      ㉠ 증기세차기를 설치하는 경우에는 그 주위의 불연재료로 된 높이 1m 이상의 담을
설치하고 출입구가 고정주유설비에 면하지 아니하도록 할 것. 이 경우 담은 고정
주유설비로부터 4m 이상 떨어지게 해야 한다.

      ㉡ 증기세차기 외의 세차기를 설치하는 경우에는 고정주유설비로부터 4m 이상, 도로
경계선으로부터 2m 이상 떨어지게 할 것.

⑧ **주유원간이대기실은 다음의 기준에 적합할 것**

      ㉠ 불연재료로 할 것

      ㉡ 바퀴가 부착되지 아니한 고정식일 것

      ㉢ 차량의 출입 및 주유작업에 장애를 주지 아니하는 위치에 설치할 것

      ㉣ 바닥면적이 2.5m² 이하일 것. 다만, 주유공지 및 급유공지 외의 장소에 설치하는 것
은 그러하지 아니하다.

⑨ **전기자동차용 충전설비는 다음의 기준에 적합할 것**

      ㉠ 충전기기(충전케이블로 전기자동차에 전기를 직접 공급하는 기기를 말한다. 이하
같다)의 주위에 전기자동차 충전을 위한 전용 공지(주유공지 또는 급유공지 외의
장소를 말하며, 이하 "충전공지"라 한다)를 확보하고, 충전공지 주위를 페인트 등으
로 표시하여 그 범위를 알아보기 쉽게 할 것

      ㉡ 전기자동차용 충전설비를 Ⅴ. 건축물 등의 제한 등의 제1호의 건축물 밖에 설치
하는 경우 충전공지는 고정주유설비 및 고정급유설비의 주유관을 최대한 펼친 끝
부분에서 1m 이상 떨어지도록 할 것

      ㉢ 전기자동차용 충전설비를 5)의 건축물 안에 설치하는 경우에는 다음의 기준에 적합
할 것

        ㉮ 해당 건축물의 1층에 설치할 것

        ㉯ 해당 건축물에 가연성 증기가 남아 있을 우려가 없도록 환기설비 또는 배출설비
를 설치할 것

㉣ 전기자동차용 충전설비의 전력공급설비[전기자동차에 전원을 공급하기 위한 전기설비로서 전력량계, 인입구(引入口) 배선, 분전반 및 배선용 차단기 등을 말한다]는 다음의 기준에 적합할 것

   가) 분전반은 방폭성능을 갖출 것. 다만, 분전반을 폭발위험장소 외의 장소에 설치하는 경우에는 방폭성능을 갖추지 않을 수 있다.

   나) 전력량계, 누전차단기 및 배선용 차단기는 분전반 내에 설치할 것

   다) 인입구 배선은 지하에 설치할 것

   라) 「전기사업법」에 따른 전기설비의 기술기준에 적합할 것

㉤ 충전기기와 인터페이스[충전기기에서 전기자동차에 전기를 공급하기 위하여 연결하는 커넥터(connector), 케이블 등을 말한다. 이하 같다]는 다음의 기준에 적합할 것

   가) 충전기기는 방폭성능을 갖출 것. 다만, 다음의 기준을 모두 갖춘 경우에는 방폭성능을 갖추지 않을 수 있다.

      (1) 충전기기의 전원공급을 긴급히 차단할 수 있는 장치를 사무소 내부 또는 충전기기 주변에 설치할 것

      (2) 충전기기를 폭발위험장소 외의 장소에 설치할 것

   나) 인터페이스의 구성 부품은 「전기용품 및 생활용품 안전관리법」에 따른 기준에 적합할 것

㉥ 충전작업에 필요한 주차장을 설치하는 경우에는 다음의 기준에 적합할 것

   가) 주유공지, 급유공지 및 충전공지 외의 장소로서 주유를 위한 자동차 등의 진입·출입에 지장을 주지 않는 장소에 설치할 것

   나) 주차장의 주위를 페인트 등으로 표시하여 그 범위를 알아보기 쉽게 할 것

   다) 지면에 직접 주차하는 구조로 할 것

## 7 캐노피

① 배관이 캐노피 내부를 통과할 경우에는 1개 이상의 점검구를 설치할 것
② 캐노피 외부의 점검이 곤란한 장소에 배관을 설치하는 경우에는 용접이음으로 할 것
③ 캐노피 외부의 배관이 일광열의 영향을 받을 우려가 있는 경우에는 단열재로 피복할 것

## 8 담 또는 벽

① 주유취급소의 주위에는 자동차 등이 출입하는 쪽 외의 부분에 높이 2m 이상 담을 설치할 것

② 담은 내화구조 또는 불연재료로 하고 주유취급소의 인근에 연소의 우려가 있는 건축물이 있는 경우에는 소방청장이 정하여 고시하는 방화상 유효한 높이로 할 것

---

### 📁 담 또는 벽의 일부분에 방화상 유효한 구조의 유리를 부착할 수 있는 경우

[ 방화유리 ]

• 유리를 부착하는 위치는 주입구, 고정주유설비 및 고정급유설비로부터 4m 이상 이격될 것
• 유리를 부착하는 방법
  - 주유취급소 내의 지반면으로부터 70cm를 초과하는 부분에 한하여 유리를 부착할 것
  - 하나의 유리판의 가로의 길이는 2m 이내일 것
  - 유리관의 테두리를 금속제의 구조물에 견고하게 고정하고 해당 구조물을 담 또는 벽에 견고하게 부착
  - 유리의 구조는 접합유리(두장의 유리를 두께 0.76mm 이상의 폴리비닐부티랄 필름으로 접합한 구조를 말한다)로 하되, 「유리구획 부분의 내화시험방법(KS F 2845)」에 따라 시험하여 비차열 30분 이상의 방화성능이 인정될 것
• 유리를 부착하는 범위는 전체의 담 또는 벽의 길이의 10분의 2를 초과하지 아니할 것

---

## ⑨ 주유취급소의 펌프실 등의 구조

① 바닥은 위험물이 침투하지 아니하는 구조로 하고 적당한 경사를 두어 집유설비를 설치할 것
② 펌프실 등에는 위험물을 취급하는데 필요한 채광, 조명 및 환기를 설비할 것
③ 가연성증기가 체류할 우려가 있는 펌프실 등에는 그 증기를 옥외에 배출하는 설비를 설치할 것
④ 고정주유설비 또는 고정급유설비 중 펌프기기를 호스기기와 분리하여 설치하는 경우에는 펌프실의 출입구를 주유공지 또는 급유공지에 접하도록 하고, 자동폐쇄식의 60분+ 또는 60분 방화문을 설치할 것
⑤ 펌프실 등의 표지 및 게시판
　　㉠ "위험물 펌프실", "위험물 취급실"이라는 표지를 설치
　　　㉮ 표지의 크기 : 한변의 길이 0.3m 이상, 다른 한변의 길이 0.6m 이상
　　　㉯ 표지의 색상 : 백색바탕에 흑색 문자
　　㉡ 방화에 관하여 필요한 사항을 게시한 게시판 : 제조소와 동일함
⑥ 출입구에는 바닥으로부터 0.1m 이상의 턱을 설치할 것

## 🔟 고객이 직접 주유하는 주유취급소의 특례

### (1) 셀프용 고정주유설비의 기준

① 주유호스의 끝부분에 수동개폐장치를 부착한 주유노즐을 설치할 것

② 주유노즐은 자동차등의 연료탱크가 가득 찬 경우 자동적으로 정지시키는 구조일 것

③ 주유호스는 200kg 중 이하의 하중에 의하여 깨져 분리되거나 이탈되어야 하고, 깨져 분리되거나 이탈된 부분으로부터의 위험물 누출을 방지할 수 있는 구조일 것

④ 휘발유와 경유 상호 간의 오인에 의한 주유를 방지할 수 있는 구조일 것

⑤ 1회의 연속 주유량 및 주유시간의 상한을 미리 설정할 수 있는 구조일 것

  ㉠ 주유량의 상한 [휘발유 : 100ℓ 이하, 경유 : 600ℓ 이하]

  ㉡ 주유시간의 상한 [휘발유 : 4분 이하, 경유 : 12분 이하]

### (2) 셀프용 고정급유설비의 기준

① 급유호스의 끝부분에 수동개폐장치를 부착한 급유노즐을 설치할 것

② 급유노즐은 용기가 가득 찬 경우 자동적으로 정지시키는 구조일 것

③ 1회의 연속 급유량 및 급유시간의 상한을 미리 설정할 수 있는 구조일 것

  ㉠ 주유량의 상한 : 100ℓ 이하

  ㉡ 주유시간의 상한 : 6분 이하

## 1️⃣1️⃣ 기타 주유취급소의 특례

고속국도 주유취급소의 특례, 철도 주유취급소의 특례, 항공기 주유취급소의 특례, 선박 주유취급소의 특례, 수소충전설비를 설치한 주유취급소의 특례, 자가용 주유취급소의 특례

## 12 판매취급소의 위치 · 구조 및 설비의 기준

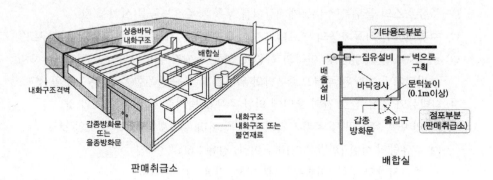

판매취급소

배합실

### 1 1종 판매취급소

저장 또는 취급하는 위험물의 수량이 지정수량의 20배 이하인 판매취급소
① 건축물의 1층에 설치할 것
② 게시판 및 표지판은 제조소에 준할 것
③ 건축물의 부분은 내화구조 또는 불연재료로 할 것
④ 판매취급소로 사용되는 부분과 다른 부분과의 격벽은 내화구조로 할 것
⑤ 건축물의 보를 불연재료로 하고 반자를 설치하는 경우에는 반자를 불연재료로 할 것
⑥ 상층이 있는 경우 상층의 바닥을 내화구조로 하고, 상층이 없는 경우 지붕을 내화구조
　또는 불연재료로 할 것
⑦ 창 및 출입구에는 60분+, 60분 또는 30분 방화문을 설치할 것
⑧ 창 또는 출입구에 유리를 이용하는 경우에는 망입유리로 할 것
⑨ 위험물을 배합하는 실은 다음에 의할 것
　㉠ 바닥면적은 6m² 이상 15m² 이하일 것
　㉡ 내화구조로 된 벽으로 구획할 것(내화구조 또는 불연재료)
　㉢ 바닥은 위험물이 침투하지 아니하는 구조로 하여 적당한 경사를 두고 집유설비를
　　 할 것
　㉣ 출입구에는 수시로 열 수 있는 자동폐쇄식의 60분+ 또는 60분 방화문을 설치할 것
　㉤ 출입구 문턱의 높이는 바닥면으로부터 0.1m 이상으로 할것
　㉥ 내부에 체류한 가연성의 증기 또는 가연성의 미분을 지붕 위로 방출하는 설비를 할 것

## 2 2종 판매취급소

저장 또는 취급하는 위험물의 수량이 지정수량의 40배 이하인 판매취급소
① 벽·기둥·바닥 및 보를 내화구조로 할 것
② 판매취급소로 사용되는 부분과 다른 부분과의 격벽은 내화구조로 할 것
③ 상층이 있는 경우 상층의 바닥을 내화구조로 하는 동시에 상층으로의 연소를 방지하기 위한 조치를 강구하고, 상층이 없는 경우에는 지붕을 내화구조로 할 것
④ 연소의 우려가 없는 부분에 한하여 창을 두되, 당해 창에는 60분+, 60분 또는 30분 방화문을 설치할 것
⑤ 출입구는 60분+, 60분 또는 30분 방화문을 설치할 것

[ 제1종 판매취급소와 제2종 판매취급소 구조의 차이점 ]

|  | 벽, 기둥 | 바닥 | 보 | 천장 | 지붕 |
|---|---|---|---|---|---|
| 제1종 | 불연재료 이상 | 내화구조 | 불연재료 | 불연재료 | 불연재료 이상 |
| 제2종 | 내화구조 | 내화구조 | 내화구조 | 불연재료 | 내화구조 |

## 13 이송취급소의 위치·구조 및 설비의 기준

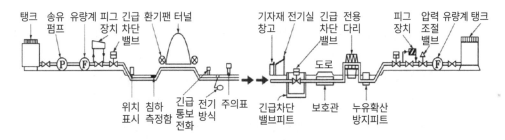

[ 이송취급소 ]

## ❶ 설치장소

이송취급소는 다음의 장소 외의 장소에 설치해야 한다.
① 철도 및 도로의 터널 안
② 고속국도 및 자동차 전용도로의 차도·갓길 및 중앙분리대
③ 호수·저수지 등으로서 수리의 수원이 되는 곳
④ 급경사지역으로서 붕괴의 위험이 있는 지역

## ❷ 배관 등의 재료 및 구조

① **배관·관이음쇠 및 밸브의 재료**
  ㉠ 배관 : 고압배관용 탄소강관, 압력배관용 탄소강관, 고온배관용 탄소강관 또는 배관용 스테인리스강관
  ㉡ 관이음쇠 : 배관용 강제 맞대기용접식 관이음쇠, 철강재 관플랜지 압력단계, 관플랜지의 치수허용차, 강제 용접식 관플랜지, 철강제 관플랜지의 기본치수 또는 관플랜지의 개스킷자리치수
  ㉢ 밸브 : 주강 플랜지형 밸브
② **배관 등의 구조는 다음의 하중에 의하여 생기는 응력에 대한 안전성이 있어야 한다.**
  ㉠ 위험물의 중량, 배관 등의 내압, 배관 등과 그 부속설비의 자중, 토압, 수압, 열차하중, 자동차하중 및 부력 등의 주하중
  ㉡ 풍하중, 설하중, 온도변화의 영향, 진동의 영향, 지진의 영향, 배의 닻에 의한 충격의 영향, 파도와 조류의 영향, 설치 공정상의 영향 및 다른 공사에 의한 영향 등의 종하중
③ 교량에 설치하는 배관은 교량의 굴곡·신축·진동 등에 대하여 안전한 구조로 해야 한다.
④ 배관의 두께는 최소 4.5mm 이상일 것(외경이 114.3mm 미만인 경우)
⑤ 지상 또는 해상에 설치한 배관 등에는 외면부식을 방지하기 위한 도장을 할 것
⑥ 지하 또는 해저에 설치한 배관 등에는 내구성이 있고 전기절연저항이 큰 도복장재료를 사용하여 외면부식을 방지하기 위한 조치를 할 것
⑦ 지하 또는 해저에 설치한 배관 등에는 다음 기준에 의한 전기방식조치를 할 것
  ㉠ 방식전위는 포화황산동전구 기준으로 마이너스 0.8V 이하로 할 것
  ㉡ 적절한 간격(200m 내지 500m)으로 전위측정단자를 설치할 것

ⓒ 전기철근 부식 등 전류의 영향을 받는 장소에 배관 등을 매설하는 경우에는 강제배류법 등에 의한 조치를 할 것

## 3 배관설치의 기준

### ① 지하 매설
　㉠ 배관의 외면으로부터 다음의 안전거리를 둘 것
　　㉮ 건축물 : 1.5m 이상
　　㉯ 지하가 및 터널 : 10m 이상
　　㉰ 수도법에 의한 수도시설 : 300m 이상
　㉡ 배관은 그 외면으로부터 다른 공작물에 대하여 0.3m 이상의 거리를 보유할 것
　㉢ 배관의 외면과 지표면과의 거리는 산이나 들에 있어서는 0.9m 이상, 그 밖에 있어서는 1.2m 이상으로 할 것
　㉣ 배관은 지반의 동결로 인한 손상을 받지 아니하는 적절한 깊이로 매설할 것
　㉤ 배관의 하부에는 사질토 또는 모래로 20cm(자동차 등의 하중이 없는 경우 10cm) 이상, 배관의 상부에는 사질토 또는 모래로 30cm(자동차 등의 하중이 없는 경우 20cm) 이상 채울 것

### ② 도로 밑 매설
　㉠ 배관은 원칙적으로 자동차하중의 영향이 적은 장소에 매설할 것
　㉡ 배관은 그 외면으로부터 도로의 경계에 대하여 1m 이상의 안전거리를 둘 것
　㉢ 시가지 도로의 밑에 매설하는 경우에는 배관의 외경보다 10cm 이상 넓은 견고하고 내구성이 있는 재질의 판을 배관의 상부로부터 30cm 이상 위에 설치할 것
　㉣ 배관은 그 외면으로부터 다른 공작물에 대하여 0.3m 이상의 거리를 보유할 것
　㉤ 시가지 도로의 노면 아래에 매설하는 경우에는 배관의 외면과 노면과의 거리는 1.5m 이상, 보호판 또는 방호 구조물의 외면과 노면과의 거리는 1.2m 이상으로 할 것
　㉥ 시가지 외의 도로의 노면 아래에 매설하는 경우에는 배관의 외면과 노면과의 거리는 1.2m 이상으로 할 것
　㉦ 포장된 차도에 매설하는 경우에는 포장부분의 노반의 밑에 매설하고, 배관의 외면과 노반의 최하부와의 거리는 0.5m 이상으로 할 것
　㉧ 노면 밑 외의 도로 밑에 매설하는 경우에는 배관의 외면과 지표면과의 거리는 1.2m[보호판 또는 방화구조물에 의하여 보호된 배관에 있어서는 0.6m(시가지의 도로 밑에 매설하는 경우 0.9m)] 이상으로 할 것

ⓩ 전선·수도관·하수도관·가스관 또는 이와 유사한 것이 매설되어 있거나 매설할 계획이 있는 도로에 매설하는 경우에는 이들의 상부에 매설하지 아니할 것. 다만, 다른 매설물의 깊이가 2m 이상인 때에는 그러하지 아니하다.

③ **지상설치**

[ 이송취급소의 지상설치시 안전거리 기준 ]

| 건축물 등 | 안전거리 |
|---|---|
| • 철도(화물수송용으로만 쓰이는 것을 제외) 또는 도로의 경계선<br>• 주택 또는 다수의 사람이 출입하거나 근무하는 장소 | 25m 이상 |
| • 학교, 병원<br>• 공연장, 영화상영관 – 300명 이상<br>• 공공공지 또는 도시공원<br>• 판매시설, 숙박시설, 위락시설 등 불특정다중을 수용하는 시설 중 연면적 1,000m² 이상인 것<br>• 1일 평균 20,000명 이상 이용하는 기차역 또는 버스터미널 | 45m 이상 |
| 유형문화재와 기념물 중 지정문화재 | 65m 이상 |
| 가스시설(고압가스, 액화석유가스, 도시가스) | 35m 이상 |
| 수도시설 중 위험물이 유입될 가능성이 있는 것 | 300m 이상 |

[ 배관의 상용압력에 따른 공지의 너비 ]

| 배관의 최대상용압력 | 공지의 너비 |
|---|---|
| 0.3MPa 미만 | 5m 이상 |
| 0.3MPa 이상 1MPa 미만 | 9m 이상 |
| 1MPa 이상 | 15m 이상 |

④ **철도부지 밑 매설** : 배관은 외면으로부터 철도중심선에 대해 4m 이상, 철도부지의 용지경계에 대해 1m 이상 이격될 것. 배관의 외면과 지표면과의 거리는 1.2m 이상일 것

⑤ **해저설치** : 배관은 원칙적으로 이미 설치된 배관에 대하여 30m 이상의 안전거리를 둘 것

⑥ **해상설치** : 지진, 풍압, 파도 등에 대비, 선박충돌에 대비, 다른 공작물과 필요한 간격 유지

⑦ **도로횡단설치** : 도로 아래 매설, 매설시 금속관 또는 방호구조물 안에 설치할 것, 도로 상공을 횡단하는 경우 노면과 5m 이상의 수직거리를 유지할 것

⑧ **하천등 횡단설치** : 하천을 횡단하는 경우 4m 이상, 수로 중 하수도 또는 운하를 횡단하는 경우 2.5m 이상, 수로 중좁은 수로를 횡단하는 경우 1.2m 이상 안전거리 확보할 것

## 4 기타 설치기준

① **긴급차단밸브 설치장소**
  ㉠ 시가지 : 약 4km의 간격, 산림지역 : 약 10km의 간격마다 설치
  ㉡ 하천·호수 등을 횡단하여 설치하는 경우에는 횡단하는 부분의 양 끝
  ㉢ 해상 또는 해저를 통과하여 설치하는 경우에는 통과하는 부분의 양 끝
  ㉣ 도로 또는 철도를 횡단하여 설치하는 경우에는 통과하는 부분의 양 끝

② **펌프를 설치하는 펌프실의 기준**

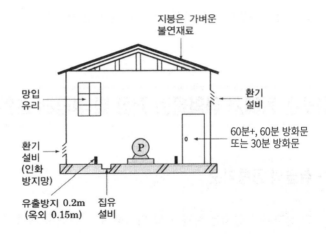

  ㉠ 불연재료의 구조 – 지붕은 폭발력이 위로 방출될 정도의 가벼운 불연재료
  ㉡ 창 또는 출입구를 설치하는 경우에는 60분+, 60분 또는 30분 방화문으로 할 것
  ㉢ 창 또는 출입구에 유리를 이용하는 경우에는 망입유리로 할 것
  ㉣ 바닥은 위험물이 침투하지 아니하는 구조로 하고 그 주변에 높이 20cm 이상의 턱을 설치할 것
  ㉤ 누설한 위험물이 외부로 유출되지 아니하도록 바닥은 적당한 경사를 두고 그 최저부에 집유설비 설치
  ㉥ 가연성증기가 체류할 우려가 있는 펌프실에는 배출설비를 할 것
  ㉦ 펌프실에는 위험물을 취급하는데 필요한 채광·조명 및 환기 설비를 할 것

### ③ 피그장치 설치기준

 **Reference**

피그장치는 이송배관의 내 이물질, 먼지, 수분 등을 제거하는 기기로서 유류의 혼합을 억제하는 피그, 배관을 청소하는 피그, 위험물의 제거용 피그 등을 보내거나 받는 장치이다.

㉠ 피그장치는 배관의 강도와 동등 이상의 강도를 가질 것
㉡ 피그장치는 당해 장치의 내부압력을 안전하게 방출할 수 있고 내부압력을 방출한 후가 아니면 피그를 삽입하거나 배출할 수 없는 구조로 할 것
㉢ 피그장치는 배관 내에 이상응력이 발생하지 아니하도록 설치할 것
㉣ 피그장치를 설치한 장소의 바닥은 위험물이 침투하지 아니하는 구조로 하고 누설한 위험물이 외부로 유출되지 아니하도록 배수구 및 집유설비를 설치할 것
㉤ 피그장치의 주변에는 너비 3m 이상의 공지를 보유할 것

## 14 제조소 등에서 위험물의 저장 및 취급에 관한 기준

### 1 저장 · 취급의 공통기준

① 허가 및 신고와 관련되는 품명 외의 위험물 또는 이러한 허가 및 신고와 관련되는 수량 또는 지정수량의 배수를 초과하는 위험물을 저장 또는 취급하지 아니할 것
② 위험물을 저장 또는 취급하는 건축물 그 밖의 공작물 또는 설비는 당해 위험물의 성질에 따라 차광 또는 환기를 실시할 것
③ 위험물은 온도계, 습도계, 압력계 그 밖의 계기를 감시하여 당해 위험물의 성질에 맞는 적정한 온도, 습도 또는 압력을 유지하도록 저장 또는 취급할 것
④ 위험물을 저장 또는 취급하는 경우에는 위험물의 변질, 이물의 혼입 등에 의하여 당해 위험물의 위험성이 증대되지 아니하도록 필요한 조치를 강구할 것
⑤ 위험물이 남아 있거나 남아 있을 우려가 있는 설비, 기계 · 기구, 용기 등을 수리하는 경우에는 안전한 장소에서 위험물을 완전하게 제거한 후에 실시할 것
⑥ 위험물을 용기에 수납하여 저장 또는 취급할 때에는 그 용기는 당해 위험물의 성질에 적응하고 파손 · 부식 · 균열 등이 없는 것으로 할 것

⑦ 가연성의 액체 · 증기 또는 가스가 새거나 체류할 우려가 있는 장소 또는 가연성의 미분이 현저하게 부유할 우려가 있는 장소에서는 전선과 전기기구를 완전히 접속하고 불꽃을 발하는 기계 · 기구 · 공구 · 신발 등을 사용하지 아니할 것

⑧ 위험물을 보호액 중에 보존하는 경우에는 당해 위험물이 보호액으로부터 노출되지 아니하도록 할 것

## 2 위험물의 유별 저장 · 취급의 공통기준

① **제1류 위험물** : 가연물과의 접촉 · 혼합이나 분해를 촉진하는 물품과의 접근 또는 과열 · 충격 · 마찰 등을 피하는 한편 알칼리금속의 과산화물 및 이를 함유한 것에 있어서는 물과의 접촉을 피해야 한다.

② **제2류 위험물** : 산화제와의 접촉 · 혼합이나 불티 · 불꽃 · 고온체와의 접근 또는 과열을 피하는 한편 철분 · 금속분 · 마그네슘 및 이를 함유한 것에 있어서는 물이나 산과의 접촉을 피하고 인화성 고체에 있어서는 함부로 증기를 발생시키지 아니하도록 할 것

③ **제3류 위험물** : 자연발화성 물품은 불티 · 불꽃 또는 고온체와의 접근 · 과열 또는 공기와의 접촉을 피하고 금수성 물품에 있어서는 물과의 접촉을 피해야 한다 .

④ **제4류 위험물** : 불티 · 불꽃 · 고온체와의 접근 또는 과열을 피하고, 함부로 증기를 발생시키지 아니할 것

⑤ **제5류 위험물** : 불티 · 불꽃 · 고온체와의 접근이나 과열 · 충격 또는 마찰을 피할 것

⑥ **제6류 위험물** : 가연물과의 접촉 · 혼합이나 분해를 촉진하는 물품과의 접근 또는 과열을 피할 것

## 3 저장의 기준

① 저장소에는 위험물 외의 물품을 저장하지 말 것
② 유별을 달리하는 위험물은 동일한 저장소에 저장하지 말 것

> **📁 동일저장소에 저장할 수 있는 경우**
>
> 옥내저장소 또는 옥외저장소에 다음 위험물을 1m 이상의 간격을 두는 경우
> • 제1류 위험물(알칼리금속의 과산화물 또는 이를 함유한 것을 제외)과 제5류 위험물
> • 제1류 위험물과 제6류 위험물
> • 제1류 위험물과 자연발화성물품(황린)
> • 제2류 위험물 중 인화성 고체와 제4류 위험물
> • 제3류 위험물 중 알킬알루미늄 등(알킬알루미늄 또는 알킬리튬)과 제4류 위험물
> • 제4류 위험물 중 유기과산화물 또는 이를 함유하는 것과 제5류 위험물 중 유기과산화물

③ 황린 그밖에 물속에 저장하는 물품과 금수성 물품은 동일한 저장소에서 저장하지 말 것

④ 옥외저장탱크·옥내저장탱크 또는 지하저장탱크의 주된 밸브 및 주입구의 밸브 또는 뚜껑은 위험물을 넣거나 빼낼 때 외에는 폐쇄할 것

⑤ **알킬알루미늄의 저장기준**

㉠ 옥외저장탱크 또는 옥내저장탱크

㉮ 압력탱크 : 알킬알루미늄의 취출에 의하여 탱크 내의 압력이 상용압력 이하로 저하하지 아니하도록 할 것

㉯ 압력탱크 외의 탱크 : 알킬알루미늄 등의 취출이나 온도 저하에 의한 공기의 혼입을 방지할 수 있도록 불활성의 기체를 봉입할 것

※ 압력탱크 : 최대상용압력이 대기압을 초과하는 탱크

㉡ 옥외저장탱크·옥내저장탱크 또는 이동저장탱크에 새롭게 알킬알루미늄 등을 주입하는 때에는 미리 당해 탱크 안의 공기를 불활성기체와 치환하여 둘 것

㉢ 이동저장탱크에 알킬알루미늄 등을 저장하는 경우에는 20kPa 이하의 압력으로 불활성의 기체를 봉입하여 둘 것

⑥ **아세트알데하이드의 저장기준**

㉠ 옥외저장탱크·옥내저장탱크 또는 지하저장탱크

㉮ 압력탱크 : 아세트알데하이드 등의 취출에 의하여 탱크 내의 압력이 상용압력 이하로 저하하지 아니하도록 할 것

㉯ 압력탱크 외의 탱크 : 아세트알데하이드 등의 취출이나 온도의 저하에 의한 공기의 혼입을 방지할 수 있도록 불활성 기체를 봉입할 것

㉡ 옥외저장탱크·옥내저장탱크·지하저장탱크 또는 이동저장탱크에 새롭게 아세트알데하이드 등을 주입하는 때에는 미리 당해 탱크 안의 공기를 불활성 기체와 치환하여 둘 것

㉢ 이동저장탱크에 아세트알데하이드 등을 저장하는 경우에는 항상 불활성의 기체를 봉입하여 둘 것

⑦ **옥외저장탱크·옥내저장탱크 또는 지하저장탱크의 유지온도**

㉠ 압력탱크 외의 탱크 : 다이에틸에터 등에 있어서는 30℃ 이하, 아세트알데하이드 또는 이를 함유한 것에 있어서는 15℃ 이하로 할 것

㉡ 압력탱크 : 아세트알데하이드 등 또는 다이에틸에터 등의 온도는 40℃ 이하로 유지할 것

㉢ 보냉장치가 있는 이동저장탱크 : 아세트알데하이드 등 또는 다이에틸에터 등의 온도는 비점 이하로 유지할 것

㉣ 보냉장치가 없는 이동저장탱크 : 아세트알데하이드 등 또는 다이에틸에터 등의

온도는 40℃ 이하로 유지할 것

## 4 알킬알루미늄 등 및 아세트알데하이드 등의 취급기준

① 알킬알루미늄 등의 제조소 또는 일반취급소에 있어서 알킬알루미늄 등을 취급하는 설비에는 불활성의 기체를 봉입할 것
② 알킬알루미늄 등의 이동탱크저장소에 있어서 이동저장탱크로부터 알킬알루미늄 등을 꺼낼 때에는 동시에 200kPa 이하의 압력으로 불활성의 기체를 봉입할 것
③ 아세트알데하이드 등의 제조소 또는 일반취급소에 있어서 아세트알데하이드 등을 취급하는 설비에는 연소성 혼합기체의 생성에 의한 폭발의 위험이 생겼을 경우에 불활성의 기체 또는 수증기를 봉입할 것
④ 아세트알데하이드 등의 이동탱크저장소에 있어서 이동저장탱크로부터 아세트알데하이드 등을 꺼낼 때에는 동시에 100kPa 이하의 압력으로 불활성의 기체를 봉입할 것

## 15 위험물의 운반에 관한 기준

### 1 운반용기의 재질

강판 · 알루미늄판 · 양철판 · 유리 · 금속판 · 종이 · 플라스틱 · 섬유판 · 고무류 · 합성섬유 · 삼 · 짚 · 나무 등

### 2 적재방법

① 위험물이 온도변화 등에 의하여 누설되지 아니하도록 운반용기를 밀봉하여 수납할 것
② 수납하는 위험물과 위험한 반응을 일으키지 아니하는 적합한 재질의 운반용기에 수납할 것
③ 고체위험물은 운반용기 내용적의 95% 이하의 수납률로 수납할 것
④ 액체위험물은 운반용기 내용적의 98% 이하의 수납률로 수납하되, 55℃에서 누설되지 아니하도록 충분한 공간용적을 유지하도록 할 것(다만, 알킬알루미늄 등은 운반용기 내용적의 90% 이하의 수납률로 수납하되, 50℃의 온도에서 5% 이상의 공간용적을

유지하도록 할 것)

⑤ **제3류 위험물은 다음 기준에 따라 운반용기에 수납할 것**

 ㉠ 자연발화성 물품에 있어서는 불활성 기체를 봉입하여 밀봉하는 등 공기와 접하지 아니하도록 할 것

 ㉡ 자연발화성 물품 외의 물품에 있어서는 파라핀·경유·등유 등의 보호액으로 채워 밀봉하거나 불활성 기체를 봉입하여 밀봉하는 등 수분과 접하지 아니하도록 할 것

⑥ **차광성 덮개를 하여야 하는 위험물의 종류** : 제1류 위험물, 3류 위험물 중 자연발화성 물품, 제4류 위험물 중 특수인화물, 제5류 위험물 또는 제6류 위험물

⑦ **방수성 덮개를 하여야 하는 위험물의 종류** : 제1류 위험물 중 알칼리금속의 과산화물, 제2류 위험물 중 철분·금속분·마그네슘 또는 3류 위험물 중 금수성 물품

⑧ 제5류 위험물 중 55℃ 이하의 온도에서 분해될 우려가 있는 것은 보냉 컨테이너에 수납하는 등 적정한 온도관리를 할 것

⑨ 위험물을 수납한 운반용기를 겹쳐 쌓는 경우에는 그 높이를 3m 이하로 할 것

⑩ 운반용기의 외부에 표시하여야 할 사항

 ㉠ 위험물의 품명·위험등급·화학명 및 수용성("수용성" 표시는 제4류 위험물로서 수용성인 것에 한한다.)

 ㉡ 위험물의 수량

 ㉢ 수납하는 위험물에 따른 주의사항

---

### 📁 위험물별 주의사항

- 제1류 위험물
  - 알칼리금속의 과산화물 : "화기·충격주의", "물기엄금" 및 "가연물접촉주의"
  - 그 밖의 것 : "화기·충격주의" 및 "가연물접촉주의"
- 제2류 위험물
  - 철분·금속분·마그네슘 : "화기주의" 및 "물기엄금"
  - 인화성 고체 : "화기엄금"
  - 그 밖의 것 : "화기주의"
- 제3류 위험물
  - 자연발화성물품 : "화기엄금" 및 "공기접촉엄금"
  - 금수성 물품 : "물기엄금"
- 제4류 위험물 : "화기엄금"
- 제5류 위험물 : "화기엄금" 및 "충격주의"
- 제6류 위험물 : "가연물접촉주의"

## 3 운반방법

① 위험물 또는 위험물을 수납한 운반용기가 현저하게 마찰 또는 동요를 일으키지 아니하도록 운반할 것
② 지정수량 이상의 위험물을 차량으로 운반하는 경우 표지의 설치기준
　　㉠ 한 변의 길이가 0.3m 이상, 다른 한 변의 길이가 0.6m 이상인 직사각형의 판으로 할 것
　　㉡ 바탕은 흑색으로 하고, 황색의 반사도료 그 밖의 반사성이 있는 재료로 "위험물"이라고 표시할 것
　　㉢ 표지는 차량의 전면 및후면의 보기 쉬운 곳에 내걸 것
③ 지정수량 이상의 위험물을 차량으로 운반하는 경우에는 능력단위 이상의 소형수동식 소화기를 갖출 것

## 4 유별을 달리하는 위험물의 혼재기준

| 위험물의 구분 | 제1류 | 제2류 | 제3류 | 제4류 | 제5류 | 제6류 |
|---|---|---|---|---|---|---|
| 제1류 | | × | × | × | × | ○ |
| 제2류 | × | | × | ○ | ○ | × |
| 제3류 | × | × | | ○ | × | × |
| 제4류 | × | ○ | ○ | | ○ | × |
| 제5류 | × | ○ | × | ○ | | × |
| 제6류 | ○ | × | × | × | × | |

비고 : 이 표는 지정수량의 10분의 1 이하의 위험물에 대하여는 적용하지 아니한다.

## 5 운반용기의 최대용적 또는 중량

### ① 고체 위험물

| 운반용기 | | | | 수납 위험물의 종류 | | | | | | | | | |
|---|---|---|---|---|---|---|---|---|---|---|---|---|---|
| 내장용기 | | 외장용기 | | 제1류 | | | 제2류 | | 제3류 | | | 제5류 | |
| 용기의 종류 | 최대용적 또는 중량 | 용기의 종류 | 최대용적 또는 중량 | I | II | III | II | III | I | II | III | I | II |
| 유리용기 또는 플라스틱 용기 | 10ℓ | 나무상자 또는 플라스틱상자 (필요에 따라 불활성의 완충재를 채울 것) | 125kg | ○ | ○ | ○ | ○ | ○ | ○ | ○ | ○ | ○ | ○ |
| | | | 225kg | | ○ | ○ | | ○ | | ○ | | | ○ |
| | | 파이버판상자(필요에 따라 불활성의 완충재를 채울 것) | 40kg | ○ | ○ | ○ | ○ | ○ | ○ | ○ | ○ | ○ | ○ |
| | | | 55kg | | ○ | ○ | | ○ | | ○ | | | ○ |
| 금속제 용기 | 30ℓ | 나무상자 또는 플라스틱상자 | 125kg | ○ | ○ | ○ | ○ | ○ | ○ | ○ | ○ | ○ | ○ |
| | | | 225kg | | ○ | ○ | | ○ | | ○ | | | ○ |
| | | 파이버판상자 | 40kg | ○ | ○ | ○ | ○ | ○ | ○ | ○ | ○ | ○ | ○ |
| | | | 55kg | | ○ | ○ | | ○ | | ○ | | | ○ |
| 플라스틱 필름포대 또는 종이포대 | 5kg | 나무상자 또는 플라스틱상자 | 50kg | ○ | ○ | ○ | | | | ○ | | | |
| | 50kg | | 50kg | ○ | ○ | ○ | | | | | | | |
| | 125kg | | 125kg | ○ | ○ | ○ | | | | | | | |
| | 225kg | | 225kg | | ○ | ○ | | | | | | | |
| | 5kg | 파이버판상자 | 40kg | ○ | ○ | ○ | | | ○ | ○ | ○ | ○ | |
| | 40kg | | 40kg | | | | | | | | | | ○ |
| | 55kg | | 55kg | | | | | | | | | | ○ |
| | | 금속제용기(드럼 제외) | 60ℓ | ○ | ○ | ○ | ○ | ○ | ○ | ○ | ○ | ○ | ○ |
| | | 플라스틱용기 (드럼 제외) | 10ℓ | ○ | ○ | ○ | | | ○ | ○ | ○ | ○ | |
| | | | 30ℓ | | ○ | ○ | | ○ | | ○ | | | ○ |
| | | 금속제드럼 | 250ℓ | ○ | ○ | ○ | ○ | ○ | ○ | ○ | ○ | ○ | ○ |
| | | 플라스틱드럼 또는 파이버드럼 (방수성이 있는 것) | 60ℓ | ○ | ○ | ○ | ○ | ○ | ○ | ○ | ○ | ○ | ○ |
| | | | 250ℓ | | ○ | ○ | | ○ | | ○ | | | ○ |
| | | 합성수지포대(방수성이 있는 것), 플라스틱필름포대, 섬유포대(방수성이 있는 것) 또는 종이포대(여러 겹으로서 방수성이 있는 것) | 50kg | | ○ | ○ | ○ | ○ | | ○ | ○ | | ○ |

비고) 1. "○" 표시는 수납위험물의 종류별 각 란에 정한 위험물에 대하여 당해 각 란에 정한 운반용기가 적응성이 있음을 표시한다.

2. 내장용기는 외장용기에 수납하여야 하는 용기로서 위험물을 직접 수납하기 위한 것을 말한다.

3. 내장용기의 용기 종류란이 공란인 것은 외장용기에 위험물을 직접 수납하거나 유리용기, 플라스틱용기, 금속제 용기, 폴리에틸렌포대 또는 종이포대를 내장용기로 할 수 있음을 표시한다.

## ② 액체 위험물

| 운반용기 | | | | 수납위험물의 종류 | | | | | | | | |
|---|---|---|---|---|---|---|---|---|---|---|---|---|
| 내장용기 | | 외장용기 | | 제3류 | | | 제4류 | | | 제5류 | | 제6류 |
| 용기의 종류 | 최대용적 또는 중량 | 용기의 종류 | 최대용적 또는 중량 | I | II | III | I | II | III | I | II | I |
| 유리용기 | 5ℓ | 나무 또는 플라스틱상자(불활성의 완충재를 채울 것) | 75kg | ○ | ○ | ○ | ○ | ○ | ○ | ○ | ○ | ○ |
|  | 10ℓ |  | 125kg |  | ○ | ○ |  | ○ | ○ |  | ○ |  |
|  |  |  | 225kg |  |  |  |  |  | ○ |  |  |  |
|  | 5ℓ | 파이버판상자(불활성의 완충재를 채울 것) | 40kg | ○ | ○ | ○ | ○ | ○ | ○ | ○ | ○ | ○ |
|  | 10ℓ |  | 55kg |  |  |  |  |  | ○ |  |  |  |
| 플라스틱 용기 | 10ℓ | 나무 또는 플라스틱상자(필요에 따라 불활성의 완충재를 채울 것) | 75kg | ○ | ○ | ○ | ○ | ○ | ○ | ○ | ○ | ○ |
|  |  |  | 125kg |  | ○ | ○ |  | ○ | ○ |  | ○ |  |
|  |  |  | 225kg |  |  |  |  |  | ○ |  |  |  |
| 플라스틱 용기 | 10ℓ | 파이버판상자(필요에 따라 불활성의 완충재를 채울 것) | 40kg | ○ | ○ | ○ | ○ | ○ | ○ | ○ | ○ | ○ |
|  |  |  | 55kg |  |  |  |  |  | ○ |  |  |  |
| 금속제 용기 | 30ℓ | 나무 또는 플라스틱상자 | 125kg | ○ | ○ | ○ | ○ | ○ | ○ | ○ | ○ | ○ |
|  |  |  | 225kg |  |  |  |  |  | ○ |  |  |  |
|  |  | 파이버판상자 | 40kg | ○ | ○ | ○ | ○ | ○ | ○ | ○ | ○ | ○ |
|  |  |  | 55kg |  |  |  |  |  | ○ |  |  |  |
|  |  | 금속제용기(금속제드럼제외) | 60ℓ |  |  |  | ○ | ○ |  |  |  |  |
|  |  | 플라스틱용기(플라스틱드럼제외) | 10ℓ |  |  |  |  |  | ○ |  |  |  |
|  |  |  | 20ℓ |  |  |  |  |  | ○ |  |  |  |
|  |  |  | 30ℓ |  |  |  |  |  | ○ |  | ○ |  |
|  |  | 금속제드럼(뚜껑고정식) | 250ℓ | ○ | ○ | ○ | ○ | ○ | ○ | ○ | ○ | ○ |
|  |  | 금속제드럼(뚜껑탈착식) | 250ℓ |  |  |  |  | ○ |  |  |  |  |
|  |  | 플라스틱 또는 파이버드럼(플라스틱내용기부착의 것) | 250ℓ |  | ○ | ○ |  |  | ○ |  | ○ |  |

비고) 1. "○" 표시는 수납위험물의 종류별 각 란에 정한 위험물에 대하여 해당 각 란에 정한 운반용기가 적응성이 있음을 표시한다.

2. 내장용기는 외장용기에 수납하여야 하는 용기로서 위험물을 직접 수납하기 위한 것을 말한다.

3. 내장용기의 용기 종류란이 공란인 것은 외장용기에 위험물을 직접 수납하거나 유리용기, 플라스틱용기 또는 금속제용기를 내장용기로 할 수 있음을 표시한다.

# 16 소화설비, 경보설비 및 피난설비의 기준

## 1 소화설비

### (1) 소화난이도등급 Ⅰ의 제조소등 종류 및 소화설비 종류

#### ① 소화난이등급 Ⅰ에 해당하는 제조소등

| 제조소 등의 구분 | 제조소 등의 규모, 저장 또는 취급하는 위험물의 품명 및 최대수량 등 |
|---|---|
| 제조소 일반취급소 | 연면적 1,000㎡ 이상인 것 |
| | 지정수량의 100배 이상인 것(고인화점위험물만을 100℃ 미만의 온도에서 취급하는 것 및 제48조의 위험물을 취급하는 것은 제외) |
| | 지반면으로부터 6m 이상의 높이에 위험물 취급설비가 있는 것(고인화점위험물만을 100℃ 미만의 온도에서 취급하는 것은 제외) |
| | 일반취급소로 사용되는 부분 외의 부분을 갖는 건축물에 설치된 것(내화구조로 개구부 없이 구획된 것 및 고인화점위험물만을 100℃ 미만의 온도에서 추급하는 것은 제외 |
| 주유취급소 | 별표 13 Ⅴ제2호에 따른 면적의 합이 500㎡를 초과하는 것 |
| 옥내저장소 | 지정수량의 150배 이상인 것(고인화점위험물만을 저장하는 것 및 제48조의 위험물을 저장하는 것은 제외) |
| | 연면적 150㎡를 초과하는 것(150㎡ 이내마다 불연재료로 개구부없이 구획된 것 및 인화성고체 외의 제2류 위험물 또는 인화점 70℃ 이상의 제4류 위험물만을 저장하는 것은 제외) |
| | 처마높이가 6m 이상인 단층건물의 것 |
| | 옥내저장소로 사용되는 부분 외의 부분이 있는 건축물에 설치된 것(내화구조로 개구부없이 구획된 것 및 인화성고체 외의 제2류 위험물 또는 인화점 70℃ 이상의 제4류 위험물만을 저장하는 것은 제외) |
| 옥외탱크 저장소 | 액표면적이 40㎡ 이상인 것(제6류 위험물을 저장하는 것 및 고인화점위험물만을 100℃ 미만의 온도에서 저장하는 것은 제외) |
| | 지반면으로부터 탱크 옆판의 상단까지 높이가 6m 이상인 것(제6류 위험물을 저장하는 것 및 고인화점위험물만을 100℃ 미만의 온도에서 저장하는 것은 제외) |
| | 지중탱크 또는 해상탱크로서 지정수량의 100배 이상인 것(제6류 위험물을 저장하는 것 및 고인화점위험물만을 100℃ 미만의 온도에서 저장하는 것은 제외) |
| | 고체위험물을 저장하는 것으로서 지정수량의 100배 이상인 것 |

| 옥내탱크<br>저장소 | 액표면적이 40㎡ 이상인 것(제6류 위험물을 저장하는 것 및 고인화점위험물만을 100℃<br>미만의 온도에서 저장하는 것은 제외) |
|---|---|
| | 바닥면으로부터 탱크 옆판의 상단까지 높이가 6m 이상인 것(제6류 위험물을 저장하는<br>것 및 고인화점위험물만을 100℃ 미만의 온도에서 저장하는 것은 제외) |
| | 탱크전용실이 단층건물 외의 건축물에 있는 것으로서 인화점 38℃ 이상 70℃ 미만의<br>위험물을 지정수량의 5배 이상 저장하는 것(내화구조로 개구부없이 구획된 것은 제외한다) |
| 옥외저장소 | 덩어리 상태의 황을 저장하는 것으로서 경계표시 내부의 면적(2 이상의 경계표시가 있는<br>경우에는 각 경계표시의 내부의 면적을 합한 면적)이 100㎡ 이상인 것 |
| | 별표 11 Ⅲ의 위험물을 저장하는 것으로서 지정수량의 100배 이상인 것 |
| 암반탱크<br>저장소 | 액표면적이 40㎡ 이상인 것(제6류 위험물을 저장하는 것 및 고인화점위험물만을 100℃<br>미만의 온도에서 저장하는 것은 제외)<br>고체위험물만을 저장하는 것으로서 지정수량의 100배 이상인 것 |
| 이송취급소 | 모든 대상 |

### ② 소화난이도등급 Ⅰ의 제조소등에 설치해야 하는 소화설비

| 제조소등의 구분 | | | 소화설비 |
|---|---|---|---|
| 제조소 및 일반취급소 | | | 옥내소화전설비, 옥외소화전설비, 스프링클러설비 또는<br>물분무등소화설비(화재발생시 연기가 충만할 우려가 있는 장소에는<br>스프링클러설비 또는 이동식 외의 물분무등소화설비에 한한다) |
| 주유취급소 | | | 스프링클러설비(건축물에 한정한다), 소형수동식소화기등 (능력<br>단위의 수치가 건축물 그 밖의 공작물 및 위험물의 소요단위의<br>수치에 이르도록 설치할 것) |
| 옥내<br>저장소 | 처마높이가 6m 이상인 단층건물<br>또는 다른 용도의 부분이 있는<br>건축물에 설치한 옥내저장소 | | 스프링클러설비 또는 이동식 외의 물분무등소화설비 |
| | 그 밖의 것 | | 옥외소화전설비, 스프링클러설비, 이동식 외의 물분무등소화설비<br>또는 이동식 포소화설비(포소화전을 옥외에 설치하는 것에 한한다) |
| 옥외<br>탱크<br>저장소 | 지중탱크<br>또는<br>해상탱크<br>외의 것 | 황만을<br>저장 취급하는 것 | 물분무소화설비 |
| | | 인화점 70℃ 이상의<br>제4류 위험물만을<br>저장취급하는 것 | 물분무소화설비 또는 고정식 포소화설비 |
| | | 그 밖의 것 | 고정식 포소화설비(포소화설비가 적응성이 없는 경우에는<br>분말소화설비) |
| | 지중탱크 | | 고정식 포소화설비, 이동식 이외의 불활성가스소화설비 또는<br>이동식 이외이 할로젠화합물소화설비 |
| | 해상탱크 | | 고정식 포소화설비, 물분무포소화설비, 이동식이외의 불활성<br>가스소화설비 또는 이동식 이외의 할로젠화합물소화설비 |

| 제조소등의 구분 | | 소화설비 |
|---|---|---|
| 옥내<br>탱크<br>저장소 | 황만을 저장취급하는 것 | 물분무소화설비 |
| | 인화점 70℃ 이상의 제4류<br>위험물만을 저장취급하는 것 | 물분무소화설비, 고정식 포소화설비, 이동식 이외의 불활성<br>가스소화설비, 이동식 이외의 할로젠화합물소화설비 또는 이동식<br>이외의 분말소화설비 |
| | 그 밖의 것 | 고정식 포소화설비, 이동식 이외의 불활성가스소화설비, 이동식<br>이외의 할로젠화합물소화설비 또는 이동식 이외의 분말소화설비 |
| 옥외저장소 및 이송취급소 | | 옥내소화전설비, 옥외소화전설비, 스프링클러설비 또는 물분무등<br>소화설비(화재발생시 연기가 충만할 우려가 있는 장소에는<br>스프링클러설비 또는 이동식 이외의 물분무등소화설비에 한한다) |
| 암반<br>탱크<br>저장소 | 황만을 저장취급하는 것 | 물분무소화설비 |
| | 인화점 70℃ 이상의 제4류<br>위험물만을 저장취급하는 것 | 물분무소화설비 또는 고정식 포소화설비 |
| | 그 밖의 것 | 고정식 포소화설비(포소화설비가 적응성이 없는 경우에는 분말<br>소화설비) |

**비고**
1. 위 표 오른쪽란의 소화설비를 설치함에 있어서는 당해 소화설비의 방사범위가 당해 제조소, 일반취급소, 옥내저장소, 옥외탱크저장소, 옥내탱크저장소, 옥외저장소, 암반탱크저장소(암반탱크에 관계되는 부분을 제외한다) 또는 이송취급소(이송기지 내에 한한다)의 건축물, 그 밖의 공작물 및 위험물을 포함하도록 해야 한다. 다만, 고인화점위험물만을 100℃ 미만의 온도에서 취급하는 제조소 또는 일반취급소의 경우에는 당해 제조소 또는 일반취급소의 건축물 및 그 밖의 공작물만 포함하도록 할 수 있다.
2. 고인화점위험물만을 100℃ 미만의 온도에서 취급하는 제조소 또는 일반취급소의 위험물에 대해서는 대형수 동식소화기 1개 이상과 당해 위험물의 소요단위에 해당하는 능력단위의 소형수동식소화기를 설치해야 한다. 다만, 당해 제조소 또는 일반취급소에 옥내ㆍ외소화전설비, 스프링클러설비 또는 물분무등소화설비를 설치한 경우에는 당해 소화설비의 방사능력범위 내에는 대형수동식소화기를 설치하지 아니할 수 있다.
3. 가연성증기 또는 가연성미분이 체류할 우려가 있는 건축물 또는 실내에는 대형수동식소화기 1개 이상과 당해 건축물, 그 밖의 공작물 및 위험물의 소요단위에 해당하는 능력단위의 소형수동식소화기 등을 추가로 설치해야 한다.
4. 제4류 위험물을 저장 또는 취급하는 옥외탱크저장소 또는 옥내탱크저장소에는 소형수동식소화기 등을 2개 이상 설치해야 한다.
5. 제조소, 옥내탱크저장소, 이송취급소, 또는 일반취급소의 작업공정상 소화설비의 방사능력범위 내에 당해 제조소등에서 저장 또는 취급하는 위험물의 전부가 포함되지 아니하는 경우에는 당해 위험물에 대하여 대형 수동식소화기 1개 이상과 당해 위험물의 소요단위에 해당하는 능력단위의 소형수동식소화기 등을 추가로 설치해야 한다.

## (2) 소화난이도등급Ⅱ의 제조소등 및 소화설비

### ① 소화난이도등급Ⅱ에 해당하는 제조소등

| 제조소등의 구분 | 제조소등의 규모, 저장 또는 취급하는 위험물의 품명 및 최대수량 등 |
|---|---|
| 제조소<br>일반취급소 | 연면적 600㎡ 이상인 것 |
| | 지정수량의 10배 이상인 것(고인화점위험물만을 100℃ 미만의 온도에서 취급하는 것 및 제48조의 위험물을 취급하는 것은 제외) |
| | 별표 16 Ⅱ·Ⅲ·Ⅳ·Ⅴ·Ⅷ·Ⅸ 또는 Ⅹ의 일반취급소로서 소화난이도등급Ⅰ의 제조소등에 해당하지 아니하는 것(고인화점위험물만을 100℃ 미만의 온도에서 취급하는 것은 제외) |
| 옥내저장소 | 단층건물 이외의 것 |
| | 별표 5 Ⅱ 또는 Ⅳ제1호의 옥내저장소 |
| | 지정수량의 10배 이상인 것(고인화점위험물만을 저장하는 것 및 제48조의 위험물을 저장하는 것은 제외) |
| | 연면적 150㎡ 초과인 것 |
| | 별표 5 Ⅲ의 옥내저장소로서 소화난이도등급Ⅰ의 제조소등에 해당하지 아니하는 것 |
| 옥외탱크저장소<br>옥내탱크저장소 | 소화난이도등급Ⅰ의 제조소등 외의 것(고인화점위험물만을 100℃ 미만의 온도로 저장하는 것 및 제6류 위험물만을 저장하는 것은 제외) |
| 옥외저장소 | 덩어리 상태의 황을 저장하는 것으로서 경계표시 내부의 면적(2 이상의 경계표시가 있는 경우에는 각 경계표시의 내부의 면적을 합한 면적)이 5㎡ 이상 100㎡ 미만인 것 |
| | 별표 11 Ⅲ의 위험물을 저장하는 것으로서 지정수량의 10배 이상 100배 미만인 것 |
| | 지정수량의 100배 이상인 것(덩어리 상태의 황 또는 고인화점위험물을 저장하는 것은 제외) |
| 주유취급소 | 옥내주유취급소로서 소화난이도등급Ⅰ의 제조소등에 해당하지 아니하는 것 |
| 판매취급소 | 제2종 판매취급소 |

### ② 소화난이도등급Ⅱ의 제조소등에 설치해야 하는 소화설비

| 제조소등의 구분 | 소화설비 |
|---|---|
| 제조소<br>옥내저장소<br>옥외저장소<br>주유취급소<br>판매취급소<br>일반취급소 | 방사능력범위 내에 당해 건축물, 그 밖의 공작물 및 위험물이 포함되도록 대형수동식소화기를 설치하고, 당해 위험물의 소요단위의 1/5 이상에 해당되는 능력단위의 소형수동식소화기 등을 설치할 것 |
| 옥외탱크저장소<br>옥내탱크저장소 | 대형수동식소화기 및 소형수동식소화기등을 각각 1개 이상 설치할 것 |

**비고**
1. 옥내소화전설비, 옥외소화전설비, 스프링클러설비 또는 물분무등소화설비를 설치한 경우에는 당해 소화설비의 방사능력범위 내의 부분에 대해서는 대형수동식소화기를 설치하지 아니할 수 있다.
2. 소형수동식소화기등이란 제4호의 규정에 의한 소형수동식소화기 또는 기타 소화설비를 말한다. 이하 같다.

## (3) 소화난이도등급Ⅲ의 제조소등 및 소화설비

### ① 소화난이도등급Ⅲ에 해당하는 제조소등

| 제조소등의 구분 | 제조소등의 규모, 저장 또는 취급하는 위험물의 품명 및 최대수량 등 |
|---|---|
| 제조소<br>일반취급소 | 제48조의 위험물을 취급하는 것 |
| | 제48조의 위험물외의 것을 취급하는 것으로서 소화난이도등급Ⅰ 또는 소화난이도등급Ⅱ의 제조소등에 해당하지 아니하는 것 |
| 옥내저장소 | 제48조의 위험물을 취급하는 것 |
| | 제48조의 위험물외의 것을 취급하는 것으로서 소화난이도등급Ⅰ 또는 소화난이도등급Ⅱ의 제조소등에 해당하지 아니하는 것 |
| 지하탱크저장소<br>간이탱크저장소<br>이동탱크저장소 | 모든 대상 |
| 옥외저장소 | 덩어리 상태의 황을 저장하는 것으로서 경계표시 내부의 면적(2 이상의 경계표시가 있는 경우에는 각 경계표시의 내부의 면적을 합한 면적)이 $5m^2$ 미만인 것 |
| | 덩어리 상태의 황외의 것을 저장하는 것으로서 소화난이도등급Ⅰ 또는 소화난이도등급Ⅱ의 제조소등에 해당하지 아니하는 것 |
| 주유취급소 | 옥내주유취급소 외의 것으로서 소화난이도등급 Ⅰ의 제조소등에 해당하지 아니하는 것 |
| 제1종<br>판매취급소 | 모든 대상 |

### ② 소화난이도등급Ⅲ의 제조소등에 설치하여야 하는 소화설비

| 제조소등의 구분 | 소화설비 | 설치기준 | |
|---|---|---|---|
| 지하탱크저장소 | 소형수동식소화기등 | 능력단위의 수치가 3 이상 | 2개 이상 |
| 이동탱크저장소 | 자동차용소화기 | 무상의 강화액 8ℓ 이상 | 2개 이상 |
| | | 이산화탄소 3.2킬로그램 이상 | |
| | | 브로모클로로 다이플루오로메탄<br>($CF_2ClBr$) 2ℓ 이상 | |

| 제조소등의 구분 | 소화설비 | 설치기준 | |
|---|---|---|---|
| 이동탱크저장소 | 자동차용소화기 | 브로모트라이플루오로메탄($CF_3Br$) $2\ell$ 이상 | 2개 이상 |
| | | 다이브로모테트라플루오로에탄($C_2F_4BR_2$) $1\ell$ 이상 | |
| | | 소화분말 3.3킬로그램 이상 | |
| | 마른 모래 및 팽창질석 또는 팽창진주암 | 마른모래 $150\ell$ 이상 | |
| | | 팽창질석 또는 팽창진주암 $640\ell$ 이상 | |
| 그 밖의 제조소등 | 소형수동식소화기등 | 능력단위의 수치가 건축물 그 밖의 공작물 및 위험물의 소요단위의 수치에 이르도록 설치할 것. 다만, 옥내외소화전설비, SP설비, 물분무등소화설비 또는 대형수동식소화기를 설치한 경우에는 당해 소화설비의 방사능력범위내의 부분에 대하여는 수동식소화기등을 그 능력단위의 수치가 당해 소요단위의 수치의 1/5 이상이 되도록 하는 것으로 족하다 | |

비고
알킬알루미늄 등을 저장 또는 취급하는 이동탱크저장소에 있어서는 자동차용소화기를 설치하는 외에 마른모래나 팽창질석 또는 팽창진주암을 추가로 설치해야 한다.

## (4) 소화설비의 설치기준

① **전기설비의 소화설비** : 제조소등에 전기설비(전기배선, 조명기구 등은 제외한다)가 설치된 경우에는 당해 장소의 면적 100㎡마다 소형수동식소화기를 1개 이상 설치할 것

② **소요단위 및 능력단위**
　㉠ 소요단위 : 소화설비의 설치대상이 되는 건축물 그 밖의 공작물의 규모 또는 위험물의 양의 기준단위
　㉡ 능력단위 : ㉠의 소요단위에 대응하는 소화설비의 소화능력의 기준단위

③ **소요단위의 계산방법** : 건축물 그 밖의 공작물 또는 위험물의 소요단위의 계산방법은 다음의 기준에 의할 것
　㉠ 제조소 또는 취급소의 건축물은 외벽이 내화구조인 것은 연면적(제조소등의 용도로 사용되는 부분 외의 부분이 있는 건축물에 설치된 제조소등에 있어서는 당해 건축물 중 제조소등에 사용되는 부분의 바닥면적의 합계를 말한다. 이하 같다) 100㎡를 1소요단위로 하며, 외벽이 내화구조가 아닌 것은 연면적 50㎡를 1소요단위로 할 것
　㉡ 저장소의 건축물은 외벽이 내화구조인 것은 연면적 150㎡를 1소요단위로 하고, 외벽이 내화구조가 아닌 것은 연면적 75㎡를 1소요단위로 할 것

ⓒ 제조소등의 옥외에 설치된 공작물은 외벽이 내화구조인 것으로 간주하고 공작물의 최대수평투영면적을 연면적으로 간주하여 ㉠ 및 ㉡의 규정에 의하여 소요단위를 산정할 것

ⓓ 위험물은 지정수량의 10배를 1소요단위로 할 것

④ 소화설비의 능력단위

㉠ 수동식소화기의 능력단위는 수동식소화기의 형식승인 및 검정기술기준에 의하여 형식승인 받은 수치로 할 것

㉡ 기타 소화설비의 능력단위는 다음의 표에 의할 것

| 소화설비 | 용 량 | 능력단위 |
|---|---|---|
| 소화전용(轉用)물통 | 8ℓ | 0.3 |
| 수조(소화전용물통 3개 포함) | 80ℓ | 1.5 |
| 수조(소화전용물통 6개 포함) | 190ℓ | 2.5 |
| 마른 모래(삽 1개 포함) | 50ℓ | 0.5 |
| 팽창질석 또는 팽창진주암(삽 1개 포함) | 160ℓ | 1.0 |

⑤ 옥내소화전설비의 설치기준은 다음의 기준에 의할 것

㉠ 옥내소화전은 제조소등의 건축물의 층마다 당해 층의 각 부분에서 하나의 호스접속구까지의 수평거리가 25m 이하가 되도록 설치할 것. 이 경우 옥내소화전은 각 층의 출입구 부근에 1개 이상 설치해야 한다.

㉡ 수원의 수량은 옥내소화전이 가장 많이 설치된 층의 옥내소화전 설치개수(설치개수가 5개 이상인 경우는 5개)에 7.8㎥를 곱한 양 이상이 되도록 설치할 것

ⓒ 옥내소화전설비는 각층을 기준으로 하여 당해 층의 모든 옥내소화전(설치개수가 5개 이상인 경우는 5개의 옥내소화전)을 동시에 사용할 경우에 각 노즐끝부분의 방수압력이 350㎪ 이상이고 방수량이 1분당 260L 이상의 성능이 되도록 할 것

ⓓ 옥내소화전설비에는 비상전원을 설치할 것

⑥ 옥외소화전설비의 설치기준은 다음의 기준에 의할 것

㉠ 옥외소화전은 방호대상물(당해 소화설비에 의하여 소화하여야 할 제조소등의 건축물, 그 밖의 공작물 및 위험물을 말한다. 이하 같다)의 각 부분(건축물의 경우에는 당해 건축물의 1층 및 2층의 부분에 한한다)에서 하나의 호스접속구까지의 수평거리가 40m 이하가 되도록 설치할 것. 이 경우 그 설치개수가 1개일 때는 2개로 해야 한다.

㉡ 수원의 수량은 옥외소화전의 설치개수(설치개수가 4개 이상인 경우는 4개의 옥외소화전)에 13.5㎥를 곱한 양 이상이 되도록 설치할 것

ⓒ 옥외소화전설비는 모든 옥외소화전(설치개수가 4개 이상인 경우는 4개의 옥외소화전)을 동시에 사용할 경우에 각 노즐끝부분의 방수압력이 350㎪ 이상이고, 방수량이 1분당 450L 이상의 성능이 되도록 할 것

ⓓ 옥외소화전설비에는 비상전원을 설치할 것

⑦ **스프링클러설비의 설치기준은 다음의 기준에 의할 것**

ⓐ 스프링클러헤드는 방호대상물의 천장 또는 건축물의 최상부 부근(천장이 설치되지 아니한 경우)에 설치하되, 방호대상물의 각 부분에서 하나의 스프링클러헤드까지의 수평거리가 1.7m(제4호 비고 제1호의 표에 정한 살수밀도의 기준을 충족하는 경우에는 2.6m) 이하가 되도록 설치할 것

ⓑ 개방형 스프링클러헤드를 이용한 스프링클러설비의 방사구역(하나의 일제개방밸브에 의하여 동시에 방사되는 구역을 말한다. 이하 같다)은 150㎡ 이상(방호대상물의 바닥면적이 150㎡ 미만인 경우에는 당해 바닥면적)으로 할 것

ⓒ 수원의 수량은 폐쇄형 스프링클러헤드를 사용하는 것은 30(헤드의 설치개수가 30 미만인 방호대상물인 경우에는 당해 설치개수), 개방형 스프링클러헤드를 사용하는 것은 스프링클러헤드가 가장 많이 설치된 방사구역의 스프링클러헤드 설치개수에 2.4㎡를 곱한 양 이상이 되도록 설치할 것

ⓓ 스프링클러설비는 3)의 규정에 의한 개수의 스프링클러헤드를 동시에 사용할 경우에 각 끝부분의 방사압력이 100KPa(제4호 비고 제1호의 표에 정한 살수밀도의 기준을 충족하는 경우에는 50KPa) 이상이고, 방수량이 1분당 80L(제4호 비고 제1호의 표에 정한 살수밀도의 기준을 충족하는 경우에는 56L) 이상의 성능이 되도록 할 것

ⓔ 스프링클러설비에는 비상전원을 설치할 것

⑧ **물분무소화설비의 설치기준은 다음의 기준에 의할 것**

ⓐ 분무헤드의 개수 및 배치는 다음에 의할 것

㉮ 분무헤드로부터 방사되는 물분무에 의하여 방호대상물의 모든 표면을 유효하게 소화할 수 있도록 설치할 것

㉯ 방호대상물의 표면적(건축물에 있어서는 바닥면적. 이하 이 목에서 같다) 1㎡당 3)의 규정에 의한 양의 비율로 계산한 수량을 표준방사량(당해 소화설비의 헤드의 설계압력에 의한 방사량을 말한다. 이하 같다)으로 방사할 수 있도록 설치할 것

ⓑ 물분무소화설비의 방사구역은 150㎡ 이상(방호대상물의 표면적이 150㎡ 미만인 경우에는 당해 표면적)으로 할 것

ⓒ 수원의 수량은 분무헤드가 가장 많이 설치된 방사구역의 모든 분무헤드를 동시에 사용할 경우에 당해 방사구역의 표면적 1㎡당 1분당 20L의 비율로 계산한 양으로 30분간 방사할 수 있는 양 이상이 되도록 설치할 것

ㄹ 물분무소화설비는 ㄷ의 규정에 의한 분무헤드를 동시에 사용할 경우에 각 끝부분의 방사압력이 350kPa 이상으로 표준방사량을 방사할 수 있는 성능이 되도록 할 것

ㅁ 물분무소화설비에는 비상전원을 설치할 것

⑨ **포소화설비의 설치기준은 다음의 기준에 의할 것**

ㄱ 고정식 포소화설비의 포방출구 등은 방호대상물의 형상, 구조, 성질, 수량 또는 취급방법에 따라 표준방사량으로 당해 방호대상물의 화재를 유효하게 소화할 수 있도록 필요한 개수를 적당한 위치에 설치할 것

ㄴ 이동식 포소화설비(포소화전 등 고정된 포수용액 공급장치로부터 호스를 통하여 포수용액을 공급받아 이동식 노즐에 의하여 방사하도록 된 소화설비를 말한다. 이하 같다)의 포소화전은 옥내에 설치하는 것은 옥내소화전, 옥외에 설치하는 것은 옥외소화전의 규정을 준용할 것

ㄷ 수원의 수량 및 포소화약제의 저장량은 방호대상물의 화재를 유효하게 소화할 수 있는 양 이상이 되도록 할 것

ㄹ 포소화설비에는 비상전원을 설치할 것

⑩ **불활성가스소화설비의 설치기준은 다음의 기준에 의할 것**

ㄱ 전역방출방식 불활성가스소화설비의 분사헤드는 불연재료의 벽·기둥·바닥·보 및 지붕(천장이 있는 경우에는 천장)으로 구획되고 개구부에 자동폐쇄장치(60분+ 또는 60분 방화문, 30분 방화문 또는 불연재료의 문으로 불활성가스소화약제가 방사되기 직전에 개구부를 자동적으로 폐쇄하는 장치를 말한다)가 설치되어 있는 부분(이하 "방호구역"이라 한다)에 당해 부분의 용적 및 방호대상물의 성질에 따라 표준방사량으로 방호대상물의 화재를 유효하게 소화할 수 있도록 필요한 개수를 적당한 위치에 설치할 것. 다만, 당해 부분에서 외부로 누설되는 양 이상의 불활성가스 소화 약제를 유효하게 추가하여 방출할 수 있는 설비가 있는 경우는 당해 개구부의 자동폐쇄장치를 설치하지 아니할 수 있다.

ㄴ 국소방출방식 불활성가스소화설비의 분사헤드는 방호대상물의 형상, 구조, 성질, 수량 또는 취급방법에 따라 방호대상물에 불활성가스소화약제를 직접 방사하여 표준방사량으로 방호대상물의 화재를 유효하게 소화할 수 있도록 필요한 개수를 적당한 위치에 설치할 것

ㄷ 이동식 불활성가스소화설비(고정된 이산화탄소소화약제 공급장치로부터 호스를 통하여 불활성가스소화약제를 공급받아 이동식 노즐에 의하여 방사하도록 된 소화설비를 말한다. 이하 같다)의 호스접속구는 모든 방호대상물에 대하여 당해 방호 대상물의 각 부분으로부터 하나의 호스접속구까지의 수평거리가 15m 이하가 되도록 설치할 것

　　ⓔ 불활성가스소화약제용기에 저장하는 불활성가스소화약제의 양은 방호대상물의 화재를 유효하게 소화할 수 있는 양 이상이 되도록 할 것

　　ⓜ 전역방출방식 또는 국소방출방식의 불활성가스소화설비에는 비상전원을 설치할 것

⑪ 할로젠화합물소화설비의 설치기준은 ⑩의 불활성가스소화설비의 기준을 준용할 것

⑫ 분말소화설비의 설치기준은 ⑩의 불활성가스소화설비의 기준을 준용할 것

⑬ 대형수동식소화기의 설치기준은 방호대상물의 각 부분으로부터 하나의 대형수동식소화기까지의 보행거리가 30m 이하가 되도록 설치할 것. 다만, 옥내소화전설비, 옥외소화전설비, 스프링클러설비 또는 물분무등 소화설비와 함께 설치하는 경우에는 그러하지 아니하다.

⑭ 소형수동식소화기등의 설치기준은 소형수동식소화기 또는 그 밖의 소화설비는 지하탱크저장소, 간이탱크저장소, 이동탱크저장소, 주유취급소 또는 판매취급소에서는 유효하게 소화할 수 있는 위치에 설치해야 하며, 그 밖의 제조소등에서는 방호대상물의 각 부분으로부터 하나의 소형수동식소화기까지의 보행거리가 20m 이하가 되도록 설치할 것. 다만, 옥내소화전설비, 옥외소화전설비, 스프링클러설비, 물분무등소화설비 또는 대형수동식소화기와 함께 설치하는 경우에는 그러하지 아니하다.

## 2 경보설비

### (1) 제조소등별로 설치하여야 하는 경보설비의 종류

| 제조소등의 구분 | 제조소등의 규모, 저장 또는 취급하는 위험물의 종류 및 최대수량 등 | 경보설비 |
|---|---|---|
| 1. 제조소 및 일반 취급소 | • 연면적 500㎡ 이상인 것<br>• 옥내에서 지정수량의 100배 이상을 취급하는 것(고인화점위험물만을 100℃ 미만의 온도에서 자동화재취급하는 것을 제외한다)<br>• 일반취급소로 사용되는 부분 외의 부분이 있는 건축물에 설치된 일반취급소(일반취급소와 일반취급소 외의 부분이 내화구조의 바닥 또는 벽으로 개구부 없이 구획된 것을 제외한다) | 자동화재탐지설비 |
| 2. 옥내저장소 | • 지정수량의 100배 이상을 저장 또는 취급하는 것<br>(고 인화점위험물만을 저장 또는 취급하는 것을 제외한다)<br>• 저장창고의 연면적이 150㎡를 초과하는 것[연면적 150㎡ 이내마다 불연재료의 격벽으로 개구부 없이 완전히 구획된 저장창고와 제2류 위험물(인화성고체는 제외한다) 또는 제4류 위험물(인화점 70℃ 미만인 것은 제외한다)만을 저장 또는 취급하는 저장창고는 그 연면적이 500제곱미터 이상인 것을 말한다] | 자동화재탐지설비 |

| 제조소등의<br>구분 | 제조소등의 규모, 저장 또는 취급하는 위험물의 종류 및<br>최대수량 등 | 경보설비 |
|---|---|---|
| 2. 옥내저장소 | • 처마높이가 6m 이상인 단층건물의 것<br>• 옥내저장소로 사용되는 부분 외의 부분이 있는건축물에 설치된 옥내저장소[옥내저장소와 옥내저장소 외의 부분이 내화구조의 바닥 또는 벽으로 개구부 없이 구획된 저장창고와 제2류 위험물(인화성고체는 제외한다) 또는 제4류 위험물(인화점 70℃ 미만인 것은 제외한다)만을 저장 또는 취급하는 저장창고는 그 연면적이 500제곱미터 이상인 것을 말한다] | 자동화재<br>탐지설비 |
| 3. 옥내탱크저장소 | 단층 건물 외의 건축물에 설치된 옥내탱크저장소로서 소화난이도등급 I 에 해당하는 것 | 자동화재<br>탐지설비 |
| 4. 주유취급소 | 옥내주유취급소 | 자동화재<br>탐지설비 |
| 5. 옥외탱크저장소 | 특수인화물, 제1석유류 및 알코올류를 저장 또는 취급하는 탱크의 용량이 1,000만리터 이상인 것 | • 자동화재탐지설비<br>• 자동화재속보설비 |
| 6. 1에서 5까지의 자동화재 탐지 설비 설치 대상에 해당하지 아니하는 제조소등 | 지정수량의 10배 이상을 저장 또는 취급하는 것 | 자동화재 탐지설비,<br>비상경보설비,<br>확성장치 또는<br>비상방송설비중<br>1종 이상 |

## (2) 자동화재탐지설비의 설치기준

① 자동화재탐지설비의 경계구역(화재가 발생한 구역을 다른 구역과 구분하여 식별할 수 있는 최소단위의 구역을 말한다. 이하 이 호 및 제2호에서 같다)은 건축물 그 밖의 공작물의 2 이상의 층에 걸치지 아니하도록 할 것. 다만, 하나의 경계구역의 면적이 500㎡ 이하이면서 당해 경계구역이 두개의 층에 걸치는 경우이거나 계단·경사로·승강기의 승강로 그 밖에 이와 유사한 장소에 연기감지기를 설치하는 경우에는 그러하지 아니하다.

② 하나의 경계구역의 면적은 600㎡ 이하로 하고 그 한변의 길이는 50m(광전식분리형 감지기를 설치할 경우에는 100m) 이하로 할 것. 다만, 당해 건축물 그 밖의 공작물의 주요한 출입구에서 그 내부의 전체를 볼 수 있는 경우에 있어서는 그 면적을 1,000㎡ 이하로 할 수 있다.

③ 자동화재탐지설비의 감지기는 지붕(상층이 있는 경우에는 상층의 바닥) 또는 벽의 옥내에 면한 부분(천장이 있는 경우에는 천장 또는 벽의 옥내에 면한 부분 및 천장의 뒷 부분)에 유효하게 화재의 발생을 감지할 수 있도록 설치할 것

④ 자동화재탐지설비에는 비상전원을 설치할 것

**3** **피난설비**

① 주유취급소 중 건축물의 2층 이상의 부분을 점포 · 휴게음식점 또는 전시장의 용도로 사용하는 것에 있어서는 당해 건축물의 2층 이상으로부터 주유취급소의 부지 밖으로 통하는 출입구와 당해 출입구로 통하는 통로 · 계단 및 출입구에 유도등을 설치해야 한다.

② 옥내주유취급소에 있어서는 당해 사무소 등의 출입구 및 피난구와 당해 피난구로 통하는 통로 · 계단 및 출입구에 유도등을 설치해야 한다.

③ 유도등에는 비상전원을 설치해야 한다.

## 17 위험물 안전관리에 관한 세부기준

법제처 → 행정규칙 → 위험물안전관리에 관한 세부기준 원문 참조

# MEMO

문제
PART

위험물의 성상
예상문제

**위험물의 성상 예상문제**

## 001 위험물안전관리법상 제1류 위험물의 특징이 아닌 것은?

① 외부 충격 등에 의해 가연성의 산소를 대량 발생한다.

② 가열에 의해 산소를 방출한다.

③ 다른 가연물의 연소를 돕는다.

④ 가연물과 혼재하면 화재시 위험하다.

산화성고체[조연성물질]
① 가연성 → 조연성
[참고] 가연물과 혼재시 위험 [2,3,4,5류와 혼재시 위험]

## 002 다음 중 제1류 위험물에 속하지 않는 것은?

① $NH_4ClO_3$        ② $BaO_2$

③ $CH_3ONO_2$        ④ $NaNO_3$

(1) 제1류 위험물 품명, 위험등급 · 지정수량

| 위험등급 | 품 명 | 지정수량 | 위험등급 | 품 명 | 지정수량 |
|---|---|---|---|---|---|
| I | 아염소산염류<br>염소산염류<br>과염소산염류<br>무기과산화물 | 50kg<br>50kg<br>50kg<br>50kg | III | 과망가니즈산염류<br>다이크로뮴산염류 | 1,000kg<br>1,000kg |
| II | 브로민산염류<br>아이오딘산염류<br>질산염류 | 300kg<br>300kg<br>300kg | 기타 | 행정안전부령으로<br>정하는 것 | 50kg |

※ 그 밖에 행정안전부령으로 정하는 것 : 과아이오딘산염류, 과아이오딘산, 크롬, 납 또는 아이오딘의 산화물, 아질산염류, 차아염소산염류, 염소화이소시아눌산, 퍼옥소이황산염류, 퍼옥소붕산염류

① 염소산암모늄 ② 과산화바륨 ③ 질산메틸[5류위험물, 질산에스터류] ④ 질산나트륨

## 003 산화성 고체 위험물에 속하지 않는 것은?

① $Na_2O_2$        ② $HNO_3$

③ $NH_4ClO_4$        ④ $KClO_3$

① 과산화나트륨
② 질산[6류]
③ 과염소산암모늄
④ 염소산칼륨

## 004 제1류 위험물로서 그 성질이 산화성 고체인 것은?

① 아염소산염류        ② 과염소산

③ 금속분        ④ 셀룰로이드

정답 : 001. ①     002. ③     003. ②     004. ①

**005** 다음 위험물 중 지정수량이 50[kg]인 것은?

① $NaClO_3$            ② $NH_4NO_3$
③ $NaBrO_3$            ④ $(NH_4)_2Cr_2O_7$

 ① 염소산나트륨 [50kg]
② 질산암모늄[300kg]
③ 브로민산나트륨[300kg]
④ 다이크로뮴산암모늄[1000kg]

**006** 위험물을 제조소에서 아래와 같이 위험물을 저장하고 있는 경우 지정수량의 몇 배가 보관되어 있는 것인가? [염소산칼륨 100kg , 아이오딘산칼륨 300kg, 과염소산 300kg]

① 3.5배            ② 4배
③ 4.5배            ④ 5배

 지정수량배수 $= \dfrac{100kg}{50kg} + \dfrac{300kg}{300kg} + \dfrac{300kg}{300kg} = 4$

**007** 대부분 무색결정 또는 백색분말로서 비중이 1보다 크며, 대부분 물에 잘 녹는 위험물은?

① 제1류 위험물            ② 제2류 위험물
③ 제3류 위험물            ④ 제4류 위험물

 2류, 3류, 4류는 물과 닿으면 안되는 물질

**008** 다음 중 제1류 위험물 취급시 주의사항이 아닌 것은?

① 가연물의 접촉을 피한다.
② 가열, 충격, 마찰을 피한다.
③ 통풍이 잘되는 냉암소에 보관한다.
④ 용기를 옮길 때 개방용기를 사용한다.

 ④ 개방용기 → 밀폐용기

**009** 제1류 위험물의 취급 방법으로서 잘못된 것은?

① 환기가 잘되는 찬 곳에 저장한다.
② 가열, 충격, 마찰 등의 요인을 피한다.
③ 가연물과 접촉은 피해야 하나 습기는 관계없다.
④ 화재 위험이 있는 장소에서 떨어진 곳에 저장한다.

 ③ 제1류 위험물은 조해성이 있음 : 습기에 유의

**010** **제1류 위험물에 대한 일반적인 화재예방방법이 아닌 것은?**

① 반응성이 크므로 가열, 마찰, 충격 등에 주의한다.

② 불연성이므로 화기접촉은 관계없다.

③ 가연물의 접촉, 혼합 등을 피한다.

④ 질식소화는 효과가 없다.

 ② 화기 주의

**011** **위험물의 적응 소화방법으로 맞지 않는 것은?**

① 산화성 고체(무기과산화물 제외) - 질식소화

② 가연성 고체(황화인, 적린, 황) - 냉각소화

③ 인화성 액체 – 질식소화

④ 자기반응성 물질 - 냉각소화

① 산화성 고체 [주수냉각소화 / 건조사피복소화(무기과산화물)]
② 가연성 고체 [황화인, 적린, 황 - 주수냉각, 철마금 - 건조사피복]

**012** **제1류 위험물 중 알칼리금속의 과산화물에 가장 효과가 큰 소화약제는?**

① 건조사                    ② 강화액소화기

③ 물                          ④ $CO_2$

**013** **산과 접촉하였을 때 이산화염소 가스를 발생하는 제1류 위험물은?**

① 옥소산염류                ② 다이크로뮴산염류

③ 아염소산염류              ④ 취소산염류

 [위험성]
• 산과 작용하여 유독한 이산화염소($ClO_2$)를 발생한다.
• 산과의 반응 → $3NaClO_2 + 2HCl → 3NaCl + 2ClO_2 + H_2O_2$
• 염소가 들어가야 이산화염소가 발생

**014** **수분을 함유한 $NaClO_2$의 분해 온도는?**

① 약 50[℃]                  ② 약 70[℃]

③ 약 100[℃]                 ④ 약 120[℃]

 • 수분함유시 : 120~130℃
• 무수물(수분없는 경우) : 350℃
• 아염소산나트륨($NaClO_2$)

정답 : 010. ②      011. ①      012. ①      013. ③      014. ④

[일반적 성질 ]
㉠ 분해온도 : 약 350℃
$$3NaClO_2 \rightarrow 2NaClO_3 + NaCl$$
$$2NaClO_3 \rightarrow 2NaClO + 2O_2\uparrow$$
㉡ 조해성 및 흡습성이 있고 물, 알코올, 에테르 등에 잘 녹는다.
㉢ 무색의 결정성 분말이다.

## 015 아염소산나트륨의 위험성으로 옳지 않은 것은?

① 단독으로 폭발 가능하고 분해 온도 이상에서는 산소를 발생한다.
② 비교적 안정하나 시판품은 140[℃] 이상의 온도에서 발열반응을 일으킨다.
③ 유기물, 금속분 등 환원성 물질과 접촉하면 즉시 폭발한다.
④ 수용액 중에서 강력한 환원력이 있다.

 ④ 환원력 → 산화력

## 016 다음 염소산염류의 성질이 아닌 것은?

① 무색결정이다.
② 산소를 많이 함유하고 있다.
③ 환원력이 강하다.
④ 강산과 혼합하면 폭발의 위험성이 있다.

 ③ 환원력 → 산화력

## 017 다음은 제1류 위험물인 염소산염류에 대한 설명이다. 옳지 않은 것은?

① 일광(햇빛)에 장기간 방치하였을 때는 분해하여 아염소산염이 생성된다.
② 녹는점 이상의 높은 온도가 되면 분해되어 조연성 기체인 수소가 발생한다.
③ 는 물보다 무거운 무색의 결정이며, 조해성이 있다.
④ 염소산염에 가열, 충격 및 산을 첨가시키면 폭발 위험성이 나타난다.

 ② 수소 → 산소

## 018 염소산칼륨의 지정수량은?

① 10[kg]                    ② 50[kg]
③ 500[kg]                   ④ 1,000[kg]

 정답 : 015. ④      016. ③      017. ②      018. ②

**019** 염소산칼륨의 성질 중 옳지 않은 것은?

① 무색 단사판상의 결정 또는 백색분말이다.

② 냉수에 조금 녹고 온수에 잘 녹는다.

③ 800[℃] 부근에서 분해하여 염소를 발생한다.

④ 융점 370[℃]로 강산의 첨가는 위험하다.

---

 ③ 800℃ → 400℃

[염소산칼륨($KClO_3$)]

① 일반적 성질

ㄱ 분해온도 : 약 400℃

ㄴ 찬물에는 녹기 어렵고 온수 및 글리세린에는 잘 녹는다.

ㄷ 무색의 결정 또는 백색의 분말이다.

② 위험성

ㄱ 열분해반응식

㉮ 400℃ : $2KClO_3 → KCl + KClO_4 + O_2 ↑$

㉯ 완전분해식 : $2KClO_3 → 2KCl + 3O_3 ↑$

ㄴ 인체에 유독하다.

ㄷ 분해촉진제 : 이산화망간($MnO_2$) 등과 접촉 시 분해가 촉진된다.

ㄹ 산과 작용하여 유독한 이산화염소($ClO_2$)및 과산화수소를 발생한다.

$2KClO_3 + 2HCl → 2KCl + 2ClO_2 + H_2O_2$

③ 저장 및 취급방법

ㄱ 강산이나 분해를 촉진하는 물질과의 접촉을 피한다.

ㄴ 저장용기는 밀전·밀봉하고 냉암소에 저장한다.

ㄷ 환원성 물질과 격리·저장한다.

④ 소화방법 : 다량의 주수에 의한 냉각소화

**020** $KClO_3$를 가열할 때 나타나는 현상과 관계가 없는 것은?

① 화학적 분해를 한다.      ② 산소가스가 발생한다.

③ 염소가스가 발생한다.      ④ 염화칼륨이 생성된다.

**021** 염소산칼륨과 혼합했을 때 발화, 폭발의 위험이 있는 물질은?

① 금      ② 유리

③ 석면      ④ 목탄

---

 ④ 가연물

 정답 : 019. ③     020. ③     021. ④

**022** 실험실에서 산소를 얻고자 할 때 $KClO_3$에 $MnO_2$를 가하고 가열하여 얻는다. 그 이유로서 가장 적당한 것은?

① $O_2$를 많이 얻기 위함이다.

② $KClO_3$를 완전분해하기 위함이다.

③ 저온에서 반응속도를 증가시키기 때문이다.

④ $MnO_2$를 가하지 않으면 $O_2$를 얻을 수 없기 때문이다.

**023** 제1류 위험물인 염소산나트륨($NaClO_3$)의 저장 및 취급시 주의사항 중 옳지 않은 것은?

① 조해성이므로 용기의 밀폐, 밀봉에 주의한다.

② 공기와의 접촉을 피하기 위하여 물속에 저장한다.

③ 분해를 촉진하는 약품류와의 접촉을 피한다.

④ 가열, 충격, 마찰 등을 피한다.

 ② 조해성이 있으므로 물속저장하지 않음 [물속저장 : 황린, 이황화탄소]

**024** 제1류 위험물 중 가열시 분해 온도가 가장 낮은 물질은 무엇인가?

① $KClO_3$  ② $Na_2O_2$

③ $NH_4ClO_4$  ④ $KNO_3$

 ① 염소산칼륨 : 400℃  ② 과산화나트륨 : 490℃

③ 과염소산암모늄 : 130℃  ④ 질산칼륨 : 400℃

[과염소산칼륨 : 400℃, 과염소산나트륨 : 460℃, 염소산나트륨 : 300℃]

**025** 염소산나트륨과 무엇과 반응하면 폭발성 가스를 발생시키는가?

① 이황화탄소  ② 사염화탄소

③ 진한 황산용액  ④ 수산화나트륨

 [아염소산나트륨($NaClO_2$)]

• 일반적 성질

 - 분해온도 : 약 350℃

   $3NaClO_2 \rightarrow 2NaClO_3 + NaCl$

   $2NaClO_3 \rightarrow 2NaClO + 2O_2 \uparrow$

 - 조해성 및 흡습성이 있고 물, 알코올, 에테르 등에 잘 녹는다.

 - 무색의 결정성 분말이다.

• 위험성

 - 산과 작용하여 유독한 이산화염소($ClO_2$)를 발생한다.

   산과의 반응 → $3NaClO_2 + 2HCl \rightarrow 3NaCl + 2ClO_2 + H_2O$

 - 환원성 물질과 접촉 시 폭발한다.

 정답 : 022. ③  023. ②  024. ③  025. ③

· 저장 및 취급방법
 - 습기에 주의하며, 냉암소에 저장한다.
 - 저장용기는 밀전 · 밀봉한다.
 - 환원성 물질과 격리 · 저장한다.
· 소화방법 : 다량의 주수에 의한 냉각소화
 $2NaClO_3 + H_2SO_4 \rightarrow Na_2SO_4 + 2ClO_2 + H_2O_2$

## 026 염소산나트륨($NaClO_3$)의 성상에 관한 설명으로 올바른 것은?

① 황색의 결정이다.　　　　　　　　② 비중은 1.0이다.

③ 환원력이 강한 물질이다.　　　　　④ 물, 알코올에 잘 녹으며 조해성이 강하다.

 ① 무색, ② 비중 2.5, ③ 산화력이 강한 물질

## 027 과염소산칼륨의 위험물에 관한 설명 중 옳지 않은 것은?

① 진한 황산과 접촉하면 폭발한다.

② 황이나 목탄 등과 혼합되면 폭발할 염려가 있다.

③ 상온에서는 비교적 안정하나 수산화나트륨 용액과 혼합되면 폭발한다.

④ 알루미늄이나 마그네슘과 혼합되면 폭발할 염려가 있다.

 ③ 상온에서 비교적 불안정, 염산, 황산 등과 혼합시 폭발

## 028 다음 중 무색, 무취, 사방정계 결정으로 융점이 약 610[℃]이고 물에 녹기 어려운 위험물은?

① $NaClO_3$　　　　　　　　　　② $KClO_3$

③ $NaClO_4$　　　　　　　　　　④ $KClO_4$

[과염소산칼륨($KClO_4$)]
· 일반적 성질
 - 분해온도 : 약 400℃
 - 물(냉수)에 녹기 어렵고 온수에 녹는다.
· 위험성
 - 400℃에서 분해가 시작되고, 610℃에서 완전분해된다. $KClO_4 \rightarrow KCl + 2O_2 \uparrow$
 - 진한 황산과 접촉 시 폭발한다.
 - 인, 황, 탄소, 유기물 등과 혼합되었을 때 가열, 마찰, 충격으로 폭발한다.
· 저장 및 취급방법 : 염소산칼륨에 준한다.
· 소화방법 : 다량의 주수에 의한 냉각소화
[참고] 융점 : 610℃

 정답 : 026. ④　　　027. ③　　　028. ④

**029** 무색 또는 백색의 결정으로 308[℃]에서 사방정계에서 입방정계로 전이하는 물질은?

① NaClO₄

② NaClO₃

③ KClO₃

④ KClO₄

---

① 과염소산나트륨 : 460℃ 분해시작 [308℃에서 사방정계에서 입방정계로 전이]
② 염소산나트륨 : 300℃ 분해시작
③ 염소산칼륨 : 400℃ 분해시작
④ 과염소산칼륨 : 400℃ 분해시작

**030** 과염소산암모늄의 일반적인 성질에 맞지 않는 것은?

① 무색결정 또는 백색분말

② 130[℃]에서 분해하기 시작함

③ 300[℃]에서 급격히 분해함

④ 물에 용해되지 않음

---

[과염소산암모늄($NH_4ClO_4$)]
130℃ 이상 가열시 분해하여 산소방출, 충격에 비교적 안정하여 폭약의 주성분으로 사용,
최근 인공위성 고체 추진체의 산화제로 사용
④ 물에 용해됨

**031** 과염소산암모늄($NH_4ClO_4$)에 대한 설명 중 옳지 않은 것은?

① 폭약이나 성냥의 원료

② 130[℃] 정도에서 분해되어 염소 가스를 방출

③ 비중이 1.87이고, 분해 온도가 130[℃] 정도임

④ 상온에서 비교적 안정

---

④ 상온에서 불안정

**032** 과염소산칼륨과 제2류 위험물이 혼합되는 것은 대단히 위험하다. 그 이유로 타당한 것은?

① 전류가 발생하고 자연발화하기 때문이다.

② 혼합하면 과염소산칼륨이 불연성 물질로 바뀌기 때문이다.

③ 가열, 충격 및 마찰에 의하여 착화 폭발하기 때문이다.

④ 혼합하면 용해하기 때문이다.

---

③ 1류와 2류 혼재시 폭발위험

정답 : 029. ①　　030. ④　　031. ④　　032. ③

## 033 과염소산염류 중 분해 온도가 가장 낮은 것은?

① $KClO_4$

② $NaClO_4$

③ $NH_4ClO_4$

④ $Mg(ClO_4)_2$

 **해설**
① 과염소산칼륨 : 400℃ 분해 시작
② 과염소산나트륨 : 460℃ 분해 시작
③ 과염소산암모늄 : 130℃ 분해 시작
④ 과염소산마그네슘 : 250℃ 분해 시작

## 034 다음 중 질산염류의 성질로서 옳은 것은?

① 일반적으로 흡습성이며 가열하면 산소와 아질산염이 되며 알코올에 용해하지 않는다.

② 일반적으로 물에 잘 녹고 가열하면 산소를 발생하며 질산염의 특유의 냄새가 난다.

③ 일반적으로 물에 잘 녹고 가열하면 폭발하며 무수알코올에도 잘 녹는다.

④ 일반적으로 물에 잘 안 녹으며 가열하면 폭발하며 질산염의 특유의 냄새가 난다.

 **해설**
[질산염류(지정수량 300kg)]
$HNO_3$(질산)의 수소를 금속 또는 양이온으로 치환된 형태의 화합물의 총칭
• 질산칼륨($KNO_3$)(초석) [비중 2.1, 무색 또는 백색결정 분말, 가연물접촉을 피하고 건조한 냉암소보관, 대량의 주수소화]
  - 질산칼륨의 열분해 반응식(400℃)
    $2KNO_3 \rightarrow 2KNO_2$(아질산칼륨)$+O_2\uparrow$
  - 물, 글리세린에 잘 녹는다. 알코올에는 불용이다.
  - 조해성으로 보관에 주의해야 함
  - 황과 숯가루와 혼합하여 흑색화약제조에 사용한다.
• 질산나트륨($NaNO_3$)(칠레초석) [비중 2.26, 무색 또는 백색결정 분말, 가연물접촉 피하고 건조한 냉암소보관, 대량의 주수소화]
  - 질산나트륨의 열분해 반응식(380℃)
    $2NaNO_3 \rightarrow 2NaNO_2$(아질산나트륨)$+O_2\uparrow$
  - 물, 글리세린에 잘 녹는다. 알코올에는 불용이다.
  - 단 맛이 나고 조해성으로서 보관에 주의해야함
• 질산암모늄($NH_4NO_3$) [비중 1.73, 무색, 무취 결정, 가연물접촉 피하고 건조한 냉암소보관, 대량의 주수소화]
  - 물에 용해시 흡열반응함
  - 조해성이 강하며 보관에 주의
  - 단독으로도 급격한 가열, 충격으로 분해, 폭발 가능
  - 물, 에탄올에 잘 녹는다.
  - 가열하면 분해하여 아산화질소와 수증기를 발생한다.
    $NH_4NO_3 \rightarrow N_2O+2H_2O$
  (질산암모늄) (아산화질소)(수증기)
  - 급격한 가열이나 충격을 가하면 단독으로 폭발한다.
    $2NH_4NO_3 \rightarrow 2N_2+4H_2O+O_2\uparrow$
  (질산암모늄) (질소)(수증기)(산소)

 정답 : 033. ③    034. ①

- 질산은(AgNO₃)
  - 분해온도 : 320℃
  - 은을 질산과 반응시켜 얻는다.
  - 질산은은 다른 물질과 혼합하여 은거울 반응에 사용된다.
  - 물에 잘 녹으나 알코올, 벤젠, 아세톤 등에는 잘 녹지 않는다.
- 질산바륨(Ba(NO₃)₂)
  - 번개탄의 구성
    C(62%)+Ba(NO₃)₂(33%)+KClO₄(5%)
  - 신호조명탄, 폭죽 제조 시 사용하는 녹색 발광 물질

## 035 다음 위험물 중 질산염류에 속하지 않는 것은 어느 것인가?

① 질산칼륨          ② 질산에틸

③ 질산암모늄        ④ 질산나트륨

 ② 질산에틸은 5류위험물[질산에스터류]

## 036 다음 중 질산칼륨에 대한 설명 중 옳지 않은 것은?

① 강산화제이다.

② 흑색화약의 원료로서 폭발의 위험이 있다.

③ 알코올에는 잘 녹고 물이나 글리세린에는 녹지 않는다.

④ 수용액은 중성반응을 나타낸다.

 문제 34번 해설 참조

## 037 제1류 위험물 중 취급할 때 특히 습기에 주의하여야 하는 것은?

① 염소산염류        ② 과염소산칼륨

③ 과망가니즈산염류    ④ 질산염류

가장 폭발성이 크며, 흑색화약의 원료
④ 질산염류 : 질산칼륨[초석] - 폭발성
　　　　　 질산나트륨[칠레초석] - 폭발성

## 038 다음 질산염류에서 칠레초석이라고 하는 것은?

① 질산암모늄        ② 질산나트륨

③ 질산칼륨          ④ 질산마그네슘

 정답 : 035. ②    036. ③    037. ④    038. ②

## 039 다음 중 질산암모늄의 성상이 올바른 것은?

① 상온에서 황색의 액체이다.
② 상온에서 폭발성의 액체이다.
③ 물을 흡수하면 흡열반응을 한다.
④ 녹색, 무취의 결정으로 알코올에 녹는다.

--------------------------------------------

 문제 34번 해설 참조

## 040 질산암모늄의 분해, 폭발시 생성되는 것이 아닌 것은?

① 질소                    ② 산소
③ 이산화탄소              ④ 물

--------------------------------------------

 문제 34번 해설 참조
질산암모늄에는 탄소가 없음

## 041 다음 중 사진감광제, 사진제판, 보온병 제조 등에서 사용되는 위험물은?

① 질산칼륨($KNO_3$)         ② 질산나트륨($NaNO_3$)
③ 질산은($AgNO_3$)         ④ 염소산칼륨($KClO_3$)

--------------------------------------------

 ③ 사진현상에 사용되는 물질 [질산은]

## 042 제1류 위험물 중 무기과산화물에 대한 설명 중 옳지 않은 것은?

① 불연성 물질이다.
② 가열, 충격에 의하여 폭발하는 것도 있다.
③ 물과 반응하여 발열하고 수소가스를 발생시킨다.
④ 가열 또는 산화되기 쉬운 물질과 혼합하면 분해되어 산소를 발생한다.

--------------------------------------------

 ③ 수소 → 산소
[무기과산화물](지정수량 50kg)
$H_2O_2$(과산화수소)의 수소를 금속 또는 양이온으로 치환된 형태의 화합물의 총칭

> 📁 시행령
>
> • 알칼리금속의 과산화물 : $K_2O_2$, $Na_2O_2$
> • 알칼리토금속의 과산화물 : $MgO_2$, $CaO_2$, $BaO_2$

 정답 : 039. ③      040. ③      041. ③      042. ③

· 공통성질
  - 6류위험물인 과산화수소($H_2O_2$)에서 수소가 알칼리금속, 알칼리토금속으로 치환한 물질로서 분자내 단일결합산소기(-O-O-)를 가지고 있어 매우 불안정한 상태로 가열, 충격 등으로 산소가 방출된다.
  - 물과 반응시 산소방출 및 심하게 발열한다. (마른모래에 의한 질식소화 필요)

**043** 다음 중 주수소화가 적합하지 않은 것은 어느 것인가?

① $NaNO_3$
② $AgNO_3$
③ $K_2O_2$
④ $(C_6H_5CO)_2O_2$

 ① 질산나트륨(1류) : 주수
② 질산은(1류) : 주수
③ 무기과산화물(1류) : 건조사
④ 과산화벤조일(5류, 유기과산화물) : 주수

**044** 다음 물질 중 오렌지색 또는 무색의 분말로 흡습성이 있으며 에탄올에 녹는 것으로서 물과 급격히 반응하여 발열하고 산소를 방출시키는 물질은?

① 과산화수소
② 과황산칼륨
③ 과산화바륨
④ 과산화칼륨

 과산화칼륨[비중 2.9, 무색 또는 오렌지색 분말, 피부접속시 부식, 에탄올에 녹음]
· 과산화칼륨의 반응식
  분해 반응식 $2K_2O_2 \rightarrow 2K_2O+O_2\uparrow$
  물과의 반응 $2K_2O_2+2H_2O \rightarrow 4KOH+O_2\uparrow$
  탄산가스와의 반응 $2K_2O_2+2CO_2 \rightarrow 2K_2CO_3+O_2\uparrow$
  염산과의 반응 $K_2O_2+2HCl \rightarrow 2KCl+H_2O_2$
  초산과의 반응 $K_2O_2+2CH_3COOH \rightarrow 2CH_3COOK+H_2O_2$
· 등적색(주황색)
· 물에 녹으며 조해성이 있다.

**045** 과산화칼륨(2mol)과 물(2mol)을 반응시킬 때 일어나는 화학반응에 관한 설명 중 옳은 것은?

① 흡열반응을 한다.
② 산성 물질이 생성된다.
③ 산소를 발생시킨다.
④ 불연성 가스가 발생한다.

 문제 44번 해설 참조

**046** 과산화나트륨이 물과 반응하여 일어나는 변화는 다음 중 어느 것인가?

① 산화나트륨과 산소가 된다.
② 물을 흡수하여 탄산나트륨이 된다.
③ 극렬히 반응하여 산소를 내며 수산화나트륨이 된다.
④ 서서히 물에 녹아 과산화나트륨의 안정한 수용액이 된다.

> **해설** 과산화나트륨[비중 2.8, 황색분말, 피부접촉시 부식]
> • 순수한 것은 백색이지만 보통은 황백색이다.
> • 물과의 반응 → 반응열에 의해 연소, 폭발(금수성), 산소방출
>   $2Na_2O_2 + 2H_2O \rightarrow 4NaOH + O_2\uparrow + 발열$
> • $CO_2$와 반응 → 산소방출(이산화탄소 소화약제 적응성 없음)
> • 산과 반응 → 과산화수소($H_2O_2$) 생성
> • 알코올에 녹지 않는다.

**047** 알칼리금속의 과산화물 화재시 적당하지 않은 소화제는?

① 건조사　　② 물　　③ 암분　　④ 소다회

> **해설** 건조사피복

**048** 과산화나트륨에 무엇을 작용시키면 과산화수소가 발생하는가?

① 탄산가스　　　　　　② 염산
③ 물　　　　　　　　　④ 수산화나트륨용액

> **해설** 문제 46번 해설 참조
> $Na_2O_2 + 2HCl \rightarrow 2NaCl + H_2O_2$

**049** 과산화칼륨($K_2O_2$), 과산화나트륨($Na_2O_2$)의 공통되는 성질로서 옳은 것은?

① 백색침상 결정이다.
② 가열하면 수소를 발생한다.
③ 공기 중의 $CO_2$를 흡수하면 탄산염이 된다.
④ 물에는 난용이나 알코올에는 쉽게 녹는다.

> **해설** 문제 44번 해설, 문제 46번 해설 참조
> ① 과산화칼륨 : 오렌지색, 과산화나트륨 : 황색
> ② 산소발생
> ④ 물에 녹고 알콜에 불용
> ③ $2Na_2O_2 + 2CO_2 \rightarrow 2Na_2CO_3 + O_2$
>   $2K_2O_2 + 2CO_2 \rightarrow 2K_2CO_3 + O_2$

정답 : 046. ③　　047. ②　　048. ②　　049. ③

**050** 다음 중 알칼리토금속의 과산화물로서 비중이 약 4.96, 융점이 약 450[°C]인 것으로 비교적 안정한 물질은?

① $BaO_2$

② $CaO_2$

③ $MgO_2$

④ $BeO_2$

- 과산화바륨 [M : 169, 비중 : 4.96, 융점 : 450℃, 분해온도 : 840℃]
  과산화바륨[비중 4.9, 백색 분말, 물에 약간 녹음, 과산화물 중 가장 안정]
- 분해온도 840℃
- $2BaO_2 \rightarrow 2BaO + O_2 \uparrow$
- 물과의 반응 $2BaO_2 + 2H_2O \rightarrow 2Ba(OH)_2 + O_2 \uparrow + Q$

**051** 과산화바륨이 분해할 때의 반응식이 옳은 것은?

① $2BaO_2 \rightarrow 2BaO + O_2$

② $2BaO_2 \rightarrow BaO + O_3$

③ $2BaO_2 \rightarrow 2Ba + 2O_2$

④ $2BaO_2 \rightarrow BaO_3 + O$

문제 50번 해설 참조

**052** 제1류 위험물인 브로민산염류의 지정수량은?

① 50[kg]

② 300[kg]

③ 1,000[kg]

④ 100[kg]

**053** 과망가니즈산칼륨에 대한 설명 중 옳지 않은 것은?

① 알코올 등 유기물과의 접촉을 피한다.

② 수용액은 강한 환원력과 살균력이 있다.

③ 흑자색의 주상 결정이다.

④ 일광을 차단하여 저장한다.

환원력 → 산화력
과망가니즈산칼륨($KMnO_4$) [비중 2.7, 흑자색의 사방정계결정, 살균력강함, 가열, 충격, 마찰 피하고 일광차단 및 냉암소보관, 대량의 주수소화]
- 열분해반응식(240℃)
  $2KMnO_4 \rightarrow K_2MnO_4$(망간산칼륨)$+ MnO_2$(이산화망간)$+ O_2 \uparrow$
- 강산과 잡촉시 산소방출
  - 묽은 황산과의 반응 : $4KMnO_4 + 6H_2SO_4 \rightarrow 2K_2SO_4 + 4MnSO_4 + 6H_2O + 5O_2 \uparrow$
  - 염산과의 반응식 : $4KMnO_4 + 12HCl \rightarrow 4KCl + 4MnCl_2 + 6H_2O + 5O_2 \uparrow$
- 물, 알코올에 녹으며 진한 보라색 나타냄

**054** 과망가니즈산칼륨이 240[°C]의 분해 온도에서 분해하였을 때 생길 수 없는 물질은?

① $O_2$

② $MnO_2$

③ $K_2O$

④ $K_2MnO_4$

문제 53번 해설 참조

정답 : 050. ①  051. ①  052. ②  053. ②  054. ③

**055** 다음 위험물은 산화성 고체 위험물로서 대부분 무색 또는 백색 결정으로 되어 있다.
이 중 무색 또는 백색이 아닌 물질은?

① $KClO_3$            ② $BaO_2$
③ $KMnO_4$           ④ $KClO_4$

 ① 염소산칼륨 [백색 또는 무색]
② 과산화바륨 [백색 또는 무색]
③ 과망가니즈산칼륨 : 흑자색 [참고 : 과망가니즈산나트륨 : 적자색]
④ 과염소산칼륨 [백색 또는 무색]

**056** 과망가니즈산칼륨에 대한 설명 중 옳지 않은 것은?

① 알코올 등 유기물과의 접촉을 피한다.    ② 수용액은 강한 환원력과 살균력이 있다.
③ 흑자색의 주상결정이다.           ④ 일광을 차단하여 저장한다.

 문제 53번 해설 참조

**057** 어떤 물질에 과망가니즈산칼륨을 묻혀 알코올램프의 심지에 접하면 점화한다.
이 물질은 무엇인가?

① 진한 황산            ② 알코올
③ 과산화나트륨          ④ 금속나트륨

 문제 53번 해설 참조 및 암기

**058** 등적색의 결정으로 비중이 2.69이며, 알코올에는 불용이고 분해 온도 500[°C]로서 가열에
의해 삼산화크롬과 크롬산칼륨으로 분해되는 위험물은?

① 다이크로뮴산칼륨        ② 다이크로뮴산암모늄
③ 다이크로뮴산아연        ④ 다이크로뮴산칼슘

 [다이크로뮴산염류(지정수량 1,000kg)]
$H_2Cr_2O_7$(다이크로뮴산)의 수소를 금속 또는 양이온으로 치환된 형태의 화합물의 총칭
• 다이크로뮴산칼륨($K_2Cr_2O_7$) [비중 2.7, 등적색(오렌지색)의 단사정계결정, 가열, 충격,
마찰피하고 일광차단 및 냉암소보관, 대량의 주수소화]
 - 물에 녹고 알코올에는 녹지 않는다.
 - 피부와 접촉 시 점막을 자극한다.
 - 가연물, 유기물과 접촉 시 가열, 충격, 마찰을 가하면 발화 또는 폭발한다.

**059** 오렌지색 단사정계 결정이며 225[°C]에서 질소가스를 발생하는 것은?

① 다이크로뮴산칼륨　　　　　　　② 다이크로뮴산나트륨
③ 다이크로뮴산암모늄　　　　　　④ 다이크로뮴산아연

 ・다이크로뮴산나트륨($Na_2Cr_2O_7 \cdot 2H_2O$) [비중 2.52, 등적색(오렌지색)의 단사정계결정, 가열, 충격, 마찰피하고 일광차단 및 냉암소 보관, 대량의 주수소화]
　다이크로뮴산칼륨과 동일
・다이크로뮴산암모늄($(NH_4)_2Cr_2O_7$) [비중 2.15, 등적색(오렌지색)의 단사정계결정, 가열, 충격, 마찰피하고 일광차단 및 냉암소 보관, 대량의 주수소화]
　- 분해온도 185℃
　- 물, 알코올에 잘 녹는다.
　- 가열 분해 시 질소($N_2$)기체가 발생된다.
　- 불꽃놀이의 제조 및 화산실험용으로 사용, 질소는 N성분이 있어야 함

**060** 다음 중 제1류 위험물이 아닌 것은?

① $Al_4C_3$　　　　　　　　　　　② $KMnO_4$
③ $NaNO_3$　　　　　　　　　　　④ $NH_4NO_3$

 ① 탄화알루미늄 [3류 : 름늄튬슘]
② 과망가니즈산칼륨
③ 질산나트륨
④ 질산암모늄

**061** 위험물인 무수크롬산의 성상에 관한 설명 중 옳은 것은?

① 물, 황산에 잘 녹는다.
② 가열하면 $CO_2$가 발생한다.
③ 유기물과 접촉해도 반응하지 않는다.
④ 오래 저장해두면 자연 발화되는 경우는 없다.

 삼산화크롬(무수크롬산) (지정수량 300kg)
・암적색의 침상결정으로 조해성이 있다.
・가열시 산소를 방출(분해온도 : 250℃)
　$4CrO_3 \rightarrow 2Cr_2O_3 + 3O_2\uparrow$
・물, 알코올, 에테르, 황산에 잘 녹는다.
・물과 반응하여 강산이 되며 심하게 발열한다. (주수소화금지)
　$CrO_3 + H_2O \rightarrow H_2CrO_4$(크롬산)
・피부와 접촉시 부식
・인화점이 낮은 에탄올, 디메틸에테르와 혼촉발화
② 산소가 발생
③ 유기물과 접촉시 발열 및 산소발생
④ 자연발화되는 경우 있음

 정답 : 059. ③　　060. ①　　061. ①

**062** **삼산화크롬($CrO_3$)의 성상에 관한 설명 중 옳은 것은?**

① 황색의 침상결정이다.

② 물, 에테르, 황산에 녹는다.

③ 지정수량 300[kg]이고, 강력한 산화제이다.

④ 융점 이상으로 가열하면 200~250[°C]에서 오존을 방출하고 암적색의 크롬산화물로 변한다.

**063** **삼산화크롬(Chromium trioxide)을 융점 이상으로 가열(250[°C])하였을 때 분해생성물은?**

① $CrO_2$와 $O_2$    ② $Cr_2O_3$와 $O_2$

③ $Cr$ 와 $O_2$    ④ $Cr_2O_5$와 $O_2$

 문제 61번 해설 참조

**064** **가연성 고체 위험물의 공통적인 성질이 아닌 것은?**

① 낮은 온도에서 발화하기 쉬운 가연성 물질이다.

② 연소속도가 빠른 고체이다.

③ 물에 잘 녹는다.

④ 비중은 1보다 크다.

**065** **다음 중 제2류, 제5류 위험물의 공통점에 해당하는 것은?**

① 산화력이 강하다.    ② 산소 함유물질이다.

③ 가연성 물질이다.    ④ 유기물이다.

 [2류위험물]
• 위험등급 · 품명 및 지정수량

| 위험등급 | 품 명 | 지정수량 | 위험등급 | 품 명 | 지정수량 |
|---|---|---|---|---|---|
| II | 황화인<br>적린<br>황 | 100kg<br>100kg<br>100kg | III | 철분<br>마그네슘<br>금속분<br>인화성 고체 | 500kg<br>500kg<br>500kg<br>1,000kg |
| | | | 기타 | 그 밖에<br>행정안전부령으로<br>정하는 것 | 100kg<br>또는 500kg |

• 위험물의 특징 및 소화방법
 - 제2류 위험물의 공통성질
  · 상온에서 고체이고 강환원제로서 비중이 1보다 크다.
  · 비교적 낮은 온도에서 착화되기 쉬운 가연성 물질이며, 연소시 유독가스를 발생하는 것도 있다.
  · 철분, 마그네슘, 금속분류는 물과 산의 접촉으로 발열한다.
  · 산화제와의 접촉, 마찰로 인하여 착화되면 급격히 연소한다.

 정답 : 062. ② 063. ② 064. ③ 065. ③

- 제2류 위험물의 저장 및 취급방법
  · 점화원으로부터 멀리하고 가열을 피할 것
  · 산화제와의 접촉을 피할 것
  · 철분, 마그네슘, 금속분류는 산 또는 물과의 접촉을 피할 것
  · 용기 등의 파손으로 위험물의 누설에 주의할 것

## 066 제2류 위험물과 제4류 위험물의 공통적인 성질로 맞는 것은?

① 모두 물에 의해 소화가 가능하다.

② 모두 산소원소를 포함하고 있다.

③ 모두 물보다 가볍다.

④ 모두 가연성 물질이다.

## 067 제2류 위험물의 공통적인 성질이 아닌 것은?

① 가연성 고체이다.

② 산화제의 접촉이나 가열시 위험하다.

③ 마그네슘, 철분, 금속분을 제외한 제2류 위험물은 주수소화가 가능하다.

④ 물과 반응하면 가연성 가스와 많은 열을 발생한다.

--------------------------------------------------------------------

 ④ 3류위험물[금수성]의 특징임

## 068 다음 제2류 위험물 성질에 관한 설명 중 옳지 않은 것은?

① 가열이나 산화제를 멀리한다.

② 금속분은 산이나 물과는 반응하지 않는다.

③ 연소시 유독한 가스에 주의하여야 한다.

④ 금속분의 화재시에는 건조사의 피복 소화가 좋다.

--------------------------------------------------------------------

 ② 금속[철, 마, 금, 은, 물과 반응시 수산화금속과 수소기체 발생]
[마그네슘(Mg)](지정수량 500kg)
마그네슘 및 마그네슘을 함유한 것 중 2mm의 체를 통과하지 아니하는 덩어리 및 직경
2mm 이상의 막대모양의 것은 제외한다.
* 일반적 성질
• 은백색의 광택이 나는 가벼운 금속이다.
• 열전도율 및 전기전도도가 큰 금속이다.
• 산 및 온수와 반응하여 수소를 발생한다.
  - 산과 반응
      $Mg + 2HCl \rightarrow MgCl_2 + H_2\uparrow$
    (마그네슘)(염산) (염화마그네슘)(수소)
  - 온수와 반응
      $Mg + 2H_2O \rightarrow Mg(OH)_2 + H_2\uparrow$
    (마그네슘) (물)   (수산화마그네슘)(수소)

 정답 : 066. ④      067. ④      068. ②

**069** **제2류 위험물의 공통적인 저장 및 취급방법으로 옳지 않은 것은?**

① 산화제와의 접촉을 피할 것

② 타격 및 충격을 피할 것

③ 점화원 또는 가열을 피할 것

④ 물 또는 습기와의 접촉을 피할 것

---

 ④ 물 또는 습기는 철, 마, 금만 해당함

**070** **제2류 위험물인 금속분, 철분, 마그네슘 화재시 조치방법은?**

① 금속분은 대량 주수에 의해 냉각소화를 할 것

② 과산화물은 분무성 물에 의한 질식소화를 할 것

③ 가연성 액체는 인화점 이하로 냉각소화를 할 것

④ 마른모래에 의한 피복소화를 할 것

---

 ④ 건조사피복

**071** **황 금속분 등을 저장할 때 가장 주의하여야 할 사항은 무엇인가?**

① 가연성 물질과 함께 보관하거나 접촉하는 것을 피해야 한다.

② 빛이 닿지 않는 어두운 곳에 보관해야 한다.

③ 통풍이 잘되는 양지 바른 장소에 보관해야 한다.

④ 화기의 접근이나 과열을 피해야 한다.

---

 ① 가연성 → 조연성
② 냉암소 보관
③ 통풍이 잘 되는 냉암소 [양지는 아님]
[가장 주의할 사항]
④ 화기접근 과열방지

**072** **다음 위험물에 대한 설명 중 옳지 않은 것은?**

① 황린은 공기 중에서 자연발화 할 때가 있다.

② 미분상의 황은 물과 작용해서 자연발화 할 때가 있다.

③ 적린은 염소산칼륨의 산화제와 혼합하면 발화폭발 할 수 있다.

④ 마그네슘 분말을 수분과 장시간 접촉하면 자연발화 할 수 있다.

---

 ① 황린 : 자연발화성물질
② 황 : 주수소화가능, 자연발화와는 거리가 멀다

 정답 : 069. ④　　070. ④　　071. ④　　072. ②

**073** 가연성 고체 위험물에 산화제를 혼합하면 위험한 이유는 다음 중 어느 것인가?

① 온도가 올라가며 자연착화되기 때문에

② 즉시 착화폭발하기 때문에

③ 약간의 가열, 충격, 마찰에 의하여 착화폭발하기 때문에

④ 가연성 가스를 발생하기 때문에

**074** 다음 위험물 지정수량이 제일 적은 것은?

① 황      ② 황린      ③ 황화인      ④ 적린

 ① 황 : 100kg

② 황린 : 20kg[3류위험물]

③ 황화인 : 100kg

④ 적린 : 100kg

**075** 다음 위험물 중 지정수량이 다른 것은?

① $KNO_3$                  ② $P_4S_3$

③ $CrO_3$                  ④ $CaC_2$

 ① 질산칼륨(1류) : 300kg

② 삼황화인(2류) : 100kg

③ 무수크롬산, 삼산화크롬(1류) : 300kg

④ 탄화칼슘, 카바이트(3류) : 300kg

**076** 황화인은 보통 3종류의 화합물을 갖고 있다. 다음 중 그 종류에 속하지 않는 것은?

① PS                  ② $P_4S_3$

③ $P_2S_5$                  ④ $P_4S_7$

 황화인(지정수량 100kg)

| | 삼황화인($P_4S_3$) | 오황화인($P_2S_5$) | 칠황화인($P_4S_7$) |
|---|---|---|---|
| 착화점 | 100℃ | 142.2℃ | 250℃ |
| 융점 | 172.5℃ | 290℃ | 310℃ |
| 비점 | 407℃ | 514℃ | 523℃ |
| 공통성질 | ① 연소생성물은 모두 유독하다 [$P_2O_5$(오산화인), $SO_2$(이산화황, 아황산가스)]<br>② 물과 접촉하여 가연성 유독성의 황화수소($H_2S$) 발생[BUT 주수소화 가능]<br>③ 분말, 마른모래, 이산화탄소 등으로 질식소화<br>④ 황린($P_4$), 금속분등과 혼합하면 자연발화하고 알코올, 알칼리, 강산 등과 접촉시 심하게 반응한다.<br>⑤ 발화점이 융점보다 낮다.<br>⑥ 소량의 경우 갈색유리병에 저장하고, 대량의 경우에는 양철통에 넣은 후 나무 상자에 보관 | | |

 정답 : 073. ③      074. ②      075. ②      076. ①

**077** **다음 제2류 위험물인 황화인에 대한 설명 중 옳지 않은 것은?**

① 황화인은 $P_4S_3$, $P_2S_5$, $P_4S_7$ 세 종류가 있으며 미립자는 기관지 및 눈의 점막을 자극한다.

② 삼황화인은 과산화물, 과망가니즈산염, 황린, 금속분과 혼합하면 자연발화한다.

③ 모든 황화인은 공기 중에서 연소하여 황화수소 가스를 발생한다.

④ 황화인은 소량의 경우 유리병에 저장하고, 대량의 경우에는 양철통에 넣은 후 나무상자에 보관한다.

- 삼황화인($P_4S_3$)
  - 물에 녹지 않고 질산, 이황화탄소, 알칼리 등에 잘 녹는다.
  - 공기 중에서 연소하여 오산화인($P_2O_5$)과 이산화황($SO_2$)이 된다.
    $$P_4S_3 + 8O_2 \rightarrow 2P_2O_5 + 3SO_2$$
    (삼황화인)(산소) (오산화인)(이산화황)
  - 황록색결정, 조해성 있음
  - 용도 : 성냥 등

- 오황화인($P_2S_5$)
  - 물, 알칼리와 분해하여 황화수소($H_2S$)와 인산($H_3PO_4$)으로 된다.
    $$P_2S_5 + 8H_2O \rightarrow 5H_2S + 2H_3PO_4$$
    (오황화인) (물)   (황화수소)   (인산)
  - 황록색결정, 조해성 있음
  - 용도 : 성냥 등
  - 발화, 분해반응식 : $2P_2S_5 + 15O_2 \rightarrow 2P_2O_5 + 10SO_2$

- 칠황화인($P_4S_7$)
  담황색 결정, 조해성 있음. 온수와 분해하여 황화수소($H_2S$)와 인산($H_3PO_4$)으로 된다.
  ③ 황화수소(불완전연소시) → 아황산가스[이산화황] (완전연소시)

**078** **황화인의 저장시 멀리하여야 하는 것은?**

① 물          ② 금속분

③ 염산        ④ 황산

금속분이나 과산화물과 접촉시 자연발화함

**079** **황화인 중에서 비중이 약 2.03, 융점이 약 173[℃]이며 황색 결정이고 물, 황산 등에는 불용성이며 질산에 녹는 것은?**

① $P_2S_5$        ② $P_2S_3$

③ $P_4S_3$        ④ $P_4S_7$

삼황화인 [비중 2.03, 융점 173℃]

**정답 : 077. ③      078. ②      079. ③**

**080** 황화인에 대한 설명이다. 옳지 않은 설명은?

① 황화인은 동소체로는 $P_4S_3$, $P_2S_5$, $P_4S_7$이 있다.
② 황화인의 지정수량은 100[kg]이다.
③ 삼황화인은 과산화물, 금속분과 혼합하면 자연발화할 수 있다.
④ 오황화인은 물 또는 알칼리에 분해하여 이황화탄소와 황산이 된다.

 ④ 오황화인은 물과 반응시 황화수소와 인산을 발생함.

**081** 삼황화인($P_4S_3$)은 다음 중 어느 물질에 녹는가?

① 물　　　　　　　　② 염산
③ 질산　　　　　　　④ 황산

 문제 77번 해설 참조

**082** 다음 중 삼황화인의 주 연소생성물은?

① 오산화인과 이산화황
② 오산화인과 이산화탄소
③ 이산화황과 포스핀
④ 이산화황과 포스겐

 [참고] 포스핀 - $PH_3$, 포스겐 - $COCl_2$

**083** 삼황화인($P_4S_3$)의 성질에 대한 설명으로 가장 옳은 것은?

① 물, 알칼리에 분해되어 황화수소($H_2S$)를 발생한다.
② 차가운 물, 염산, 황산에는 녹지 않는다.
③ 차가운 물, 알칼리에 분해되어 인산($H_3PO_4$)이 생성된다.
④ 물, 알칼리에 분해되어 이산화황($SO_2$)을 발생한다.

 ② 물에 분해하지 않음

 정답 : 080.④　　081.③　　082.①　　083.②

**084**  다음 중 오황화인의 성질에 대한 설명으로 옳은 것은?

① 청색의 결정으로 특이한 냄새가 있다.
② 알코올에는 잘 녹고 이황화탄소에는 잘 녹지 않는다.
③ 수분을 흡수하면 분해한다.
④ 비점은 약 325[℃]이다.

 해설  오황화인은 물에 분해됨, 수분흡수하여 분해

**085**  오황화인($P_2S_5$)이 물과 작용하여 발생하는 기체는 어느 것인가?

① 아황산가스                    ② 황화수소
③ 포스겐가스                    ④ 인화수소

해설  문제 77번 문제 해설 참조

**086**  다음 위험물 중 연소시 오산화인($P_2O_5$)이 발생하지 않는 위험물은?

① 황린($P_4$)                    ② 삼황화인($P_4S_3$)
③ 적린($P$)                     ④ 산화납($PbO$)

해설  ④ 산화납에는 인 성분이 없음

**087**  칠황화인($P_4S_7$)에 관한 설명 중 옳지 않은 것은?

① 담황색의 결정이다.
② 이황화탄소에 약간 녹는다.
③ 냉수와 작용해서 불연성 가스를 발생시킨다.
④ 조해성이 있고, 수분을 흡수하면 분해한다.

해설  온수에 분해되어 황화수소와 인산이 발생[가연성]

**088**  다음 중 적린에 대한 설명 중 옳지 않은 것은?

① 물이나 알코올에는 녹지 않는다.
② 착화 온도는 약 260[℃]이다.
③ 공기 중에서 연소하면 인화수소가스가 발생한다.
④ 산화제와 혼합하면 발화하기 쉽다.

 정답 : 084. ③      085. ②      086. ④      087. ③      088. ③

③ 오산화인 생성

[적린(붉은 인)(P)](지정수량 100kg)
· 착화점 260℃, 비중 2.2
· 암적색의 분말이다.
· 황린(노란 인)의 동소체이며, 황린을 공기차단 후 250℃로 가열하여 만든다.

$$P_4 \xrightarrow[\Delta]{250℃} 4P$$

(황린)      (적린)
· 황린에 비하여 안정하고, 독성이 없다.
· 물, 이황화탄소, 에테르 등에 녹지 않는다.
· 연소 시 오산화인($P_2O_5$)이 생성된다.

$$4P + 5O_2 \rightarrow 2P_2O_5$$

(적린)(산소) (오산화인)
· 주수에 의한 냉각소화

## 089 다음 중 암적색의 분말인 비금속 물질로 비중이 약 2.2, 발화점이 약 260[℃]로 물에 불용성인 위험물은?

① 적린                    ② 황린
③ 삼황화인                ④ 황

 88번 해설 참조

## 090 적린에 대한 설명으로 옳지 않은 것은?

① 연소하면 유독성이 심한 백색 연기의 오산화인을 발생한다.
② 물, 에테르 등에 녹지 않는다.
③ 염소산염류와 혼합하면 약간의 가열, 충격, 마찰에 의해 폭발한다.
④ 발화점이 낮아 공기 중에서 자연발화하므로 물속에 저장한다.

 ④ 자연발화, 물속저장 : 황린

## 091 적린의 위험성에 관한 다음 설명 중 옳은 것은?

① 물과 반응해서 높은 열을 낸다.
② 공기 중에 방치하면 연소한다.
③ 염소화 반응해서 발화한다.
④ 염소산염류와 접촉해서 발화 및 폭발의 위험성이 있다.

 ① 물에 녹지 않음
② 자연발화하지는 않음
③ 산화반응해서 발화
④ 1류와 접촉시 발화위험 있음

**092** **다음 중 적린과 황린의 공통적인 사항은 어느 것인가?**

① 연소할 때는 오산화인의 흰 연기를 낸다.

② 어두운 곳에서 인광을 낸다.

③ 독성이 있어 피부에 닿는 것은 위험하다.

④ 자연발화성이 있다.

 적린과 황린은 모두 산화반응시 오산화인 생성

**093** **황린과 적린의 공통되는 성질은? [흰린＝백린＝황린]**

① 동위원소이다.　　　　　　　② 착화 온도가 같다.

③ 맹독성이다.　　　　　　　　④ 동소체이다.

**094** **황의 성질로서 옳은 것은?**

① 전기의 양도체이다.　　　　　② 태우면 유독한 기체를 발생한다.

③ 습기가 없으면 타지 않는다.　④ 보통 물에 잘 녹는다.

 황은 연소시 이산화황 가스발생
[황(S)](지정수량 100kg)
순도가 60중량% 이상인 것
• 발화점 : 360℃
• 사방황(팔면체), 단사황(비닐모양), 고무상황(무정형)은 서로 동소체 관계에 있다.
• 공기 중에서 연소 시 푸른 빛(청색 빛)을 내며 아황산가스($SO_2$)를 발생한다.
　$S + O_2 \rightarrow SO_2$
　(황) (산소)　(아황산가스)
• 전기의 부도체이므로 정전기의 발생에 주의한다.
• 이황화탄소($CS_2$)에 잘 녹는다[고무상황 제외]
• 고온에서 용융된 황은 수소와 격렬히 반응하여 황화수소를 발생시킨다.
　$H_2 + S \rightarrow H_2S + Qkcal$
• 위험성
 - 미분이 공기 중에 떠있을 때에는 분진폭발의 위험이 있다.
 - 산화제와 혼합되었을 때 마찰이나 열에 의해 착화우려가 크다.
 - 연소 시 발생되는 아황산가스는 인체에 유해하므로 보호구를 착용한다.
• 저장 및 취급방법
 - 산화제와 멀리하고 화기 등에 주의한다.
 - 가열, 충격, 마찰을 피하고 정전기 발생에 주의한다.
• 소화방법
 - 다량의 주수에 의한 냉각소화
 - 탄산가스, 건조사 등에 의한 질식소화

 정답 : 092.① 　　093.④ 　　094.②

## 095 다음은 황에 관한 설명이다. 옳지 않은 것은?

① 황은 5종류의 동소체가 존재한다.
② 황은 연소하면 모두 이산화황으로 된다.
③ 황의 동소체는 오래 방치하면 사방황으로 된다.
④ 황은 물에는 녹지 않으나 알코올에는 약간 녹는다.

해설  ① 황은 3종류의 동소체 : 사방황, 단사황, 고무상황

## 096 황의 성질에 대한 설명으로 옳은 것은?

① 상온에서 가연성 액체물질이다.
② 전기도체로서 연소할 때 황색불꽃을 보인다.
③ 고온에서 용융된 황은 수소와 반응하여 황화수소가 발생한다.
④ 물이나 산에 잘 녹으며, 환원성 물질과 혼합하면 폭발의 위험이 있다.

해설  문제 94번 해설 참조

## 097 다음은 황의 성질에 관한 설명이다. 옳은 것은? (단, 고무상황 제외)

① 물에 잘 녹는다.
② 이황화탄소($CS_2$)에 녹는다.
③ 완전연소시 무색의 유독한 가스(CO)가 발생한다.
④ 전기의 도체이므로 마찰에 의하여 정전기가 발생된다.

해설  문제 94번 해설 참조

## 098 다음 중 황 분말과 혼합했을 때 폭발의 위험이 있는 것은?

① 소화제                    ② 산화제
③ 가연물                    ④ 환원제

해설  ② 1류위험물과 반응시 폭발위험

## 099 황이 연소하여 발생하는 가스는?

① 이황화질소                ② 일산화탄소
③ 이황화탄소                ④ 이산화황

해설  문제 94번 해설 참조

  정답 : 095. ①     096. ③     097. ②     098. ②     099. ④

**100** 황에 대한 설명으로 옳지 않은 것은?

① 순도가 50[wt%] 이하인 것은 제외한다.
② 사방황의 색상은 황색이다.
③ 단사황의 비중은 1.95이다.
④ 고무상황의 결정형은 무정형이다.

문제 94번 해설 참조
60wt% 미만인 것은 제외

**101** 다음 물질 중에서 분쇄 도중 마찰에 의하여 폭발할 염려가 있는 물질은 어느 것인가?

① 탄산칼슘　　　　　　② 탄산마그네슘
③ 황　　　　　　　　　④ 산화티탄

③ 황[성냥]

**102** 황(S)의 저장 및 취급시의 주의사항으로 옳지 않은 것은?

① 정전기의 축적을 방지한다.
② 환원제로부터 격리시켜 저장한다.
③ 저장시 목탄가루와 혼합하면 안전하다.
④ 금속과는 반응하지 않으므로 금속제통에 보관한다.

**103** 황이 산화제의 혼합에 의해 폭발, 화재가 발생했을 때 가장 적당한 소화방법은?

① 포의 방사에 의한 소화　　　　② 분말소화제에 의한 소화
③ 다량의 물에 의한 소화　　　　④ 할로젠화합물의 방사에 의한 소화

③ 주수소화

**104** 은백색의 광택이 있는 금속으로 비중이 약 7.86, 융점은 약 1,530[℃]이고 열이나 전기의 양도체이며 염산에 반응하여 수소를 발생하는 것은?

① 알루미늄　　　　　　② 철
③ 아 연　　　　　　　④ 마그네슘

[철분(Fe)](지정수량 500kg)
철의 분말로서 53마이크로미터의 표준체를 통과하는 것이 50중량% 미만인 것을 제외한다.

• 일반적 성질
 - 은백색의 광택이 나는 무거운 금속이다.
 - 공기 중에서 서서히 산화되어 산화철이 된다.
  $4Fe + 3O_2 \rightarrow 2Fe_2O_3$
  (철) (산소) (산화철)
 - 묽은 산과 반응하면 수소가 발생된다.
  $2Fe + 6HCl \rightarrow 2FeCl_3 + 3H_2 \uparrow$
  (철) (염산) (염화철) (수소)
 - 물과 반응하면 수소가 발생된다.
  $2Fe + 3H_2O \rightarrow Fe_2O_3(산화철) + 3H_2$
• 소화방법 : 탄산가스, 건조사 등에 의한 질식소화

## 105 위험물로서 철분에 대한 정의가 옳은 것은?

① 철의 분말로서 40[㎛]의 표준체를 통과하는 것이 50[wt%] 이상인 것
② 철의 분말로서 53[㎛]의 표준체를 통과하는 것이 50[wt%] 이상인 것
③ 철의 분말로서 60[㎛]의 표준체를 통과하는 것이 50[wt%] 이상인 것
④ 철의 분말로서 150[㎛]의 표준체를 통과하는 것이 50[wt%] 이상인 것

## 106 철분과 황린의 지정수량을 합한 값은?

① 1,050[kg]
② 520[kg]
③ 220[kg]
④ 70[kg]

---

철분 지정수량 500kg + 황린 지정수량 20kg = 520kg

## 107 금속분에 대한 설명 중 옳지 않은 것은?

① Al은 할로젠원소와 반응하여 발화의 위험이 있다.
② Al은 수산화나트륨 수용액과 반응시 $NaAl(OH)_2$와 $H_2$가 생성된다.
③ Zn은 KOH 수용액에서 녹는다.
④ Zn은 염산과 반응시 $ZnCl_3$와 $H_2$가 생성된다.

---

[알루미늄분(Al)]
• 일반적 성질
 - 융점 660℃, 비점 2,000℃, 비중 2.7
 - 은백색의 무른 금속이다.
 - 전성, 연성이 풍부하며 열전도율 및 전기전도도가 크다.
 - 공기 중에서 표면에 산화피막을 형성하여 부식을 방지한다.
  $4Al + 3O_2 \rightarrow 2Al_2O_3$
  (알루미늄)(산소) (산화마그네슘)
 - 산 또는 알칼리수용액에서 수소를 발생한다.

정답 : 105. ②    106. ②    107. ②

$$2Al + 6HCl \rightarrow 2AlCl_3 + 3H_2\uparrow$$
(알루미늄)(염산) (염화알루미늄)(수소)
- 위험성, 저장 및 취급방법, 소화방법 : 마그네슘분에 준한다.
$$2Al + 2NaOH + 2H_2O \rightarrow 2Na_2AlO_2 + 3H_2$$
$$2Al + 6HCl \rightarrow 2AlCl_3 + 3H_2$$

[아연분(Zn)]
• 일반적 성질
- 융점 419℃, 비점 907℃, 비중 2.14
- 은백색의 분말이다.
- 산 또는 알칼리수용액에서 수소를 발생한다.
$$2Zn + 6HCl \rightarrow 2ZnCl_3 + 3H_2\uparrow$$
(아연) (염산) (염화아연)(수소)
• 위험성, 저장 및 취급방법, 소화방법 : 마그네슘분에 준한다.
금속은 가스계소화약제 소화불가능 : 발화위험 및 일산화탄소 발생 등

## 108 금속분의 화재시 주수해서는 안 되는 이유는 무엇인가?

① 산소가 발생           ② 수소가 발생
③ 질소가 발생           ④ 유독 가스가 발생

## 109 알루미늄의 화재에 가열 수증기와 반응하여 발생하는 가스는?

① 질소                ② 산소
③ 수소                ④ 염소

## 110 다음 중 은백색의 광택성 물질로서 비중이 약 1.74인 위험물은?

① Cu                ② Fe
③ Al                ④ Mg

 ④ 마그네슘 : 비중 1.74

## 111 마그네슘분에 관한 설명 중 옳은 것은?

① 가벼운 금속분으로 비중은 물보다 약간 작다.
② 금속이므로 연소하지 않는다.
③ 산 및 알칼리와 반응하여 산소를 발생한다.
④ 분진폭발의 위험이 있다.

 ① 물보다 무겁다
② 금속분 이므로 연소가능
③ 수소 발생
④ 분진폭발위험 있음

**112** 은백색의 광택성 분말로서 공기 중의 습기나 수분에 의해 자연발화하는 물질은?

① Cu  ② Fe
③ Sn  ④ Mg

**113** 위험물안전관리법에서 마그네슘은 몇 [mm]의 체를 통과하지 않는 덩어리 상태의 것을 위험물에서 제외하고 있는가?

① 1  ② 2  ③ 3  ④ 4

해설 [마그네슘(Mg)](지정수량 500kg)
마그네슘 및 마그네슘을 함유한 것 중 2mm의 체를 통과하지 아니하는 덩어리 및 직경 2mm 이상의 막대모양의 것은 제외한다.
- 일반적 성질
  - 은백색의 광택이 나는 가벼운 금속이다.
  - 열전도율 및 전기전도도가 큰 금속이다.
  - 산 및 온수와 반응하여 수소를 발생한다.
    · 산과 반응 : $Mg + 2HCl \rightarrow MgCl_2 + H_2 \uparrow$
    (마그네슘)(염산) (염화마그네슘)(수소)
    · 온수와 반응 : $Mg + 2H_2O \rightarrow Mg(OH)_2 + H_2 \uparrow$
    (마그네슘) (물) (수산화마그네슘)(수소)

**114** 다음 제2류 위험물 화재 시 주수에 의한 소화방법으로 적당하지 않은 것은?

① 황화인  ② 적린
③ 마그네슘분  ④ 황

**115** 마그네슘의 성질에 대한 설명 중 옳지 않은 것은?

① 물보다 무거운 금속이다.
② 은백색의 광택이 난다.
③ 온수와 반응시 산화마그네슘과 산소를 발생한다.
④ 융점은 약 650[℃]이다.

해설 ③ 수소발생

**116** 다음 위험물 화재 시 주수에 의한 소화방법이 적절하지 않은 것은?

① 황화인
② 황린
③ 황
④ 마그네슘

해설 ④ 주수불가능

정답 : 112. ④  113. ②  114. ③  115. ③  116. ④

## 117 마그네슘을 소화할 때 사용하는 소화약제의 적응성에 대한 설명으로 잘못된 것은?

① 건조사에 의한 질식소화는 오히려 폭발적인 반응을 일으키므로 소화적응성이 없다.

② 물을 주수하면 폭발의 위험이 있으므로 소화적응성이 없다.

③ 이산화탄소는 연소반응을 일으키며 일산화탄소를 발생하므로 소화적응성이 없다.

④ 할로젠화합물은 포스겐을 생성하므로 소화적응성이 없다.

 ① 건조사피복소화함

## 118 인화성 고체가 인화점이 몇 [℃]일 때 제2류 위험물로 보는가?

① 40[℃] 미만

② 40[℃] 이상

③ 50[℃] 미만

④ 50[℃] 이상

 [인화성 고체](지정수량 1,000kg)
고형 알코올 그 밖에 1기압에서 인화점이 40℃ 미만인 고체를 말한다.

- 고형 알코올 : 합성수지에 메틸알코올과 가성소다를 혼합하여 비누화시켜 고체상태(한천 상 - 휴대연료)로 만든 것
  - 인화점 30℃, 물에 잘 녹는다.
  - 물에 잘 녹으므로 대량의 주수에 의한 냉각 및 희석소화, 포말소화가능
- 래커퍼티 : 공기 중에서 단시간에 고화되는 백색 진탕상태의 물질로 휘발성 물질(초산부 틸, 초산에틸, 톨루엔 등)을 함유하고 있다.
  - 인화점이 21℃ 미만으로 제1석유류와 같은 위험성이 있다.
  - 공기 중에서 단시간에 고화되는 백색 진탕상태의 물질이다.
  - 휘발성 물질(초산부틸, 초산에틸, 톨루엔 등)을 함유하고 있다.
  - 소화방법 : 포, 탄산가스, 분말, 할론겐화합물 소화약제로 질식소화
- 고무풀 : 생고무에 가솔린이나 기타 인화성 용제를 가공하여 풀과 같은 상태로 만든 것
  - 인화점이 10℃ 이하로 제1석유류와 같은 위험성이 있다.
  - 물에 녹지 않으며 점착성과 응집력이 강하다.
  - 소화방법 : 포, 탄산가스, 분말, 할론겐화합물 소화약제로 질식소화
- 메타알데하이드
  - 인화점 36℃
  - 무색의 침상 결정이다.
- 제3부틸알코올
  - 인화점 11.1℃, 비중 0.78, 융점 25.6℃
  - 무색의 결정으로 물, 알코올, 에테르 등 유기용제와 자유롭게 혼합한다.
  - 물보다 가볍고 물에 잘 녹음. 증기는 공기보다 무거워 낮은 곳에 체류

## 119 $CO_2$ 소화설비에 소화적응성이 있는 것은?

① 인화성 고체

② 알칼리금속 과산화물

③ 제3류 위험물

④ 제5류 위험물

 이산화탄소 소화설비 제외장소 : 방, 니, 나, 전 [3류, 5류] 알카리금속: 일산화탄소 발생

 정답 : 117. ①    118. ①    119. ①

**120**  **제3류 위험물의 일반적인 성질에 해당되는 것은?**

① 나트륨을 제외하고 물보다 무겁다.

② 황린을 제외하고 모두 물에 대하여 위험한 반응을 초래하는 물질이다.

③ 유별이 다른 위험물과는 일정한 거리를 유지하는 경우 동일한 장소에 저장할 수 있다.

④ 위험물제조소에 청색바탕에 백색글씨로 "물기주의"를 표시한 주의사항 게시판을 설치한다.

**[제3류 위험물(자연발화성 물질 및 금수성 물질)]**
고체 또는 액체로서 공기 중에서 발화의 위험성이 있거나 물과 접촉하여 발화하거나 가연성 가스를 발생하는 위험성이 있는 것을 말한다.

■ 위험등급·품명 및 지정수량

| 위험등급 | 품 명 | 지정수량 | 위험등급 | 품 명 | 지정수량 |
|---|---|---|---|---|---|
| I | 칼륨<br>나트륨<br>알킬알루미늄<br>알킬리튬<br>황린 | 10kg<br>10kg<br>10kg<br>10kg<br>20kg | III | 금속의 수소화물<br>금속의 인화물<br>칼슘 또는 알루미늄의<br>탄화물 | 300kg<br>300kg<br>300kg |
| II | 알칼리금속 및<br>알칼리 토금속<br>유기금속화합물 | 50kg<br><br>50kg | 기타 | 그 밖에 행정안전부<br>령으로 정하는 것 | 10kg |

※ 행정안전부령으로 정하는 것 : 염소화규소화합물

■ 위험물의 특징 및 소화방법
• 제3류 위험물의 공통성질
  - 대부분 무기물의 고체이다.
  - 자연발화성 물질로서 공기와의 접촉으로 자연발화의 우려가 있다.(황린)
  - 금수성 물질로서 물과 접촉하면 발열·발화한다.(금수성 물질)
• 제3류 위험물의 저장 및 취급방법
  - 용기의 파손, 부식을 막고 공기와의 접촉을 피할 것
  - 금수성 물질로서 수분과의 접촉을 피할 것
  - 보호액 속에 저장하는 위험물은 위험물이 보호액 표면에 노출되지 않도록 할 것
  - 다량을 저장하는 경우에는 소분하여 저장할 것

① 나트륨은 비중이 0.97로서 물보다 가벼운 물질, 칼륨비중 0.86
③ 16, 245, 34
④ 물기엄금

**121** **위험물 종류에 따른 위험성의 관계가 옳지 않은 것은?**

① 제1류 위험물 - 강산화성 물질

② 제3류 위험물 - 환원성 물질

③ 제4류 위험물 - 가연성 증기를 발생하는 액체

④ 제5류 위험물 - 자기연소성 물질

② 금수성, 자연발화성

**122** 다음은 제3류 위험물(금수성 물질)의 공통된 특성에 대한 설명이다. 옳은 것은?

① 일반적으로 불연성 물질이고 강산화제이다.

② 가연성이고 자기연소성 물질이다.

③ 저온에서 발화하기 쉬운 가연성 물질이며 산과 접촉하면 발화한다.

④ 물과 반응하여 가연성 가스를 발생하는 것이 많다.

**123** 제3류 위험물(금수성 물질)의 일반적인 성질로서 옳은 것은?

① 모두 불연성 액체이다.　　　　② 물과 반응하여 수산화물을 생성한다.

③ 승화되기 쉽다.　　　　　　　④ 물과 접촉시에는 모두 수소를 발생한다.

----

$2K + 2H_2O \rightarrow 2KOH + H_2 \uparrow + 92.8kcal$
(칼륨)　(물)　(수산화칼륨) (수소)　(반응열)

$2Na + 2H_2O \rightarrow 2NaOH + H_2 \uparrow + 88.2kcal$
(나트륨)　(물)　(수산화나트륨)(수소)　(반응열)

$(C_2H_5)_3Al + 3H_2O \rightarrow Al(OH)_3 + 3C_2H_6 \uparrow$
(트리에틸알루미늄)(물) (수산화알루미늄)(에탄)

**124** 다음은 제3류 위험물 저장 및 취급시 주의사항이다. 적합하지 않은 것은?

① 모든 품목은 수분과 반응하여 수소를 발생한다.

② K, Na 및 알칼리금속은 산소가 포함되지 않은 석유류에 저장한다.

③ 유별이 다른 위험물과는 동일한 위험물 저장소에 함께 저장해서는 아니 된다.

④ 소화방법은 건조사, 팽창질석, 건조석회를 상황에 따라 조심스럽게 사용하여 질식 소화한다.

----

물과 반응하여 메탄, 에탄 등이 발생 및 3류 위험물중 반응열이 가장 크다.
$CH_3Li + H_2O \rightarrow LiOH + CH_4$, $C_2H_5Li + H_2O \rightarrow LiOH + C_2H_6$

> **📁 금수성 물질 중 물과 반응시 수소외의 물질을 생성하는 물질들**
>
> 수소발생물질 : 나트륨, 칼륨, 리튬, 칼슘, 금속수소화물
> * 알킬알루미늄 [메탄, 에탄]
>   $(CH_3)_3Al + 3H_2O \rightarrow Al(OH)_3 + 3CH_4 \uparrow$
>   $(C_2H_5)_3Al + 3H_2O \rightarrow Al(OH)_3 + 3C_2H_6 \uparrow$
> * 알킬리튬 [메탄,에탄]
>   $CH_3Li + H_2O \rightarrow LiOH + CH_4$
>   $C_2H_5Li + H_2O \rightarrow LiOH + C_2H_6$
> * 인화칼슘 [포스핀]
>   $Ca_3P_2 + 6H_2O \rightarrow 3Ca(OH)_2 + 2PH_3$
> * 인화알루미늄 [포스핀]
>   $AlP + 3H_2O \rightarrow Al(OH)_3 + PH_3 \uparrow$
> * 인화아연 [포스핀]
>   $Zn_3P_2 + 6H_2O \rightarrow 3Zn(OH)_2 + 2PH_3 \uparrow$
>
> * 탄화칼슘 [아세틸렌]
>   $CaC_2 + 2H_2O \rightarrow Ca(OH)_2 + C_2H_2 \uparrow + 27.8kcal$
>   　　　(소석회, 수산화칼슘)(아세틸렌)
> * 탄화알루미늄 [메탄]
>   $Al_4C_3 + 12H_2O \rightarrow 4Al(OH)_3 + 3CH_4$
> * 탄화리튬, 탄화나트륨, 탄화칼륨, 탄화마그네슘
>   아세틸렌 발생함.
> * 탄화망간[메탄과 수소]
>   $Mn_3C + 6H_2O \rightarrow 3Mn(OH)_2 + CH_4 + H_2 \uparrow$

정답 : 122. ④　　123. ②　　124. ①

**125** 제3류 위험물인 금수성 물질의 화재시 소화설비의 적응성이 있는 약제로 옳은 것은?

① 할로젠화합물　　　　　　　　② 인산염류
③ 탄산수소염류　　　　　　　　④ 이산화탄소

 ③ 탄산수소염류 [1, 2종분말]

**126** 제3류 위험물(금수성 물질)의 화재시 가장 적당한 소화방법은?

① 주수소화가 적당하다.　　　　② 이산화탄소가 적당하다.
③ 할로젠화물 소화가 적당하다.　④ 건조사가 적당하다.

**127** 제3류 위험물(금수성 물질)의 화재시 조치방법으로 옳은 것은?

① 황린을 포함한 모든 물질은 절대 주수를 엄금하여 냉각소화는 불가능하다.
② 포, $CO_2$, 할로젠화합물 소화약제가 적합하다.
③ 건조분말, 마른모래, 팽창질석, 건조석회를 사용하여 질식소화한다.
④ K, Na은 격렬히 연소하기 때문에 초기단계에 물에 의한 냉각소화를 실시하여야 한다.

**128** 다음 물질의 저장방법 중 옳지 않은 것은?

① 탄화칼슘 - 밀폐용기에 보관
② 나트륨 - 석유에 보관
③ 칼륨 - 석유에 보관
④ 알킬알루미늄 - 물에 보관

 ④ 알킬알루미늄은 벤젠에 희석보관[상부에 불연성가스 봉입]

**129** 금수성 위험물 중 물과 반응할 때 반응열이 가장 큰 것은?

① 석회　　　　　　　　　　　　② 탄화칼슘
③ 칼륨　　　　　　　　　　　　④ 나트륨

**130** 알킬리튬 30[kg], 유기금속화합물 100[kg], 금속수소화물 600[kg]을 한 장소에 취급한다면 지정수량의 몇 배에 해당되는가?

① 3배　　　　　　　　　　　　② 5배
③ 7배　　　　　　　　　　　　④ 9배

 정답 : 125. ③　　126. ④　　127. ③　　128. ④　　129. ③　　130. ③

- 알킬리튬 : 10kg
- 유기금속화합물 : 50kg
- 금속의 수소화물 : 300kg

$$\frac{30kg}{10kg} + \frac{100kg}{50kg} + \frac{600kg}{300kg} = 7$$

**131** 제3류 위험물에 물을 가했을 때 일어나는 공통현상으로 옳은 것은?

① 산화반응                ② 환원반응
③ 발열반응                ④ 흡열반응

**132** 다음 중 물과 접촉할 경우 화재 위험이 가장 큰 것은?

① $Na_2O_2$               ② $CaO$
③ $P_4$                   ④ $Na$

**133** 알칼리금속의 과산화물, 철분, 금속분, 마그네슘, 금수성 물질에 공통적으로 적응성이 있는 소화제는?

① 인산염류               ② 이산화탄소
③ 할로겐화합물         ④ 탄산수소염류

 분말

**134** 칼륨(K)의 보호액으로 적당한 것은?

① 등유                  ② 에탄올
③ 아세트산              ④ 톨루엔

 ① 석유속(등유)

**135** 물과 반응하여 폭발할 우려가 있는 물질은 어느 것인가?

① $Hg$                 ② $Ba$
③ $Cu$                 ④ $K$

 금수성

**136** 물 또는 습기와 접촉하면 급격히 발화하는 물질은?

① 질산                  ② 나트륨
③ 황린                  ④ 아세톤

정답 : 131. ③     132. ④     133. ④     134. ①     135. ④     136. ②

**137** 다음은 칼륨과 물이 반응하여 생성된 화학반응식을 나타낸 것이다. 옳은 것은?

① 산화칼륨 + 수소 + 발열반응  ② 산화칼륨 + 수소 + 흡열반응
③ 수산화칼륨 + 수소 + 흡열반응  ④ 수산화칼륨 + 수소 + 발열반응

**138** 칼륨이나 나트륨의 취급상 주의사항으로 옳지 않은 것은?

① 보호액 속에 노출되지 않게 저장할 것
② 수분, 습기 등과의 접촉을 피할 것
③ 용기의 파손에 주의할 것
④ 손으로 꺼낼 때는 손을 잘 씻은 다음 취급할 것

**139** 칼륨과 나트륨의 공통적인 성질로서 옳지 않은 것은?

① 경유 속에 저장한다.
② 피부 접촉시 화상을 입는다.
③ 물과 반응하여 수소를 발생한다.
④ 알코올과 반응하여 포스핀가스를 발생한다.

---

**해설**

[칼륨(포타시움)(K)(지정수량 10kg)]
• 일반적 성질
 - 비중 0.857, 융점 63.5℃ 비점 762℃
 - 화학적으로 활성이 매우 큰 은백색의 무른 금속이다.
 - 연소 시 보라색 불꽃을 내며 연소한다.
  $4K+O_2 \rightarrow 2K_2O$
  (칼륨)(산소) (산화칼륨)
• 위험성
 - 공기 중에서 수분과 반응하여 수소를 발생한다.
  $2K+2H_2O \rightarrow 2KOH+H_2\uparrow+92.8kcal$
  (칼륨) (물) (수산화칼륨)(수소) (반응열)
 - 알코올과 반응하여 칼륨알코올레이드와 수소를 발생시킨다.
  $2K+2C_2H_5OH \rightarrow 2C_2H_5OK+H_2\uparrow$
  (칼륨) (에틸알코올) (칼륨알코올레이드) (수소)
 - 피부와 접촉할 경우 화상을 입는다.
 - 사염화탄소 및 이산화탄소와는 폭발적으로 반응한다.
  $4K+CCl_4 \rightarrow 4KCl+C$
  (칼륨)(사염화탄소) (염화칼륨)(탄소)
  $4K+3CO_2 \rightarrow 2K_2CO_3+C$
  (칼륨)(이산화탄소)(탄산칼륨) (탄소)
• 저장 및 취급방법
 - 석유(파라핀, 경유, 등유) 속에 저장한다.
 - 보호액(석유) 속에 저장할 경우 보호액 표면에 노출되지 않도록 한다.
 - 습기에 노출되지 않도록 하고 소분병에 밀전·밀봉한다.
• 소화방법 : 건조사 또는 금속화재용 분말소화약제, 건조된 소금(NaCl), 탄산칼슘(CaCO_3)
 으로 피복하여 질식소화

정답 : 137. ④　138. ④　139. ④

[나트륨(Na)(지정수량 10kg)]
• 일반적 성질
  - 비중 0.97, 융점 97.7℃, 비점 880℃
  - 화학적으로 활성이 매우 큰 은백색의 무른 금속이다.
  - 연소 시 노란색 불꽃을 내며 연소한다.
    $$4Na + O_2 \rightarrow 2Na_2O$$
    (나트륨) (산소) (산화나트륨)
• 위험성
  - 공기 중에서 수분과 반응하여 수소를 발생한다.
    $$2Na + 2H_2O \rightarrow 2NaOH + H_2\uparrow + 88.2kcal$$
    (나트륨) (물) (수산화나트륨)(수소) (반응열)
  - 알코올과 반응하여 나트륨알코올레이드와 수소를 발생시킨다.
    $$2Na + 2C_2H_5OH \rightarrow 2C_2H_5ONa + H_2\uparrow$$
    (나트륨) (에틸알코올) (나트륨알코올레이드)(수소)
  - 피부와 접촉할 경우 화상을 입는다.
  - 사염화탄소 및 이산화탄소와는 폭발적으로 반응한다.
    $$4Na + CCl_4 \rightarrow 4NaCl + C$$
    (칼륨)(사염화탄소) (염화나트륨)(탄소)
    $$4Na + 3CO_2 \rightarrow 2Na_2CO_3 + C$$
    (칼륨) (이산화탄소) (탄산나트륨) (탄소)
• 저장 및 취급방법
  - 석유(파라핀, 경유, 등유) 속에 저장한다.
  - 보호액(석유) 속에 저장할 경우 보호액 표면에 노출되지 않도록 한다.
  - 습기에 노출되지 않도록 하고 소분병에 밀전·밀봉한다.
• 소화방법 : 건조사 또는 금속화재용 분말소화약제, 건조된 소금($NaCl$), 탄산칼슘($CaCO_3$)
  으로 피복하여 질식소화

[참고] 포스핀 생성물질[$PH_3$]
    금속의 인화물 : 인화칼슘($Ca_3P_2$)  인화알루미늄($AlP$)

**140** 금수성 물질인 나트륨, 칼륨의 취급시 잘못으로 화재가 발생한 경우 소화방법은?
① 마른모래를 덮어 소화한다.　　② 물을 사용하여 소화한다.
③ $CCl_4$ 소화기를 사용한다.　　④ $CO_2$ 소화기를 사용한다.

**141** 칼륨과 나트륨에 대한 설명 중 잘못된 것은?
① 비중, 녹는점, 끓는점 모두 나트륨이 칼륨보다 크다.
② 물과 반응할 때 이온화 경향이 큰 나트륨보다 급격히 반응한다.
③ 두 물질 모두 청색의 광택이 있는 경금속으로 비중은 물보다 크다.
④ 두 물질 모두 공기 중의 수분과 반응하여 수소($H_2$)를 발생하여 자연발화를 일으키기 쉬우므로 석유 속에 저장한다.

 ③ 은백색, 비중이 1보다 작음

**142** 나트륨 화재에 적응성이 있는 소화설비는 어느 것인가?

① 팽창질석
② 할로젠화물소화설비
③ 이산화탄소소화설비
④ 분말소화설비

 ④는 1, 2종

**143** 은백색의 광택이 있는 물질로 물과 반응하여 수소가스를 발생시키는 것은?

① $CaC_2$
② P
③ $Na_2O_2$
④ Na

**144** 트리에틸알루미늄[$(C_2H_5)_3Al$]은 물과 폭발적으로 반응한다. 이때 발생하는 기체는 무엇인가?

① 메탄
② 에탄
③ 아세틸렌
④ 수산화알루미늄

**145** 알킬알루미늄 화재시 적당한 소화제는 무엇인가?

① 물
② 이산화탄소
③ 사염화탄소
④ 팽창질석

 [알킬알루미늄($R_3Al$)(지정수량 10kg)]
알킬기(R : $CnH_{2n+1}$)와 알루미늄(Al)의 화합물

| 종류 | 화학식 | 약호 | 상태 | 물과 접촉 시 생성가스 |
|------|--------|------|------|----------------------|
| 트리메틸알루미늄 | $(CH_3)_3Al$ | TMA | 무색액체 | 메탄 |
| 트리에틸알루미늄 | $(C_2H_5)_3Al$ | TEA | 무색액체 | 에탄 |
| 트리프로필알루미늄 | $(C_3H_7)_3Al$ | TPA | 무색액체 | 프로판 |
| 트리부틸알루미늄 | $(C_4H_9)_3Al$ | TBA | 무색액체 | 부탄 |

• 일반적 성질
 - 상온에서 무색투명한 액체 또는 고체이다.
 - 탄소수 $C_1$~$C_4$까지는 공기 중에서 자연발화한다.
   $$2(C_2H_5)_3Al + 21O_2 \rightarrow 12CO_2 + Al_2O_3 + 15H_2O + 1,470.4kcal$$
   (트리에틸알루미늄)(산소)(탄산가스)(산화알루미늄)(물)(반응열)
 - 물과 접촉 시 폭발적으로 반응하여 알칸(포화탄화수소)을 생성한다.
   $$(C_2H_5)_3Al + 3H_2O \rightarrow Al(OH)_3 + 3C_2H_6\uparrow$$
   (트리에틸알루미늄)(물)(수산화알루미늄)(에탄)
• 위험성 : 피부에 닿으면 화상의 우려가 있다.
• 저장 및 취급방법
 - 용기는 완전 밀봉하여 공기 및 물과의 접촉을 피한다.
 - 저장용기 상부에 질소 등 불연성 가스를 봉입한다.
 - 희석제로는 벤젠, 헥산 등을 이용한다.
• 소화방법 : 건조사, 팽창질석, 팽창진주암의 피복에 의한 질식

 정답 : 142. ① 143. ④ 144. ② 145. ④

**146** 다음 물질 중 물과 접촉시 가연성 가스인 $C_2H_6$ 가스를 발생하는 것은 어느 것인가?

① $CaC_2$
② $(C_2H_5)_3Al$
③ $(C_6H_3(NO_2)_3)$
④ $C_2H_5ONO_2$

해설  문제 145번 해설 참조

**147** 알킬알루미늄이 공기 중에서 자연발화할 수 있는 탄소 수의 범위는?

① $C_1 \sim C_4$
② $C_1 \sim C_6$
③ $C_1 \sim C_8$
④ $C_1 \sim C_{10}$

**148** 황린의 위험성에 대한 설명이다. 옳지 않은 것은?

① 발화점은 34[℃]로 낮아 매우 위험하다.
② 증기는 유독하며 피부에 접촉되면 화상을 입는다.
③ 상온에 방치하면 증기를 발생시키고 산화하여 발열한다.
④ 백색 또는 담황색의 고체로 물에 잘 녹는다.

해설  [황린($P_4$, 백린)(지정수량 20kg)]
• 일반적 성질
 - 착화점 34℃(보통 50℃ 전후), 융점 44℃, 비점 280℃
 - 백색 또는 담황색의 고체이다.
 - 상온에서 서서히 산화하여 어두운 곳에서 인광을 발한다.
 - 물에 녹지 않아, 물(pH9)속에 저장한다. 벤젠, 이황화탄소에 녹는다.
 - 공기를 차단하고 250℃로 가열하면 적린(P)이 된다.
 - 연소 시 오산화인($P_2O_5$)의 흰 연기를 낸다.
  $P_4 + 5O_2 \rightarrow 2P_2O_5$
  (황린) (산소) (오산화인)
 - 강알칼리 용액과 반응하여 유독성의 포스핀가스를 발생
  $P_4 + 3KOH + 3H_2O \rightarrow 3KH_2PO_2 + PH_3 \uparrow$
• 위험성
 - 공기 중에서 쉽게 발화하여 유독한 오산화인($P_2O_5$)의 흰색 연기를 발생한다.
 - 피부와 접촉 시 화상을 입으며 근육, 뼈 속으로 흡수된다.
 - 독성이 강하며 치사량은 0.05g이다.
• 저장 및 취급방법
 - 인화수소($PH_3$)의 생성방지를 위하여 pH9의 물속에 저장한다.
 - 자연발화성이 있어 물속에 저장한다.
 - 맹독성이 있으므로 취급 시 고무장갑, 보호복, 보호안경을 착용한다.
 - 저장용기는 금속 또는 유리용기를 사용한다.
• 소화방법 : 주수에 의한 냉각소화, 마른 모래에 의한 피복소화

고압주수의 경우 황린을 비산시켜 화재의 확산 우려가 있으므로 주의를 요한다.

정답 : 146. ②  147. ①  148. ④

**149** 다음 중 황린의 화재 설명에 대하여 옳지 않은 것은?

① 황린이 발화하면 검은 악취가 있는 연기를 낸다.
② 황린은 공기 중에서 산화하고 산화열이 축적되어 자연발화한다.
③ 황린 자체와 증기 모두 인체에 유독하다.
④ 황린은 수중에 저장하여야 한다.

---

**해설** ① 흰 연기를 낸다.

**150** 다음 가연성 고체 위험물로 상온에서 증기를 발생하고 벤젠, 에테르, 테레핀유 등에 녹는 물질은 어느 것인가?

① $P_4S_7$                  ② $P_4$
③ $P_2S_5$                  ④ Mg

**151** 황린이 자연발화하기 쉬운 이유로 옳은 것은?

① 비등점이 낮고 증기의 비중이 작기 때문
② 녹는점이 낮고 상온에서 액체로 되어 있기 때문
③ 산소와 결합력이 강하고 착화 온도가 낮기 때문
④ 인화점이 낮고 가연성 물질이기 때문

**152** 황린에 관한 설명 중 옳지 않은 것은?

① 독성이 없다.
② 공기 중에 방치하면 자연발화될 가능성이 크다.
③ 물속에 저장한다.
④ 연소시 오산화인의 흰 연기가 발생한다.

**153** 다음 중 착화 온도가 가장 낮은 것은?

① 황                  ② 삼황화인
③ 적린                 ④ 황린

**154** 황린의 저장 및 취급에 있어서 주의사항으로 옳지 않은 것은?

① 물과의 접촉을 피할 것           ② 독성이 강하므로 취급에 주의할 것
③ 산화제와의 접촉을 피할 것       ④ 발화점이 낮으므로 화기의 접근을 피할 것

정답 : 149. ①     150. ②     151. ③     152. ①     153. ④     154. ①

**155** 다음 위험물질을 혼합 후 점화원 또는 충격을 가했을 때 발화나 폭발의 위험이 없는 것은?

① 황린과 물 　　　　　　　　　　② 적린과 염소산칼륨
③ 하이드라진과 아질산염류 　　　　④ 아세틸렌과 은

**156** 흰린(황린)을 잘 녹이는 액체는?

① 물 　　　　　　　　　　　　　② 삼염화린
③ 벤젠 　　　　　　　　　　　　④ 알코올

**157** 수소화칼륨에 대한 설명으로 옳은 것은?

① 회갈색의 등축정계 결정이다. 　　② 약 150[℃]에서 열분해된다.
③ 물과 반응하여 수소를 발생한다. 　④ 물과의 반응은 흡열반응이다.

---

 **[금속의 수소화물(지정수량 300kg)]**
알칼리금속 또는 알칼리토금속(Be, Mg 제외)의 수소화합물로서 무색결정으로 물과 반응하여 수소를 발생시키는 이온화합물

• 수소화리튬(LiH)
 - 융점 680℃, 비중 0.82
 - 유리모양의 투명한 고체이다.
 - 물과 접촉하여 수산화리튬과 수소를 발생한다.
　　$LiH + H_2O \rightarrow LiOH + H_2\uparrow$
 (수소화리튬)(물)　(수산화리튬)(수소)
 - 공기 또는 습기 및 물과의 접촉으로 자연발화의 위험이 있다.
 - 대량의 저장용기 중에는 아르곤 또는 질소를 봉입한다.
 - 건조사, 팽창질석, 팽창진주암으로 피복소화
• 수소화나트륨(NaH)
 - 융점 800℃, 비중 0.92, 분해온도 425℃
 - 회백색의 결정 또는 분말이다.
 - 물과 접촉 시 격렬하게 반응하여 수산화나트륨과 수소를 발생한다.
　　$NaH + H_2O \rightarrow NaOH + H_2\uparrow$
 (수소화나트륨)(물) (수산화나트륨)(수소)
 - 425℃ 이상으로 가열하면 수소를 발생한다.
 - 점화원 및 산화제와의 접촉을 피한다.
 - 대량의 저장용기 중에는 아르곤 또는 질소를 봉입한다.
 - 건조사, 팽창질석, 팽창진주암으로 피복소화
• 수소화칼슘(CaH₂)
 - 융점 815℃, 비중 1.7
 - 백색 또는 회색의 결정 또는 분말이다.
 - 물과 접촉 시 격렬하게 반응하여 수산화칼슘과 수소를 발생한다.
　　$CaH_2 + 2H_2O \rightarrow Ca(OH)_2 + 2H_2\uparrow$
 (수소화칼슘) (물)　(수산화칼슘) (수소)
 - 건조사, 팽창질석, 팽창진주암으로 피복소화

 **정답 : 155. ①　　156. ②　　157. ③**

**158** 은백색의 결정으로 비중이 약 0.92이고 물과 반응하여 수소가스를 발생시키는 물질은?

① 수소화리튬　　　　　　　　　② 수소화나트륨
③ 탄화칼슘　　　　　　　　　　④ 탄화알루미늄

---

① 수소화리튬 $LiH + H_2O \rightarrow LiOH + H_2$
② 수소화나트륨 $NaH + H_2O \rightarrow NaOH + H_2$
③ 탄화칼슘 $CaC_2 + 2H_2O \rightarrow Ca(OH)_2 + C_2H_2$
④ 탄화알루미늄 $Al_4C_3 + 12H_2O \rightarrow 4Al(OH)_3 + 3CH_4$

**159** 제3류 위험물인 수소화리튬에 대한 설명으로 가장 거리가 먼 것은?

① 물과 반응하여 가연성 가스를 발생한다.
② 물보다 가볍다.
③ 대량의 저장용기 중에는 아르곤을 봉입한다.
④ 주수소화가 금지되어 있고 이산화탄소 소화기가 적응성이 있다.

**160** 다음 위험물에 화기를 직접 접근시켜도 위험이 없는 것은?

① Mg　　　　　　　　　　　　② $CS_2$
③ $P_4S_3$　　　　　　　　　　　④ CaO

---

④ 산화칼슘(생석회) : 물기접촉시 발열 [화기에 약제로 사용]

**161** 다음과 같은 위험물을 취급할 때 반응 생성물 중 인화의 위험이 가장 적은 것은?

① $CaO + H_2O \rightarrow Ca(OH)_2$
② $CaC_2 + 2H_2O \rightarrow Ca(OH)_2 + C_2H_2$
③ $2Na + 2H_2O \rightarrow 2NaOH + H_2$
④ $Ca_3P_2 + 6H_2O \rightarrow 3Ca(OH)_2 + 2PH_3$

---

① 화기 위험 없음

**162** 다음 위험물 화재시 주수에 의한 위험이 있는 것은 어느 것인가?

① CaO　　　　　　　　　　　② $Ca_3P_2$
③ $P_4S_3$　　　　　　　　　　④ $C_6H_2(NO_2)_3CH_3$

---

① 산화칼슘 : 산화성고체 주수가능
② 인화칼슘 : 물과반응시 포스핀생성
③ 삼황화인 : 주수가능
④ 트리나이트로톨루엔 : 주수가능

정답 : 158. ②　　159. ④　　160. ④　　161. ①　　162. ②

**163** 아래에 표시한 성질과 물질의 조건으로 옳은 것은?

> A : 공기와 상온에서 반응한다.　　　　　　B : 물과 작용하여 가연성 가스를 발생한다.
> C : 물과 작용하면 소석회를 만든다.　　　　D : 비중이 1 이상이다.

① K - A, B, C

② $Ca_3P_2$ - B, C, D

③ Na - A, C, D

④ $CaC_2$ - A, B, D

---

 해설

> 🗂 **금수성 물질 중 물과 반응시 수소외의 물질을 생성하는 물질들**
>
> 수소발생물질 : 나트륨, 칼륨, 리튬, 칼슘, 금속수소화물
> - 알킬알루미늄 [메탄, 에탄]
>   $(CH_3)_3Al + 3H_2O \rightarrow Al(OH)_3 + 3CH_4 \uparrow$
>   $(C_2H_5)_3Al + 3H_2O \rightarrow Al(OH)_3 + 3C_2H_6 \uparrow$
> - 알킬리튬 [메탄,에탄]
>   $CH_3Li + H_2O \rightarrow LiOH + CH_4$
>   $C_2H_5Li + H_2O \rightarrow LiOH + C_2H_6$
> - 인화칼슘 [포스핀]
>   $Ca_3P_2 + 6H_2O \rightarrow 3Ca(OH)_2 + 2PH_3$
> - 인화알루미늄 [포스핀]
>   $AlP + 3H_2O \rightarrow Al(OH)_3 + PH_3 \uparrow$
> - 인화아연 [포스핀]
>   $Zn_3P_2 + 6H_2O \rightarrow 3Zn(OH)_2 + 2PH_3 \uparrow$
> - 탄화칼슘 [아세틸렌]
>   $CaC_2 + 2H_2O \rightarrow Ca(OH)_2 + C_2H_2 \uparrow + 27.8kcal$
>   (소석회, 수산화칼슘)(아세틸렌)
> - 탄화알루미늄 [메탄]
>   $Al_4C_3 + 12H_2O \rightarrow 4Al(OH)_3 + 3CH_4$
> - 탄화리튬, 탄화나트륨, 탄화칼륨, 탄화마그네슘
>   아세틸렌 발생함.
> - 탄화망간[메탄과 수소]
>   $Mn_3C + 6H_2O \rightarrow 3Mn(OH)_2 + CH_4 + H_2 \uparrow$

①, ③은 C가 있으면 안됨, A가 들어갈 필요없음
④는 A가 들어갈 필요가 없음

---

**164** 인화칼슘($Ca_3P_2$)의 위험성으로 옳은 것은?

① 물과 반응하여 수소를 발생한다.

② 산소와 반응하여 불연성의 시안가스를 발생한다.

③ 물과 반응하여 독성이 있는 가연성 기체를 발생한다.

④ 물과 맹렬히 반응하여 유독성인 아황산가스를 발생한다.

**165** 칼슘카바이트의 위험성으로 옳은 것은?

① 습기와 접촉하면 아세틸렌가스를 발생시킨다.

② 건조공기와 반응하므로 용기에 밀봉하여 저장한다.

③ 고온에서 질소와 반응하여 석회질소가 된다.

④ 구리와 반응하여 아세틸렌화구리가 생성된다.

---

 해설　칼슘카바이트(탄화칼슘)

 정답 : 163. ②　　164. ③　　165. ①

**166** 물과 반응해서 가연성 가스인 아세틸렌이 발생되지 않는 것은?

① $Na_2C_2$
② $Al_4C_3$
③ $CaC_2$
④ $Li_2C_2$

**167** 다음 중 카바이트에서 아세틸렌가스 제조반응식으로 옳은 것은?

① $CaC_2 + 2H_2O \rightarrow Ca(OH)_2 + C_2H_2\uparrow$
② $CaC_2 + H_2O \rightarrow CaO + C_2H_2\uparrow$
③ $2CaC_2 + 6H_2O \rightarrow 3Ca(OH)_2 + 2C_2H_2\uparrow$
④ $CaC_2 + 3H_2O \rightarrow CaCO_3 + 2CH_3\uparrow$

**168** 카바이트와 생석회의 공통사항으로 옳지 않은 것은?

① 물과 반응하여 가연성 가스를 발생
② 물과 반응하여 발열
③ 칼슘의 화합물
④ 불연성 고체

---

해설 ① 생석회는 아님 CaO

**169** 물과 작용하여 가연성 기체를 발생하는 위험물은?

① 생석회
② 황
③ 적린
④ 탄화칼슘

**170** 탄화칼슘 60,000[kg]를 소요단위로 산정하면?

① 10단위
② 20단위
③ 30단위
④ 40단위

---

해설 $\dfrac{60000kg}{300kg} = 200$ 배   $\dfrac{200배}{10배/단위} = 20단위$

**171** 카바이트와 물이 반응하여 발생하는 기체는?

① 과산화수소
② 일산화탄소
③ 아세틸렌가스
④ 에틸렌가스

**172** 다음 카바이트류 중 물 (6[mol])과 반응하여 $CH_4$와 $H_2$ 가스를 발생하는 것은?

① $K_2C_2$
② $MgC_2$
③ $Al_4C_3$
④ $Mn_3C$

---

해설 문제 163번 해설 참조

정답 : 166. ② 167. ① 168. ① 169. ④ 170. ② 171. ③ 172. ④

**173** 다음 제3류 위험물 중 물과 작용하여 메탄가스를 발생시키는 것은?

① 수소화나트륨        ② 탄화알루미늄

③ 수소화칼륨        ④ 칼슘실리콘

**174** 다음 제4류 위험물의 일반적인 성질에 대한 설명으로 가장 거리가 먼 것은?

① 물에 녹지 않는 것이 많다.        ② 액체비중은 물보다 가벼운 것이 많다.

③ 인화의 위험이 높은 것이 많다.        ④ 증기비중은 공기보다 가벼운 것이 많다.

**175** 인화성 액체 위험물의 특징으로 맞는 것은?

① 착화 온도가 낮다.

② 증기의 비중은 1보다 작으며 높은 곳에 체류한다.

③ 전기 전도체이다.

④ 비중이 물보다 크다.

**176** 제4류 위험물 취급시 주의사항 중 옳지 않은 것은?

① 인화위험은 액체보다 증기에 있다.

② 증기는 공기보다 무거우므로 높은 곳으로 배출하는 것이 좋다.

③ 아세톤 수용액은 유체마찰에 의한 정전기발생의 위험이 있다.

④ 밀폐된 용기에 가득 찬 것보다 공간이 남아 있는 것이 폭발의 위험이 크다.

---

> **해설** ④ 공간용적 : 5~10%

**177** 제4류 위험물의 석유류 분류는 다음 어느 성질에 따라 구분하는가?

① 비등점        ② 증기압

③ 착화점        ④ 인화점

**178** 제4류 위험물 중 석유류 분류가 옳은 것은?

① 제1석유류 : 아세톤, 가솔린, 이황화탄소    ② 제2석유류 : 등유, 경유, 장뇌유

③ 제3석유류 : 중유, 송근유, 클레오소트유    ④ 제4석유류 : 윤활유, 가소제, 글리세린

---

> **해설** ① 이황화탄소 : 특수인화물
> ③ 송근유 : 제2석유류
> ④ 글리세린 : 제3석유류
>
> [지정품명 및 성질에 따른 품명]
> • 지정품명

 **정답 : 173.** ②     **174.** ④     **175.** ①     **176.** ④     **177.** ④     **178.** ②

- 특수인화물 : 디에틸에테르, 이황화탄소
- 제1석유류 : 아세톤, 휘발유
- 제2석유류 : 등유, 경유
- 제3석유류 : 중유, 클레오소오트유
- 제4석유류 : 기어유, 실린더유
• 성질에 따른 품명
- 특수인화물 : 1기압에서 발화점이 100℃ 이하인 것 또는 인화점이 −20℃ 이하이고 비점이 40℃ 이하인 것
- 제1석유류 : 1기압에서 인화점이 21℃ 미만인 것
- 제2석유류 : 1기압에서 인화점이 21℃ 이상, 70℃ 미만인 것
- 제3석유류 : 1기압에서 인화점이 70℃ 이상, 200℃ 미만인 것
- 제4석유류 : 1기압에서 인화점이 200℃ 이상, 250℃ 미만의 것
- 동식물유류 : 동물의 지육 또는 식물의 종자나 과육으로부터 추출한 것으로서 1기압에서 인화점이 250℃ 미만인 것

## 179 제4류 위험물에 속하지 않는 것은?

① 크실렌
② 질산에틸
③ 개미산에틸
④ 변성알코올

① 크실렌 : 제2석유류
② 질산에틸 : 질산에스터류[5류]
③ 개미산에틸(의산에틸) : 제1석유류
④ 변성알코올 : 알콜류

## 180 다음 화학식의 이름이 잘못된 것은?

① $CH_3COCH_3$ - 아세톤
② $CH_3COOH_3$ - 아세트알데하이드
③ $C_2H_5OC_2H_5$ - 디에틸에테르
④ $C_2H_5OH$ - 에틸알코올

② 초산[아세트산]
참고 : 아세트알데하이드=$CH_3CHO$ 특수인화물임

## 181 다음 중에서 제4류 위험물의 물에 대한 성질과 화재위험성과 직접 관계가 있는 것은?

① 수용성과 인화성
② 비중과 인화성
③ 비중과 착화온도
④ 비중과 화재 확대성

[제4류 위험물(인화성 액체)]
■ 위험등급 · 품명 및 지정수량

정답 : 179. ②　　180. ②　　181. ④

| 위험등급 | 품 명 | | 지정수량 | 위험등급 | 품 명 | | 지정수량 |
|---|---|---|---|---|---|---|---|
| I | 특수인화물 | | 50리터 | III | 제2석유류 | 비수용성액체 | 1,000리터 |
| | | | | | | 수용성액체 | 2,000리터 |
| II | 제1석유류 | 비수용성액체 | 200리터 | | 제3석유류 | 비수용성액체 | 2,000리터 |
| | | 수용성액체 | 400리터 | | | 수용성액체 | 4,000리터 |
| | 알코올류 | | 400리터 | | 제4석유류 | | 6,000리터 |
| | | | | | 동식물유류 | | 10,000리터 |

- 위험물의 특징 및 소화방법
  - 제4류 위험물의 공통성질
    - 상온에서 액체이며 인화의 위험이 높다.
    - 대부분 물보다 가볍고 물에 녹지 않는다.
    - 증기는 공기보다 무겁다.
    - 비교적 낮은 착화점을 가지고 있다.
    - 증기는 공기와 약간만 혼합되어 있어도 연소의 우려가 있다.
  - 제4류 위험물의 저장 및 취급방법
    - 용기는 밀전하고 통풍이 잘되는 찬 곳에 저장할 것
    - 화기 및 점화원으로부터 먼 곳에 저장할 것
    - 증기 및 액체의 누설에 주의하며 저장할 것
    - 인화점 이상으로 취급하지 말 것
    - 정전기의 발생에 주의하여 저장ㆍ취급할 것
    - 증기는 높은 곳으로 배출할 것
  - 제4류 위험물의 소화방법
    - 수용성 위험물
      - 초기(소규모)화재시 : 물분무, 탄산가스, 분말방사에 의한 질식소화
      - 대형화재의 경우 : 알코올포 방사에 의한 질식소화
    - 비수용성 위험물
      - 초기(소규모)화재시 : 탄산가스, 분말, 할론방사에 의한 질식소화
      - 대형화재의 경우 : 포말 방사에 의한 질식소화

**182** 인화성 액체 위험물 소화제로 적당하지 않은 것은?

① 이산화탄소
② 사염화탄소
③ 분말소화
④ 물

**183** 다음 위험물 중 화재 발생시 적당한 소화제로 옳지 않은 것은?

① $CH_3COCH_3$ - 물
② $(C_2H_5)_3Al$ - 건조사
③ $C_6H_5CH_3$ - 포 또는 $CO_2$
④ 테레핀유 - 봉상주수

**184** 특수인화물에 대한 설명으로 옳은 것은?

① 디에틸에테르, 이황화탄소, 아세트알데하이드는 이에 해당한다.
② 1기압에서 비점이 100[℃] 이하인 것이다.
③ 인화점이 영하 20[℃] 이하로서 발화점이 40[℃] 이하인 것이다.
④ 1기압에서 비점이 100[℃] 이상인 것이다.

 정답 : 182. ④    183. ④    184. ①

**185** 다음 위험물 취급 중 정전기의 발생위험이 가장 큰 물질은 어느 것인가?

① 가솔린　　　　　　　　　　　② 아세톤
③ 메탄올　　　　　　　　　　　④ 과산화수소

**186** 다음 중 유동하기 쉽고 휘발성인 위험물로 특수인화물에 속하는 것은?

① $C_2H_5OC_2H_5$　　　　　　　② $CH_3COCH_3$
③ $C_6H_6$　　　　　　　　　　　④ $C_6H_4(CH_3)_2$

① 디에틸에테르
② 아세톤, ③ 벤젠, ④ 크실렌 [모두 2석유류]

**187** 다음 중 특수인화물이 아닌 것은?

① 에테르　　　　　　　　　　　② 아세트알데하이드
③ 이황화탄소　　　　　　　　　④ 콜로디온

④ 알콜류 [콜로디온]

**188** 다음 특수인화물 중 수용성이 아닌 것은?

① 디비닐에테르　　　　　　　　② 메틸에틸에테르
③ 산화프로필렌　　　　　　　　④ i - 프로필아민

① 비수용성

**189** 인화점이 낮은 것에서 높은 순서로 올바르게 나열된 것은?

① 디에틸에테르 → 아세트알데하이드 → 이황화탄소 → 아세톤
② 아세톤 → 디에틸에테르 → 이황화탄소 → 아세트알데하이드
③ 이황화탄소 → 아세톤 → 디에틸에테르 → 아세트알데하이드
④ 아세트알데하이드 → 아세톤 → 이황화탄소 → 디에틸에테르

・ 디에틸에테르 : -45℃
・ 아세트알데하이드 : -39℃
・ 이황화탄소 : -30℃
・ 아세톤 : -18℃

**190** 에테르 속의 과산화물 존재 여부를 확인하는 데 사용하는 용액은?

① 황산제일철 30[%] 수용액　　　　② 환원철 5[g]
③ 나트륨 10[%] 수용액　　　　　　④ 아이오딘화칼륨 10[%] 수용액

　문제 192번 해설 참조

**191** 에탄올에 진한 황산을 넣고 온도 130~140[℃]에서 반응시키면 축합반응에 의하여 생성되는 제4류 위험물은?

① 메틸알코올　　　　　　　　　　② 아세트알데하이드
③ 디에틸에테르　　　　　　　　　④ 디메틸에테르

**192** 에테르의 성질을 설명한 것 중에서 옳지 않은 것은?

① 알코올에는 잘 녹지 않으나 물에는 잘 녹는다.
② 제4류 위험물 중 가장 인화하기 쉬운 분류에 속한다.
③ 비전도성이며 정전기를 발생하기 쉽다.
④ 소화제로는 탄산가스가 적당하다.

　[디에틸에테르(에테르)($C_2H_5OC_2H_5$)]
• 일반적 성질
 - 인화점 −45℃, 착화점 180℃, 연소범위 1.9~48%, 비점 35℃, 비중 0.71
 - 무색투명한 액체이다.
 - 비극성 용매로서 물에 잘 녹지 않는다.
 - 전기의 불량도체로 정전기가 발생되기 쉽다.
 - 증기는 마취성이 있다.
 - 에탄올에 진한 황산을 넣고 130~140℃로 가열하여 제조한다.

$$2C_2H_5OH \xrightarrow{\text{진한 황산}} C_2H_5OC_2H_5 + H_2O$$
　(에틸알코올)　　　　(디에틸에테르) (물)
• 위험성
 - 인화점이 낮고 휘발성이 강하다.
 - 증기는 마취성을 가지므로 장시간 흡입 시 위험하다.
 - 동식물성 섬유로 여과 시 정전기 발생의 위험이 있다.
 - 공기 중에서 장시간 접촉 시 과산화물이 생성되어 가열, 충격, 마찰에 의해 폭발한다.

> **📁 과산화물**
> • 성질 : 5류 위험물과 같은 위험성
> • 검출시약 : 10%의 아이오딘화칼륨(KI)용액 → 과산화물 존재 시 황색으로 변색
> • 제거시약 : 황산제일철($FeSO_4$), 환원철 등
> • 생성방지법 : 40메시(mesh)의 동(Cu)망을 넣는다.

 정답 : 190. ④　191. ③　192. ①

• 저장 및 취급방법
 - 직사광선을 피하고 갈색병에 저장한다.
 - 용기는 밀전 · 밀봉하여 냉암소에 저장한다.
 - 불꽃 등 화기를 멀리하고 통풍이 잘되는 곳에 저장한다.
• 소화방법 : 포말, 분말, $CO_2$ 방사에 의한 질식소화

**193** 다음 조건에 맞는 위험물은 어느 것인가?

> 증기의 비중은 2.55 정도이며, 전기불량도체로서 알코올에 잘 녹는 물질

① 이황화탄소　　　　　　　　　② 에틸알코올
③ 디에틸에테르　　　　　　　　④ 콜로디온

 ③ 디에틸에테르

**194** 에테르 A, 아세톤 B, 피리딘 C, 톨루엔 D라고 할 때 다음 중 인화점이 낮은 것부터 순서대로 되어 있는 것은?

① A - B - D - C　　　　　　　② A - C - B - D
③ B - C - D - A　　　　　　　④ D - C - B - A

• 에테르 : -45℃
• 아세톤 : -18℃
• 피리딘 : 20℃
• 톨루엔 : 4℃

**195** 에테르, 가솔린, 벤젠의 공통적인 성질에서 옳지 않은 것은?

① 인화점이 0[℃]보다 낮다.　　　　② 증기는 공기보다 무겁다.
③ 착화 온도는 100[℃] 이하이다.　④ 연소범위 하한은 2[%] 이하이다.

• 에테르 : 연소범위 1.9~48
• 가솔린, 벤젠 : 연소범위 1.4~7.6
• 착화점 : 에테르 - 180℃, 가솔린 - 300℃, 벤젠 - 562℃

**196** 에테르를 저장, 취급할 때의 주의사항으로 옳지 않은 것은?

① 장시간 공기와 접촉하고 있으면 과산화물이 생성되어 폭발 위험이 있다.
② 연소범위는 가솔린보다 좁지만 인화점과 착화 온도가 낮으므로 주의를 요한다.
③ 건조한 에테르는 비전도성이므로 정전기 발생에 주의를 요한다.
④ 소화제로서 $CO_2$가 가장 적당하다.

 ② 가솔린보다 넓다

정답 : 193. ③　　194. ①　　195. ③　　196. ②

**197** 다음 중 증기가 공기와의 혼합(연소범위 내)하는 경우 점화원에 의해 연소하는 위험물은?

① 과산화수소
② 에테르
③ 나트륨
④ 산소

**198** 위험물 저장소에 특수인화물 200[L], 제1석유류(비수용성) 400[L], 제2석유류(비수용성) 2,000[L]를 저장할 경우 지정수량은 몇 배인가?

① 9배
② 8배
③ 7배
④ 6배

----

 지정수량 복습

$$\frac{200l}{50l} + \frac{400l}{200l} + \frac{2,000l}{1,000l} = 8$$

**199** 디에틸에테르의 성상 중 옳지 않은 것은?

① 인화성이 강하다.
② 착화 온도가 가솔린보다 낮다.
③ 연소범위가 가솔린보다 넓다.
④ 증기밀도가 가솔린보다 크다.

----

• 디에틸에테르 증기밀도 : 2.55
• 가솔린 증기밀도 : 3~4

**200** $CS_2$는 화재 예방상 액면 위에 물을 채워두는 경우가 많다. 그 이유로 옳은 것은?

① 산소와의 접촉을 피하기 위하여
② 가연성 증기의 발생을 방지하기 위하여
③ 공기와 접촉하면 발화되기 때문에
④ 불순물을 물에 용해시키기 위하여

----

 [이황화탄소($CS_2$)]
• 일반적 성질
  - 인화점 −30℃, 착화점 100℃, 연소범위 1~44%, 비중 1.26
  - 무색투명한 액체로, 일광에 의해 황색으로 변색된다.
  - 물보다 무겁고, 물에 녹지 않는다.
• 위험성
  - 휘발성 및 인화성이 강하며, 4류 위험물 중 착화점이 가장 낮다.
  - 인화점 및 비점이 낮고 연소범위가 넓다.
  - 인체에 대한 독성이 있어 흡입 시 유해하다.
  - 연소 시 유독성 가스인 아황산가스($SO_2$)를 발생한다.
      $CS_2 + 3O_2 \rightarrow CO_2 + 2SO_2$
  (이황화탄소) (산소) (이산화탄소)(아황산가스)
• 물과 150℃에서 가열하면 분해하여 황화수소($H_2S$)를 발생한다.
      $CS_2 + 2H_2O \rightarrow CO_2 + 2H_2S$
  (이황화탄소)(물) (이산화탄소) (황화수소)

 정답 : 197. ② 　 198. ② 　 199. ④ 　 200. ②

**201** 이황화탄소에 대한 설명으로 옳지 않은 것은?

① 순수한 것은 황색을 띠고 불쾌한 냄새가 난다.

② 증기는 유독하며 피부를 해치고 신경계통을 마비시킨다.

③ 물에는 녹지 않으나 유지, 황 고무 등을 잘 녹인다.

④ 인화되기 쉬우며 점화되면 연한 파란 불꽃을 나타낸다.

**202** 다음 중 비중이 가장 큰 물질은 어느 것인가?

① 이황화탄소                    ② 메틸에틸케톤

③ 톨루엔                         ④ 벤젠

----

 ① 이황화탄소 : 1.26

② 메틸에틸케톤 : 0.81

③ 톨루엔 : 0.871

④ 벤젠 : 0.879

**203** 순수한 것은 무색, 투명한 휘발성 액체이고 물보다 무겁고 물에 녹지 않으며 연소시 아황산 가스를 발생하는 물질은?

① 에테르                         ② 이황화탄소

③ 아세트알데하이드              ④ 질산메틸

**204** 다음은 위험물의 성질에 관한 설명 중 옳은 것은?

① 이황화탄소, 가솔린, 벤젠 가운데 착화 온도가 가장 낮은 것은 가솔린이다.

② 에테르는 인화점이 낮아 인화하기 쉬우며 그 증기는 마취성이 있다.

③ 에틸알코올은 인화점이 13[℃]이지만 물이 조금이라도 섞이면 불연성 액체가 된다.

④ 석유에테르의 증기는 마취성이 있으며 공기보다 무겁고 비중은 1보다 크다.

----

 ① 가솔린 → 이황화탄소

③ 불연성액체 : 틀렸음

④ 비중은 1보다 작다(액비중 0.71, 증기비중은 2.55)

**205** 다이에틸에터의 성질 중 옳은 것은?

① 비등점이 100[℃]이다.

② 물보다 비중이 크다.

③ 인화점이 15[℃]이다.

④ 알코올에 잘 용해되며 물에도 약간 녹는다.

----

 ① 비등점 : 35℃

② 물보다 비중이 작다(0.71)

③ 인화점 (-45℃)

 정답 : 201.①    202.①    203.②    204.②    205.④

**206** 다음은 제4류 위험물 중 어떤 물질에 대한 설명인가?

- 여기에 과산화물이 생성되면 제5류 위험물과 같은 위험성을 갖는다.
- 이것을 동식물유로 여과할 경우 정전기 발생의 위험이 있다.
- 이것은 갈색병에 저장한다.
- 1기압에서 인화점이 -20[℃] 이하이고 비점이 40[℃] 이하이다.

① 가솔린          ② 경유
③ 에탄올          ④ 디에틸에테르

**207** 다음 제4류 위험물 특수인화물류 중 물에 잘 녹지 않으며 비중이 물보다 작고, 인화점이 -45[℃]정도인 위험물은?

① 아세트알데하이드          ② 산화프로필렌
③ 디에틸에테르          ④ 나이트로벤젠

**208** 다음 물질 중 공기보다 증기비중이 낮은 것은?

① 이황화탄소          ② 시안화수소
③ 아이오딘산칼륨          ④ 염소산암모늄

 해설    ② 시안화수소 HCN (분자량 27)

**209** 아세트알데하이드($CH_3CHO$)의 성질에 관한 설명이다. 옳지 않은 것은?

① 아이오딘포름반응을 한다.
② 물, 에탄올, 에테르에 녹는다.
③ 산화되면 에탄올, 환원되면 아세트산이 된다.
④ 환원성을 이용하여 은거울반응과 펠링반응을 한다.

 해설    ③ 산화와 환원이 반대로 기록.

[아세트알데하이드($CH_3CHO$)]
- 일반적 성질
  - 인화점 −39℃, 착화점 185℃, 연소범위 4.1~57%, 비점 21℃, 비중 0.8
  - 자극성 과일향을 가지는 무색투명한 휘발성 액체로 물에 잘 녹는다.
  - 환원력이 강하므로 은거울반응과 페엘링반응을 한다.
- 위험성
  - 비점이 대단히 낮아 휘발하거나 인화되기 쉽다.
  - 착화온도가 낮고 폭발범위가 넓어 폭발의 위험이 크다.
  - 구리, 은, 마그네슘, 수은 및 그 합금과 반응하여 폭발성인 아세틸라이트를 생성한다.
  - 증기 및 액체는 인체에 유해한다.

 정답 : 206. ④     207. ③     208. ②     209. ③

아세트알데하이드의 산화와 환원

$$C_2H_5OH \underset{\text{환원}}{\overset{\text{산화}}{\rightleftharpoons}} CH_3CHO \underset{\text{환원}}{\overset{\text{산화}}{\rightleftharpoons}} CH_3COOH$$

## 210 다음 중 지정수량이 잘못 짝지어진 것은?

① Fe분 - 500[kg]
② $CH_3CHO$ - 200[L]
③ 제4석유류 - 6,000[L]
④ 마그네슘 - 500[kg]

 ② 아세트알데하이드 50L

## 211 다음 위험물 중 인화점이 가장 낮은 것은?

① 이황화탄소
② 콜로디온
③ 에틸알코올
④ 아세트알데하이드

① 이황화탄소 : -30℃
② 콜로디온 : -18℃
③ 에틸알코올 : 13℃
④ 아세트알데하이드 : -39℃

## 212 다음 위험물 중 착화 온도가 가장 낮은 것은?

① 가솔린
② 이황화탄소
③ 에테르
④ 황린

 ④ 황린 34℃

## 213 다음 중 $CH_3CHO$의 저장 및 취급 시 주의사항으로 옳지 않은 것은?

① 산 또는 강산화제와의 접촉을 피한다.
② 취급설비에 구리, 마그네슘 및 그의 합금성분으로 된 것은 사용해서는 아니 된다.
③ 이동탱크 및 옥외탱크에 저장 시 불연성 가스 또는 수증기를 봉입시킨다.
④ 휘발성이 강하므로 용기의 파열을 방지하기 위해 마개에 구멍을 낸다.

 [아세트알데하이드]
• 저장 및 취급방법
　- 용기 내부에는 불연성 가스($N_2$) 또는 수증기($H_2O$)를 봉입한다.
　- 공기와의 접촉 시 과산화물이 생성되므로 밀전·밀봉하여 냉암소에 저장한다.

 정답 : 210. ②　　211. ④　　212. ④　　213. ④

- 액체의 누출 및 증기의 누설방지를 위하여 용기는 완전 밀폐한다.
- 산의 존재하에서 심한 중합반응을 하기 때문에 접촉을 피한다.
• 소화방법
  - 분무주수에 의한 냉각 및 희석소화
  - 알코올포 및 분말, $CO_2$, 할로겐화합물 방사에 의한 질식소화

## 214 다음 위험물 중 물보다 가볍고 인화점이 0[℃] 이하인 물질은?

① 이황화탄소
② 아세트알데하이드
③ 나이트로벤젠
④ 경유

 ① 이황화탄소 : 비중 1.26, 인화점 -30℃
② 아세트알데하이드 : 비중 0.8, 인화점 -39℃
③ 나이트로벤젠 : 비중 1.2, 인화점 88℃
④ 경유 : 비중 0.8, 인화점 50~70℃

## 215 산화프로필렌의 성질로서 가장 옳은 것은?

① 산, 알칼리 또는 구리(Cu), 마그네슘(Mg)의 촉매에서 중합반응을 한다.
② 물속에서 분해하여 에탄($C_2H_6$)을 발생한다.
③ 폭발범위가 4~57[%]이다.
④ 물에 녹기 힘들며 흡열반응을 한다.

 [산화프로필렌($CH_3CHOCH_2$)]
• 일반적 성질
  - 인화점 −37℃, 연소범위 2.1~38.5%, 비점 34℃, 비중 0.83
  - 무색 투명한 휘발성 액체이다.
  - 물에 잘 녹고 반응성이 풍부하다.
• 위험성
  - 증기압이 대단히 높아(20℃에서 442mmHg) 상온에서 쉽게 위험농도에 도달한다.
  - 구리, 은, 마그네슘, 수은 및 그 합금과의 반응은 폭발성인 아세틸라이트를 생성한다.
  - 증기 및 액체는 인체에 유해하여 흡입 시 폐부종을 일으킨다.
  - 피부에 접촉 시 동상과 같은 증상이 나타난다.
  - 산, 알칼리와는 중합반응을 한다.
• 저장 및 취급방법 : 아세트알데하이드에 준한다.
• 소화방법 : 아세트알데하이드에 준한다.

## 216 암모니아성 질산은용액이 들어 있는 유리그릇에 은거울을 만들려면 다음 중 어느 것을 가하여야 하는가?

① $CH_3CHOH$
② $CH_3CH_2CH_2OH$
③ $CHCOCH_3$
④ $CH_3CHO$

 ④ 아세트알데하이드

 정답 : 214. ② 215. ① 216. ④

**217** 다음 제4류 위험물 중 연소범위가 가장 넓은 것은?

① 아세트알데하이드
② 산화프로필렌
③ 이황화탄소
④ 아세톤

① 아세트알데하이드 : 4.1~57
② 산화프로필렌 : 2.1~38.5
③ 이황화탄소 : 1.2~44
④ 아세톤 : 2.6 ~12.8

**218** 구리, 은, 마그네슘과 아세틸라이드를 만들고 연소범위가 2.5~38.5(%)인 물질은?

① 아세트알데하이드
② 알킬알루미늄
③ 산화프로필렌
④ 콜로디온

**219** 이소프로필아민의 저장, 취급에 대한 설명으로 옳지 않은 것은?

① 증기누출, 액체누출 방지를 위하여 완전 밀봉한다.
② 증기는 공기보다 가볍고 공기와 혼합되면 점화원에 의하여 인화, 폭발위험이 있다.
③ 강산류, 강산화제, 케톤류와의 접촉을 방지한다.
④ 화기엄금, 가열금지, 직사광선차단, 환기가 좋은 장소에 저장한다.

② 증기는 공기보다 무겁다. 증기비중 2.03

**220** 인화점이 가장 낮은 것은?

① 이소펜탄
② 아세톤
③ 에틸에테르
④ 이황화탄소

① 이소펜탄 : -51℃
② 아세톤 : -18℃
③ 디에틸에테르 : -45℃
④ 이황화탄소 : -30℃
[참고] 인화점 : 이소프렌 : -54℃, 이소펜탄 : -51℃, 펜탄 : -40℃

**221** 제4류 위험물의 발생증기와 비교하여 시안화수소(HCN)가 갖는 대표적인 특징은?

① 물에 녹기 쉽다.
② 물보다 무겁다.
③ 증기는 공기보다 가볍다.
④ 인화성이 높다.

③ 증기비중 0.93

정답 : 217. ①    218. ③    219. ②    220. ①    221. ③

**222** 화학적 질식 위험물질로 인체 내에 산화효소를 침범하여 가장 치명적인 물질은?

① 에탄
② 포름알데하이드
③ 시안화수소
④ 염화비닐

 [시안화수소(청산, HCN)(지정수량 200리터)]
• 일반적 성질
  - 인화점 −18℃, 착화점 540℃, 연소범위 6~41%, 비중 0.69, 증기비중 0.94
  - 자극성 냄새가 나는 무색의 액체이다.
  - 물, 알코올에 잘 녹고 수용액은 약산성을 띈다.
  - 4류 위험물 중 유일하게 증기가 공기보다 가볍다.
• 위험성
  - 휘발성이 매우 높아 인화의 위험성이 크다.
  - 맹독성 물질이다.
  - 저온에서는 안정하나 소량의 수분 또는 알칼리와 혼합되면 중합폭발의 우려가 있다.
  - 밀폐용기를 가열하면 심하게 폭발한다.
• 저장 및 취급방법
  - 안정제로서 철분 또는 황산 등의 무기산을 소량 넣어준다.
  - 사용 후 3개월이 지나면 안전하게 폐기시킨다.
  - 저장 중 수분 또는 알칼리와 접촉되지 않도록 하고 용기는 밀봉한다.
  - 색깔이 암갈색으로 변하였거나 중합반응이 일어난 것을 확인하면 즉시 폐기한다.

**223** 다음 중 인화성 액체로서 인화점이 21[℃] 미만에 속하지 않는 물질은?

① $C_6H_5CH_3$
② $C_6H_5$
③ $C_4H_9OH$
④ $CH_3COCH_3$

 ① 톨루엔 : 4℃
② 벤젠 : -11℃
③ 부탄올 : 35℃
④ 아세톤 : -18℃

**224** 제4류 위험물 제1석유류인 휘발유의 지정수량은?

① 200[L]
② 400[L]
③ 1,000[L]
④ 2,000[L]

**225** 인화점이 20[℃] 이하이며, 수용성인 것은 몇 개인가?

| 아세톤, 아닐린, 아세트알데하이드, 빙초산, 나이트로벤젠 |
|---|

① 1개
② 2개
③ 3개
④ 4개

- 아세톤(디메틸케톤, $CH_3COCH_3$) : 인화점 -18℃, 제1석유류, 수용성, 지정수량 400L
- 아닐린($C_6H_5NH_2$) : 인화점 70℃, 제3석유류, 비수용성, 2000L
- 아세트알데하이드($CH_3CHO$) : 인화점 -39℃, 특수인화물, 지정수량, 50L
- 빙초산(아세트산, $CH_3COOH$) : 인화점 40℃, 제2석유류, 수용성, 2000L
- 나이트로벤젠(나이트로벤졸, $C_6H_5NO_2$) : 인화점 88℃, 제3석유류, 비수용성, 2000L

## 226 다음 물질 중 인화점의 온도가 상온과 비슷한 것은?

① 톨루엔                    ② 피리딘
③ 가솔린                    ④ 아세톤

① 톨루엔 : 인화점 4℃
② 피리딘 : 인화점 20℃
③ 가솔린 : 인화점 -43~-20℃
④ 아세톤 : -18℃

## 227 다음 중 인화점이 낮은 순서대로 열거된 것은?

① 휘발유 - 크실렌 - 아세톤 - 벤젠          ② 휘발유 - 아세톤 - 톨루엔 - 벤젠
③ 휘발유 - 크실렌 - 벤젠 - 아세톤          ④ 휘발유 - 아세톤 - 벤젠 - 톨루엔

| 구 분 | 구조식 | 인화점 | 발화점 | 융 점 | 연소범위 | 비 고 |
|---|---|---|---|---|---|---|
| o-크실렌<br>(ortho-Xylene) | orth-Xylene | 32℃ | 464℃ | -25℃ | 0.9~7% | 제2<br>석유류 |
| m-크실렌<br>(meta-Xylene) | meta-Xylene | 27℃ | 527℃ | -48℃ | 1.1~7% | 제2<br>석유류 |
| p-크실렌<br>(para-Xylene) | para-Xylene | 27℃ | 528℃ | 13℃ | 1.1~7% | 제2<br>석유류 |

- 크실렌 : 인화점 23℃
- 가솔린 : 인화점 -43~-20℃
- 아세톤 : 인화점 -18℃
- 벤젠 : 인화점 -11℃
- 톨루엔 : 인화점 4℃

정답 : 226. ②        227. ④

**228** 제1석유류(수용성)가 400[L], 제2석유류(비수용성)가 2,000[L] 저장시 저장량의 합계는 지정 수량의 몇 배인가?

① 3배  ② 4배
③ 5배  ④ 6배

 • 제1석유류 수용성 400L
• 제2석유류 비수용성 1000L

$$\frac{400l}{400l} + \frac{2000l}{1000l} = 3$$

**229** CH₃COCH₃의 성질로 잘못된 것은?

① 무색액체로 냄새가 난다.  ② 물에 잘 녹고 유기물을 잘 녹인다.
③ 아이오딘포름반응을 한다.  ④ 비점이 높아 휘발성이 약하다.

 아세톤의 성질
[아세톤(디메틸케톤, $CH_3COCH_3$)(지정수량 400리터)]
• 일반적 성질
 - 인화점 −18℃, 착화점 538℃, 연소범위 2.6~12.8%, 비점 56.5℃, 비중 0.79
 - 무색 투명한 독특한 냄새가 있는 휘발성 액체이다.
 - 물에 잘 녹는다.
 - 일광을 쪼이면 분해하여 황색으로 변한다.
 - 독성은 없으나 오랜 시간 흡입 시 구토가 일어난다.
• 위험성
 - 비점과 인화점이 낮아 인화의 위험이 크다.
 - 피부에 닿으면 탈지작용을 한다.
• 저장 및 취급방법
 - 화기 등에 주의하고 통풍이 잘되는 찬 곳에 저장한다.
 - 저장용기는 밀봉하여 냉암소에 저장한다.
• 소화방법
 - 분무주수에 의한 냉각 및 희석소화
 - 알코올포 및 분말, $CO_2$, 할로젠화합물 방사에 의한 질식소화

**230** 아이오딘포름반응을 하는 물질로 연소범위가 약 2.5~12.8[%]이며 끓는점과 인화점이 낮아 화기를 멀리해야 하고 냉암소에 보관하는 물질은?

① $CH_3COCH_3$  ② $CH_3CHO$
③ $C_6H_6$  ④ $C_6H_5NO_2$

 문제 229번 해설 참조

## 231 다음 소화시 주의하여야 하는 소포성 액체는?

① 가솔린
② $C_6H_4(CH_3)_2$
③ $CH_3COCH_3$
④ 클레오소트유

 소포성액체 : 수용성액체
① 가솔린 (200L)
② 디메틸벤젠(크실렌) (1000L)
③ 아세톤 (400L)
④ 클레오소트유 (2000L) 3석유류 비수용성

## 232 물에 녹지 않는 인화성 액체는?

① 헥산
② 메틸알코올
③ 아세톤
④ 아세트알데하이드

 ① 헥산 (휘발유)
② 수용성
③ 수용성
④ 특수인화물 (물에 잘녹음)

## 233 아세톤 증기의 밀도는 1[atm], 0[℃]에서 얼마인가?(단, C : 12, O : 16, H : 1)

① 0.89[g/L]
② 1.47[g/L]
③ 2.59[g/L]
④ 3.34[g/L]

 밀도 $= \dfrac{M}{22.4} = \dfrac{(12 \times 3 + 1 \times 6 + 16)}{22.4} = 2.59\,g/L$
아세톤($CH_3COCH_3$)

## 234 휘발유에 대한 설명 중 옳지 않은 것은?

① 연소범위는 약 1.4~7.6[%]이다.
② 제1석유류로 지정수량이 200[L]이다.
③ 전도성이므로 정전기에 의한 발화의 위험이 있다.
④ 착화점이 약 300[℃]이다.

 ③ 비전도성(정전기 축적)

 정답 : 231. ③ 232. ① 233. ③ 234. ③

**235** 탄화수소 $C_2H_{12}$~$C_9H_{20}$까지의 포화 · 불포화탄화수소의 혼합물인 휘발성 액체 위험물의 인화점 범위는?

① -5~10[℃]                    ② -43~-20[℃]

③ -70~-45[℃]                  ④ -15~-5[℃]

 휘발유 문제임

**236** 융점보다 인화점이 낮아 응고된 상태에서도 인화의 위험이 있는 물질은?

① 테레핀유                    ② 벤젠

③ 경유                        ④ 퓨젤유

 [벤젠(벤졸, $C_6H_6$)(지정수량 200리터)]
• 일반적 성질
  - 인화점 −11℃, 착화점 562℃, 융점 5.5℃, 연소범위 1.4~7.1%, 비점 80℃
  - 무색의 휘발성 액체로 증기는 마취성, 독성이 있는 방향성을 갖는다.
  - 물에는 녹지 않는다.
  - 불포화결합을 하고 있으나 첨가반응보다 치환반응이 많다.
  - 탄소수에 비해 수소의 수가 적기 때문에 연소 시 그을음을 많이 낸다.
  - 융점이 5.5℃로 겨울에 찬 곳에서는 고체가 된다.
• 위험성
  - 융점은 5.5℃이고 인화점은 −11℃로 겨울철에는 고체상태에서 가연성 증기를 발생한다.
  - 증기는 마취성과 독성이 강하여 2% 이상 고농도의 증기를 5~10분간 흡입하면 치명적이다.
  - 증기는 공기보다 무거우므로 누설 시 낮은 곳에 체류한다.
  - 유체의 마찰에 의해 정전기의 발생, 축적의 위험이 있다.

**237** 벤젠의 성질에 대한 설명 중 옳지 않은 것은?

① 증기는 유독하다.                    ② 정전기는 발생하기 쉽다.

③ 이황화탄소보다 인화점이 낮다.        ④ 독특한 냄새가 있는 무색의 액체이다.

 ③ 이황화탄소 인화점 : -30℃

**238** 다음 물질 중 증기비중이 가장 큰 것은?

① 이황화탄소                    ② 시안화수소

③ 에탄올                        ④ 벤젠

 증기비중[분자량]
① 이황화탄소 $CS_2$      $12+32.6\times2=77.2$
② 시안화수소 HCN      $1+12+14=27$
③ 에탄올      $C_2H_5OH$   $12\times2+1\times5+16+1=46$
④ 벤젠        $C_6H_6$     $12\times6+1\times6=78$

 정답 : 235. ②    236. ②    237. ③    238. ④

**239** 다음 위험물질 중 물보다 가벼운 것은?

① 에테르, 이황화탄소

② 벤젠, 포름산

③ 아세트산, 가솔린

④ 퓨젤유, 에탄올

---

 ① 에테르 : 0.72, 이황화탄소 : 1.26
② 벤젠 : 0.875, 포름산 : 1.59
③ 아세트산 : 1.05, 가솔린 : 0.65~0.8
④ 퓨젤유 : 0.79, 에탄올 : 0.79

**240** 다음 위험물 중 인화점이 가장 낮은 것은?

① MEK

② 톨루엔

③ 벤젠

④ 의산에틸

---

 ① MEK : -1℃  ② 톨루엔 : 4.5℃
③ 벤젠 : -11℃  ④ 의산에틸 : -20℃

**241** $C_6H_6$와 $C_6H_5CH_3$의 공통적인 특징을 설명한 것으로 옳지 않은 것은?

① 무색의 투명한 액체로서 향긋한 냄새가 난다.

② 물에는 잘 녹지 않으나 유기용제에는 잘 녹는다.

③ 증기는 마취성과 독성이 있다.

④ 겨울에는 대기 중의 찬 곳에서 고체가 되는 경우가 있다.

---

 벤젠과 톨루엔
④ 벤젠만 해당
[톨루엔(메틸벤젠, $C_6H_5CH_3$)(지정수량 200리터)]
• 일반적 성질
 - 인화점 4℃, 착화점 552℃, 연소범위 1.4~6.7%
 - 무색의 휘발성 액체로 벤젠보다 독성은 적고 방향성을 갖는다.
 - 물에는 녹지 않으나 유기용제에 잘 녹는다.
 - 톨루엔에 진한 질산과 진한 황산을 가하면 나이트로화에 의해 트리나이트로톨루엔(TNT)
  이 생성된다.
  $$C_6H_5CH_3 + 3HNO_3 \xrightarrow{(C-H_2SO_4)} C_6H_2CH_3(NO_2)_3 + 3H_2O$$
• 위험성, 저장 및 취급방법 : 벤젠에 준한다.
• 소화방법 : 포말 및 분말, $CO_2$, 할로젠화합물 방사에 의한 질식소화

Reference

BTX : 벤젠($C_6H_6$)    톨루엔($C_6H_5CH_3$)    크실렌($C_6H_4(CH_3)_2$)

 정답 : 239. ④    240. ④    241. ④

**242** 다음 물질 중 벤젠의 유도체가 아닌 것은?

① 나일론　　　　　　　　　　② TNT
③ DDT　　　　　　　　　　　④ 아닐린

 벤젠유도체 : TNT, DDT, 아닐린, 톨루엔, 크실렌

**243** 톨루엔의 성질을 벤젠과 비교한 것 중 옳지 않은 것은?

① 독성은 벤젠보다 크다.　　　② 인화점은 벤젠보다 높다.
③ 비점은 벤젠보다 높다.　　　④ 융점은 벤젠보다 낮다.

 벤젠유도체 : TNT, DDT, 아닐린, 톨루엔, 크실렌

|  | 벤젠 | 톨루엔 |
|---|---|---|
| 인화점 | -11 | 4 |
| 비점 | 80 | 111 |
| 융점 | 5.5 | -95 |
| 비중 | 0.9 | 0.87 |

**244** 다음 화합물 중 인화점이 가장 낮은 것은?

① 초산메틸　　　　　　　　　② 초산에틸
③ 초산부틸　　　　　　　　　④ 초산아밀

 ① 초산메틸 : -16℃　　② 초산에틸 : -4℃
③ 초산부틸 : 22.2℃　　④ 초산아밀 : 23℃

**245** 메틸에틸케톤에 관한 설명 중 옳은 것은?

① 융점이 -86.4[℃]이며 에테르에 잘 녹는다.
② 장뇌 냄새가 나며 물에 잘 녹지 않는다.
③ 연소범위가 가솔린보다 좁으므로 인화폭발의 가능성이 적다.
④ 비점이 경유와 비슷하므로 제2석유류에 속하는 물질이다.

 ② 물에 잘 녹음
③ 연소범위 : 1.4~11.4, 가솔린 연소범위 : 1.4~7.6
④ 1석유류

[메틸에틸케톤(MEK, $CH_3COC_2H_2$)(지정수량 200리터)]
• 일반적 성질
 - 인화점 -1℃, 착화점 516℃, 연소범위 1.4~11.4%, 비중 0.81

- 아세톤과 비슷한 냄새가 나는 무색의 휘발성 액체이다.
- 물에 잘 녹으며 유기용제에도 잘 녹는다.
• 위험성
- 비점이 낮고 인화점이 낮아 인화의 위험이 크다.
- 피부에 닿으면 탈지작용을 한다.
- 다량의 증기를 흡입하면 마취성과 구토가 일어난다.
• 저장 및 취급방법
- 화기 등에 주의하고 통풍이 잘되는 찬 곳에 저장한다.
- 저장용기는 갈색병을 사용하고 밀봉하여 냉암소에 저장한다.
• 소화방법
- 분무주수에 의한 냉각 및 희석소화
- 알코올포 및 분말, $CO_2$, 할로젠화합물 방사에 의한 질식소화

## 246 메틸에틸케톤의 취급상 옳은 것은?

① 인화점이 25[℃]이므로 여름에만 주의하면 된다.
② 증기는 공기보다 가벼우므로 주의하여야 한다.
③ 탈지작용이 있으므로 직접 피부에 닿지 않도록 한다.
④ 물보다 무거우므로 주의를 요한다.

 해설
① 인화점 -1℃
② 분자량 72
④ 비중 0.81

## 247 초산에스터류의 분자량이 증가할수록 달라지는 성질 중 옳지 않은 것은?

① 인화점이 높아진다.
② 이성질체가 줄어든다.
③ 수용성이 감소된다.
④ 증기비중이 커진다.

 해설
탄소수는 증가할수록 이성질체가 많아진다.

## 248 콜로디온에 대한 설명 중 옳은 것은?

① 콜로디온은 질화도가 낮은 질화면을 에테르 3, 알코올 1의 혼합용제에 녹인 것이다.
② 무색, 불투명한 점도가 작은 액체이다.
③ 이 용액을 바르면 용매는 서서히 증발하여 나중에는 투명한 질화면 막이 생긴다.
④ 인화점은 0[℃] 정도이다.

 해설
① 질화면을 에테르 1, 알코올 3의 혼합용제에 녹인 것이다
② 무색투명한 점도가 작은 액체
④ 인화점 -18℃

 정답 : 246. ③　247. ②　248. ③

**249** 피리딘의 일반 성질에 관한 설명이다. 잘못된 것은?

① 산, 알칼리에 안정하다.

② 인화점이 0[℃] 이하, 발화점은 100[℃] 이하이다.

③ 순수한 것은 무색의 액체로 센 악취와 독성이 있다.

④ 독성이 있고 급속중독일 경우는 마취, 두통, 식용감퇴의 증상이 나타난다.

② 인화점 20℃, 발화점 482℃
[피리딘(아딘, $C_5H_5N$)(지정수량 400리터)]
• 일반적 성질
 - 인화점 20℃, 착화점 482℃, 연소범위 1.8~12.4%, 비중 0.98
 - 무색 또는 담황색의 독성이 있는 액체이다.
 - 물에 잘 녹으며 약 알칼리성을 띤다.
• 위험성
 - 상온에서 인화의 위험이 크다.
 - 증기는 독성이 크므로 독성에 주의한다.(허용농도 5ppm)
• 저장 및 취급방법, 소화방법 : MEK에 준한다.

**250** 다음 물질 중 에스터류에 속하지 않는 것은?

① 초산에틸 　　　② 초산아밀

③ 낙산메틸 　　　④ 초산나트륨

초산나트륨은 에스터류에 속하지 않음(위험물분류×)

**251** 초산에틸에 대한 설명 중 옳지 않은 것은?

① 휘발성이 강하다. 　　　② 인화성이 강하다.

③ 피부에 닿으면 탈지작용을 한다. 　　　④ 공업용 에탄올을 함유하므로 독성이 없다.

[초산메틸(아세트산메틸, $CH_3COOCH_3$)]
• 일반적 성질
 - 인화점 −10℃, 착화점 454℃, 연소범위 3.1~16%
 - 무색의 과일향이 있는 액체로 독성 및 마취성이 있다.
 - 수용성이 매우 크다.
 - 초산과 메틸알코올의 혼합물에 황산을 가하여 만든다.

$$CH_3COOH + CH_3OH \xrightarrow{C-H_2SO_4} CH_3COOCH_3 + H_2O$$
　　(초산)　(메틸알코올)　　　　　(초산메틸)　(물)
• 위험성
 - 휘발성이 매우 높아 인화의 위험성이 크다.
 - 독성이 있으므로 주의한다.
 - 피부에 접촉 시 탈지작용이 있다.

정답 : 249. ② 　　250. ④ 　　251. ③

• 저장 및 취급방법
  - 화기를 피하고 용기의 파손 및 누출에 주의한다.
  - 용기는 밀전 · 밀봉하여 냉암소에 저장한다.
• 소화방법
  - 분무주수에 의한 냉각 및 희석소화
  - 알코올포 및 분말, $CO_2$, 할로겐화합물 방사에 의한 질식소화

[초산에틸(아세트산에틸, $CH_3COOC_2H_5$)]
• 일반적 성질
  - 인화점 −4℃, 착화점 427℃, 연소범위 2.2~11.4%
  - 무색의 과일향이 있는 액체이다.
  - 물에 잘 녹으며 독성은 없다.
  - 초산과 에틸알코올의 혼합물에 황산을 가하여 만든다.

$$CH_3COOH + C_2H_5OH \xrightarrow{C-H_2SO_4} CH_3COOC_2H_5 + H_2O$$
　　(초산)　　(에틸알코올)　　　　　　　(초산에틸)　　(물)

• 위험성, 저장 및 취급방법 : 초산메틸에 준한다.(단, 독성은 없다.)
• 소화방법
  - 분무주수에 의한 냉각 및 희석소화
  - 알코올포 및 분말, $CO_2$, 할로겐화합물 방사에 의한 질식소화

## 252 다음 위험물의 공통된 특징은?

| 초산메틸, 메틸에틸케톤, 피리딘, 프로필알코올, 의산에틸 |
| --- |

① 수용성　　　　　　　　　　② 지용성
③ 금수성　　　　　　　　　　④ 불용성

---

 ① 수용성

## 253 개미산메틸에 대한 설명으로 옳지 않은 것은?

① 럼주의 향기를 가진 무색 액체이다.
② 증기는 마취성은 없으나 독성이 강하다.
③ 가수분해되면 $CH_3OH$와 $HCOOH$를 만든다.
④ 물, 에스터, 에테르에 비교적 잘 녹는다.

---

 [의산메틸(개미산메틸, $HCOOCH_3$)]
• 일반적 성질
  - 인화점 −19℃, 착화점 456℃, 연소범위 5.9~20%
  - 럼주와 같은 냄새가 나는 무색의 액체로 약간의 마취성을 가진다.
  - 수용성이 매우 크다.
  - 의산과 메틸알코올을 반응시켜 만든다.

 정답 : 252. ①　　253. ②

$$\text{HCOOH} + \text{CH}_3\text{OH} \xrightarrow{\text{C}-\text{H}_2\text{SO}_4} \text{HCOOCH}_3 + \text{H}_2\text{O}$$
(의산)　(메틸알코올)　　　　　(의산메틸)　(물)

- 위험성 : 휘발성이 매우 높아 인화의 위험성이 크다.
- 저장 및 취급방법
  - 화기를 피하고 용기의 파손 및 누출에 주의한다.
  - 용기는 밀전·밀봉하여 냉암소에 저장한다.
- 소화방법
  - 분무주수에 의한 냉각 및 희석소화
  - 알코올포 및 분말, $CO_2$, 할로젠화합물 방사에 의한 질식소화

## 254 제4류 위험물 중 품명이 나머지 셋과 다른 것은?

① 나이트로벤젠
② 에틸렌글리콜
③ 아닐린
④ 포름산에틸

- 나이트로벤젠, 에틸렌글리콜, 아닐린 : 제3석유류
- 포름산에틸 : 제1석유류

## 255 다음 중 위험물안전관리법상 알코올류가 위험물이 되기 위하여 갖추어야 할 조건이 아닌 것은?

① 한 분자 내에 탄소 원자수가 1개부터 3개까지일 것
② 포화알코올일 것
③ 수용액일 경우 위험물안전관리법에서 정의한 알코올 함량이 60[wt%] 이상일 것
④ 2개 이상의 알코올일 것

[알코올류(지정수량 400리터)]
1분자를 구성하는 탄소원자의 수가 1개부터 3개까지인 포화1가 알코올(변성알코올을 포함한다.)을 말한다. 다만, 다음에 해당하는 것을 제외한다.
- 1분자를 구성하는 탄소원자의 수가 1개 내지 3개의 포화1가 알코올의 함유량이 60중량% 미만인 수용액
- 가연성 액체량이 60중량% 미만이고 인화점 및 연소점이 에틸알코올 60중량% 수용액의 인화점 및 연소점을 초과하는 것

## 256 제4류 위험물 중 알코올에 대한 설명이다. 옳지 않은 것은?

① 수용성이 가장 큰 알코올은 부틸알코올이다.
② 분자량이 증가함에 따라 수용성은 감소한다.
③ 분자량이 커질수록 이성질체도 많아진다.
④ 변성알코올도 알코올류에 포함된다.

메틸알코올이 수용성이 가장 크다.

정답 : 254. ④　　255. ④　　256. ①

**257** 다음 중 위험물 중 알코올류에 속하는 것은?

① 에틸알코올　　　　　　　② 부탄올
③ 퓨젤유　　　　　　　　　④ 클레오소트유

　알코올류 : 메틸알코올, 에틸알코올 , 프로필알코올, 변성알코올

**258** 다음 알코올 중 위험물안전관리법상 알코올류에 속하는 것은?

① 변성알코올　　　　　　　② 퓨젤유
③ 활성아밀알코올　　　　　④ 제삼부틸알코올

**259** 알코올포소화약제로 소화하기에 적합한 위험물은?

① 휘발유　　　　　　　　　② 톨루엔
③ 석유　　　　　　　　　　④ 메탄올

　①, ②, ③ 비수용성
　④ 수용성

**260** 메틸알코올을 취급할 때의 위험성으로 옳지 않은 것은?

① 겨울에는 폭발성의 혼합 가스가 생기지 않는다.
② 연소범위는 에틸알코올보다 좁다.
③ 독성이 있다.
④ 증기는 공기보다 약간 무겁다.

　• 메틸알코올 연소범위 7.3~36
　• 에틸알코올 연소범위 4.3~19

**261** 메탄올의 성질로 옳지 않은 것은?

① 무색, 투명한 무취의 액체이고 휘발성이 있다.
② 먹으면 눈이 멀거나 생명을 잃는다.
③ 물에는 무제한 녹는다.
④ 비중이 물보다 작다.

　[메틸알코올(메탄올, $CH_3OH$)]
　• 일반적 성질
　- 인화점 11℃, 착화점 464℃, 비점 64℃, 연소범위 7.3~36%, 증기비중 1.1
　　비중 0.793, 냄새 : 알콜향, 냄새있음

　정답 : 257. ①　258. ①　259. ④　260. ②　261. ①

- 무색 투명한 휘발성 액체로 독성이 있다.
- 물에 잘 녹고 유기용제에도 잘 녹는다.
- 산화되면 포름알데하이드를 거쳐 최종적으로 포름산이 된다.

$$CH_3OH \underset{\text{환원}}{\overset{\text{산화}}{\rightleftarrows}} HCHO \underset{\text{환원}}{\overset{\text{산화}}{\rightleftarrows}} HCOOH$$

　　(메틸알코올)　　(포름알데하이드)　(포름산)

• 위험성
- 밝은 곳에서 연소 시 불꽃이 잘 보이지 않는다.
- 독성이 강하여 30~100ml를 먹으면 사망한다.
- K, Na 등 알칼리금속과 반응하여 수소($H_2$)를 발생한다.

$$2Na + 2CH_3OH \longrightarrow 2CH_3ONa + H_2$$

(나트륨) (메탄올)　　　　(나트륨알코올레이드) (수소)

• 저장 및 취급방법
- 화기 등을 멀리하고 액체의 온도가 인화점 이상이 되지 않도록 한다.
- 용기는 밀전 · 밀봉하여 통풍이 잘되는 냉암소에 저장한다.
• 소화방법
- 분무주수에 의한 냉각 및 희석소화
- 알코올포 및 분말, $CO_2$, 할로젠화합물 방사에 의한 질식소화

## 262 다음은 알코올의 저장, 취급에 관련한 사항을 설명한 것이다. 옳지 않은 것은?

① 상온에서 저급 알코올은 액체이고, 고급 알코올은 고체가 된다.
② 저급 알코올일수록 물에 잘 녹으며, 고급 알코올일수록 잘 녹지 않는다.
③ 알칼리금속과 반응하면 산소를 발생한다.
④ 알코올은 이온화하지 않는다.

 ③ 수소를 발생
문제 261번 해설 참조

## 263 다음 알코올류 중 지정수량이 400[L]에 해당되지 않는 위험물은?

① 메탄올　　　　　　　　　② 에탄올
③ 프로판올　　　　　　　　④ 부탄올

 ①, ②, ③ 수용성 알코올류 400L
부탄올 : 제2석유류 비수용성 1000L

## 264 에틸알코올의 아이오딘포름반응시 색깔은?

① 적색　　　　　　　　　　② 청색
③ 노란색　　　　　　　　　④ 검정색

 [암기 : 노란색]

정답 : 262. ③　　263. ④　　264. ③

[에틸알코올(에탄올, $C_2H_5OH$)]
· 일반적 성질
 - 인화점 13℃, 착화점 423℃, 비점 78℃, 연소범위 4.3~19%, 증기비중 1.59
 - 무색 투명한 휘발성 액체로 독성은 없다.
 - 물에 잘 녹으며 유기용제에도 잘 녹는다.
 - 산화되면 아세트알데하이드를 거쳐 최종적으로 초산(아세트산)이 된다.

$$2C_2H_5OH \underset{\text{환원}}{\overset{\text{산화}}{\rightleftarrows}} CH_3CHO \underset{\text{환원}}{\overset{\text{산화}}{\rightleftarrows}} CH_3COOH$$
  (에틸알코올)     (아세트알데하이드)     (아세트산)

 - 140℃에서 진한 황산과 가열하면 디에틸에테르가 얻어진다.

$$2C_2H_5OH \xrightarrow[\text{탈수 축합}]{C-H_2SO_4} C_2H_5OC_2H_5+H_2O$$
 (에틸알코올)          (디에틸에테르) (물)

 - 160℃에서 진한 황산과 가열하면 에틸렌이 얻어진다.

$$C_2H_5OH \xrightarrow{C-H_2SO_4} C_2H_4+H_2O$$
 (에틸알코올)          (에틸렌) (물)

· 위험성
 - 밝은 곳에서 연소 시 불꽃이 잘 보이지 않는다.
 - K, Na 등 알칼리 금속과 반응하여 수소($H_2$)를 발생한다.

$$2Na+2C_2H_5OH \longrightarrow 2C_2H_5ONa+H_2$$
 (나트륨)(에탄올)     (나트륨알코올레이드) (수소)

· 저장 및 취급방법, 소화방법 : 메틸알코올에 준한다.

**265** 다음 에탄올 또는 주정이라고 하는 물질과 화학식이 같은 물질은?

① $C_5H_{11}OH$    ② $CH_3COOH$
③ $CH_3OH$    ④ $C_2H_5OH$

 주정, 소주의 원료 : 에틸알코올

**266** 알코올 발효시에 에틸알코올과 같이 생기는 부산물에 해당하는 것은?

① 피리딘    ② 퓨젤유
③ 변성알코올    ④ 에스터

**267** 물과 서로 분리 가능하여 물속에서 쉽게 구별할 수 있는 알코올은?

① n-부틸알코올    ② n-프로필알코올
③ 에틸알코올    ④ 메틸알코올

 ① 물과 분리 : 비수용성
나머지는 수용성

 정답 : 265. ④   266. ②   267. ①

**268** 알코올류에서 탄소수가 증가할수록 변화되는 현상으로 옳은 것은?

① 인화점이 낮아진다.      ② 연소범위가 넓어진다.

③ 수용성이 감소된다.      ④ 액체비중이 작아진다.

 ③ 탄소수가 증가할수록 수용성 감소

**269** 다음 중 물에 잘 녹지 않는 위험물은?

① 벤젠      ② 에틸알코올

③ 글리세린      ④ 아세트알데하이드

 벤젠($C_6H_6$)은 물에 녹지 않는 4류 위험물 중 1석유류이다.

**270** 알코올류 40,000[L]의 소화설비의 설치시 소요단위는 얼마인가?

① 5단위      ② 10단위

③ 15단위      ④ 20단위

 $\dfrac{40000L}{400L} = 100$배

따라서 $\dfrac{100}{10} = 10$단위

**271** 다음 중 제2석유류에 속하지 않는 것은?

① 경유      ② 개미산

③ 테레핀유      ④ 톨루엔

 ④ 제1석유류 비수용성

**272** 제4류 위험물 중 제2석유류에 해당하는 물질은?

① 초산      ② 아닐린

③ 톨루엔      ④ 실린더유

 ① 초산 [제2석유류 수용성]

 정답 : 268. ③    269. ①    270. ②    271. ④    272. ①

**273** 등유의 성질로 맞지 않는 것은?

① 여러 가지 탄화수소의 혼합물이다.
② 석유류분 중 가솔린보다 높은 비점 범위를 갖는다.
③ 가솔린보다 휘발하기 쉬운 탄화수소이다.
④ 물에는 녹지 않는다.

---

 등유 : 2석유류

**274** 1기압에서 엑체로서 인화점이 21[℃] 이상 70[℃] 미만인 위험물은?

① 제1석유류 - 아세톤, 휘발유
② 제2석유류 - 등유, 경유
③ 제3석유류 - 중유, 클레오소트유
④ 제4석유류 - 기어유, 실린더유

**275** 경유의 성질을 잘못 설명한 것은?

① 비중이 1 이하이다.
② 물에 녹기 어렵다.
③ 인화점은 등유보다 낮다.
④ 보통 시판되는 것은 담갈색의 액체이다.

---

· 경유 인화점 50~70℃
· 등유 인화점 40~70℃

**276** 다음 위험물 중 제4류 위험물 제2석유류에 속하며 독성이 강한 것은?

① $CH_3COOH$
② $C_6H_6$
③ $C_6H_5CH = CH_2$
④ $C_6H_5NH_2$

---

① 초산(제2석유류)
② 벤젠(제1석유류)
③ 스티렌(제2석유류)
④ 아닐린(제3석유류)

**277** 제2석유류에 해당되지 않는 것은?

① 의산
② 나이트로벤젠
③ 초산
④ 메타크실렌

---

 ② 제3석유류

 정답 : 273. ③    274. ②    275. ③    276. ③    277. ②

**278** 다음과 같은 성질을 가지는 물질은?

> * NaOH과 반응할 수 있다.  * 은거울 반응을 한다.
> * CH₃OH와 에스터화 반응을 한다.

① CH₃COOH   ② HCOOH
③ CH₃CHO   ④ CH₃COCH₃

 ② 의산
① 초산, ③ 아세트알데하이드, ④ 아세톤

**279** 경유의 화재 발생시 주수소화가 부적당한 이유로서 가장 옳은 것은?

① 경유가 연소할 때 물과 반응하여 수소가스를 발생시켜 연소를 돕기 때문에
② 주수소화하면 경유의 연소열 때문에 분해하여 산소를 발생시켜 연소를 돕기 때문에
③ 경유는 물과 반응하여 유독가스가 발생하므로
④ 경유는 물보다 가볍고 또 물에 녹지 않기 때문에 화재가 널리 확대되므로

**280** 자극성 냄새를 가지며 피부에 닿으면 물집이 생기고 비교적 강한 산으로 환원성이 있는 제2석유류는?

① 개미산   ② 스틸렌
③ 아세톤   ④ 에탄올

**281** HCOOH의 증기비중을 계산하면 약 얼마인가? (단, 공기의 평균 분자량은 29이다)

① 1.59   ② 2.45
③ 2.78   ④ 3.54

 분자량 46
$\frac{46}{29} = 1.59$

**282** 클로로벤젠에 대한 설명 중 옳은 것은?

① 인화점이 32[℃]이므로 제2석유류에 속한다.
② 독성이 있고 은색의 액체이다.
③ 착화 온도는 등유보다 낮다.
④ 물에 잘 녹는다.

 [클로로벤젠(염화페닐, C₆H₅Cl)(지정수량 1,000리터)]

 정답 : 278. ②   279. ④   280. ①   281. ①   282. ①

· 일반적 성질
- 인화점 32℃, 착화점 638℃, 비중 1.11, 연소범위 1.3~7.1%
- 석유와 비슷한 냄새를 가진 무색의 액체로 물보다 무겁다.
- 물에는 녹지 않고 유기용제에는 잘 녹는다.
- DDT의 원료로 사용된다.
· 위험성
- 마취성이 있고 독성도 있으나 벤젠보다 약하다.
- 연소 시 포스겐, 염화수소를 포함한 유독가스를 발생한다.
· 저장 및 취급방법, 소화방법 : 등유에 준한다.

## 283 다음과 같이 위험물을 저장하는 경우 지정수량의 몇 배에 해당하는가?

> · 클로로벤젠 600[L]                · 동 · 식물유류 5,400[L]
> · 제2석유류(비수용성) 1,200[L]

① 2.24배                            ② 2.34배
③ 3.34배                            ④ 3.352배

 $\frac{600L}{1000L} + \frac{5400L}{10000L} + \frac{1200L}{1000L} = 2.34$

## 284 다음 중 크실렌의 이성질체가 아닌 것은?

① o - 크실렌                        ② p - 크실렌
③ m - 크실렌                        ④ q - 크실렌

 문제 227번 해설 참조

## 285 크실렌(Xylene)의 일반적인 성질에 대한 설명으로 옳지 않은 것은?

① 3가지 이성질체가 있다.            ② 독특한 냄새를 가지며 갈색이다.
③ 유지나 수지 등을 녹인다.          ④ 증기의 비중이 높아 낮은 곳에 체류하기 쉽다.

 ② 무색

## 286 다음 중 테레핀유에 대한 설명이 잘못된 것은?

① 물에 녹지 않으나 알코올, 에테르에 녹으며 유지 등을 잘 녹인다.
② 순수한 것은 황색의 액체이고, $I_2$와 혼합된 것은 가열하여도 발화하지 않는다.
③ 화학적으로는 유지는 아니지만 건성유와 유사한 산화성이기 때문에 공기 중 산화한다.
④ 테레핀유가 묻은 엷은 천에 염소가스를 접촉시키면 폭발한다.

 정답 : 283. ②    284. ④    285. ②    286. ②

[테레핀유(송정유)(지정수량 1,000리터)]
• 일반적 성질
 - 인화점 35℃, 착화점 240℃, 비중 0.9
 - 소나무과 식물에서 추출한 것으로 무색 또는 담황색의 액체이다.
 - 물에는 녹지 않으나, 유기용제에는 잘 녹는다.
 - 주성분은 피넨($C_{10}H_{16}$)으로 80~90%이다.
• 위험성
 - 헝겊 및 종이 등에 스며들어 있으면 산화중합반응에 의해 자연발화한다.
 - 연소 시 유독가스인 일산화탄소(CO)가 발생된다.
• 저장 및 취급방법, 소화방법 : 등유에 준한다.

**287** 하이드라진을 약 180[℃]까지 열분해시켰을 때 발생하는 가스가 아닌 것은?

① 이산화탄소       ② 수소
③ 질소         ④ 암모니아

해설   하이드라진($2N_2H_4$) : 질소, 수소, 암모니아

**288** 제4류 위험물 중 지정수량이 4,000[L]인 것은? (단, 수용성 액체이다)

① 제1석유류       ② 제2석유류
③ 제3석유류       ④ 제4석유류

**289** 다음 위험물 중 제3석유류에 해당하지 않는 물질은?

① 나이트로톨루엔      ② 에틸렌글리콜
③ 글리세린        ④ 테레핀유

해설   테레핀유 (2석유류)

**290** 다음과 같은 일반적 성질을 갖는 물질은?

> • 약한 방향성 및 끈적거리는 시럽상의 액체
> • 발화점 : 약 402[℃], 인화점 : 111[℃]
> • 유기산이나 무기산과 반응하여 에스터를 만듦

① 에틸렌글리콜       ② 우드테레핀유
③ 클로로벤젠        ④ 테레핀유

해설   [에틸렌글리콜($C_2H_4(OH)_2$)(지정수량 4,000리터)]
• 일반적 성질
 - 인화점 111℃, 착화점 413℃, 융점 −12.6℃, 비중 1.1
 - 무색, 무취의 끈적한 액체로 강한 흡습성이 있다.
 - 물, 알코올, 아세톤, 글리세린 등에 잘 녹는다.

 정답 : 287. ①    288. ③    289. ④    290. ①

- 2가 알코올로 독성이 있으며 단맛이 있다.
- 자동차용 부동액의 원료로 사용된다.
• 위험성, 저장 및 취급방법 : 중유에 준한다.
• 소화방법
- 분무주수에 의한 냉각 및 희석소화
- 알코올포 및 분말, $CO_2$, 할로겐화합물 방사에 의한 질식소화

**291** 자동차의 부동액으로 많이 사용되는 에틸렌글리콜을 가열하거나 연소할 때 주로 발생되는 가스는?

① 일산화탄소　　　　　　　　② 인화수소
③ 포스겐가스　　　　　　　　④ 메탄

 ① 자동차의 부동액

**292** 다음 중 에틸렌글리콜과 글리세린의 공통점이 아닌 것은?

① 독성이 있다.　　　　　　　② 수용성이다.
③ 무색의 액체이다.　　　　　④ 단맛이 있다.

 • 에틸렌글리콜 : 독성이 있음
• 글리세린 : 독성이 없음

**293** 크레졸의 성질 중 옳지 않은 것은?

① 3가지 이성질체를 갖는다.　　② 피부와 접촉되면 화상을 입는다.
③ 비등점이 100[℃] 미만이다.　④ 비중은 물보다 크다.

 [메타크레졸($C_6H_4(CH_3)OH$)(지정수량 2,000리터)]
• 일반적 성질
- 인화점 86℃, 착화점 630℃, 융점 4℃, 비중 1.04
- 무색 또는 황색의 액체이다.
- 물보다 무겁고 물에 약간 녹는다.
• 위험성 : 독성과 부식성이 있다.
• 저장 및 취급방법, 소화방법 : 중유에 준한다.

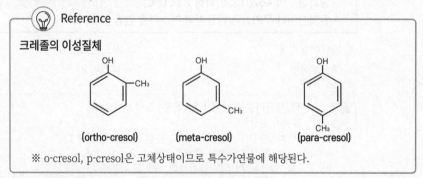

**Reference**

크레졸의 이성질체

(ortho-cresol)　　(meta-cresol)　　(para-cresol)

※ o-cresol, p-cresol은 고체상태이므로 특수가연물에 해당된다.

 정답 : 291. ①　　292. ①　　293. ③

**294** 다음 물질 중 작용기 OH와 CH₃를 함께 포함하고 있는 화합물은?

① p - 크레졸
② o - 크실렌
③ 글리세린
④ 피크르산

**295** 윤활제, 화장품, 폭약의 원료로 사용되며, 무색이고 단맛이 있는 제4류 위험물로 지정수량이 4,000[L]인 것은?

① $C_4H_3((OH)(NO_2))_2$
② $C_3H_5(OH)_3$
③ $C_6H_5NO_2$
④ $C_6H_5NH_2$

 ② 글리세린

**296** 코올타브 유분으로 나프탈렌과 안트라센 등을 함유하는 물질은?

① 중유
② 메타크레졸
③ 클로로벤젠
④ 클레오소트유

[클레오소오트유(타르유)(지정수량 2,000리터)]
• 일반적 성질
 - 인화점 74℃, 착화점 336℃, 비중 1.05
 - 자극성 타르냄새가 나는 황갈색의 액체이다.
 - 물에 녹지 않으며 물보다 무겁다.
 - 자체 내에 나프탈렌 및 안트라센을 포함하여 독성을 가진다.
• 위험성 : 중유에 준한다.
• 저장 및 취급방법
 - 타르산이 함유되어 용기를 부식하므로 내산성 용기를 사용한다.
 - 기타 중유에 준한다.
• 소화방법 : 중유에 준한다.

**297** 분자량 93.1 비중 약 1.02, 융점 약 -6[℃]인 액체로 독성이 있고 알칼리금속과 반응하여 수소가스를 발생하는 물질은?

① 글리세린
② 나이트로벤젠
③ 아닐린
④ 아세토니트릴

[아닐린(아미노벤젠, $C_6H_5NH_2$)(지정수량 2,000리터)]
• 일반적 성질
 - 인화점 70℃, 착화점 538℃, 비중 1.02, 융점 -6℃
 - 특유한 냄새를 가진 황색 또는 담황색의 끈기있는 기름 모양의 액체이다.

  정답 : 294. ① 295. ② 296. ④ 297. ③

- 물보다 무겁고 물에는 약간 녹으며, 유기용제에는 잘 녹는다.
• 위험성
- 독성이 강하므로 증기를 흡입하면 급성 또는 만성중독을 일으킨다.
- 알칼리금속 및 알칼리토금속과 작용하여 수소($H_2$)를 발생한다.
• 저장 및 취급방법, 소화방법 : 중유에 준한다.

## 298 기어유의 지정수량은 얼마인가?

① 1,000[L]          ② 2,000[L]

③ 3,000[L]          ④ 6,000[L]

 ④ 제4석유류

## 299 "동·식물유류"란 동물의 지육 등 식물의 종자나 과육으로부터 추출한 것으로서 몇 기압과 인화점이 섭씨 몇도 미만인 것을 뜻하는가?

① 1기압, 250[℃]          ② 1기압, 200[℃]

③ 2기압, 250[℃]          ④ 2기압, 200[℃]

## 300 다음 중 동·식물류의 지정수량으로 맞는 것은?

① 200[L]          ② 2,000[L]

③ 6,000[L]          ④ 10,000[L]

 [동식물유류(지정수량 : 10,000리터)]
동물의 지육 등 또는 식물의 종자나 과육으로부터 추출한 것으로서 1기압에서 인화점이 250℃ 미만인 것. 다만, 행정안전부령으로 정하는 용기기준과 수납·저장기준에 따라 수납되어 저장·보관되고 용기의 외부에 물품의 통칭명, 수량 및 화기엄금의 표시가 있는 경우는 제외한다.

| 구 분 | 아이오딘값 | 종 류 |
|---|---|---|
| 건성유 | 130 이상 | 해바라기기름, 아마인유, 정어리기름, 들기름 등 |
| 반건성유 | 100 이상, 130 미만 | 청어기름, 쌀겨기름, 채종유, 옥수수기름, 콩기름, 참기름 등 |
| 불건성유 | 100 미만 | 피마자유, 올리브유, 야자유 등 |

• 아이오딘값(옥소값) : 유지 100g에 부가되는 아이오딘의 g 수
• 아이오딘값이 크다는 것은 불포화도가 큰 것으로 자연발화의 위험이 크다.

■ 건성유
• 일반적 성질 : 동식물유류 중 불포화도가 가장 커 자연발화의 위험이 가장 크다.
• 위험성
- 헝겊 또는 종이에 스며들어 있는 상태에서 자연발화의 위험이 크다.
- 인화점 이상에서는 가솔린과 같은 위험이 있다.

 정답 : 298. ④     299. ①     300. ④

- 저장 및 취급방법
  - 통풍이 양호한 곳에 저장하여 산화열의 축적을 방지한다.
  - 습기가 높은 곳을 피하고, 화기 및 점화원으로부터 멀리한다.
  - 가열 시 인화점 이상 가열되지 않도록 한다.
  - 소화방법 : 포말 및 분말, $CO_2$, 할로젠화합물 방사에 의한 질식소화
- ■ 반건성유
  - 자연발화의 위험이 건성유보다는 작지만 불건성유보다는 크다.
  - 기타 사항은 건성유에 준한다.
- ■ 불건성유
  - 아이오딘값이 가장 작으므로 자연발화의 위험성이 가장 작다.
  - 기타 사항은 건성유에 준한다.

**301**　다음 위험물 중 자연발화의 위험성이 가장 큰 물질은?

① 아마인유　　　　　　　　② 파라핀

③ 휘발유　　　　　　　　　④ 피리딘

**302**　다음 유지류 중 아이오딘값이 가장 큰 것은?

① 돼지기름　　　　　　　　② 고래기름

③ 소기름　　　　　　　　　④ 정어리기름

**303**　다음 유지류 중 아이오딘값이 100 이하인 불건성유는?

① 아마인유　　　　　　　　② 참기름

③ 피마자유　　　　　　　　④ 번데기유

**304**　아이오딘값의 정의를 올바르게 설명한 것은?

① 유지 100[kg]에 부가되는 아이오딘의 [g]수

② 유지 10[kg]에 부가되는 아이오딘의 [g]수

③ 유지 100[g]에 부가되는 아이오딘의 [g]수

④ 유지 10[g]에 부가되는 아이오딘의 [g]수

**305**　동 · 식물유류의 일반적 성질에 관한 내용이다. 거리가 먼 것은?

① 아마인유는 건성유이므로 자연발화의 위험이 존재한다.

② 아이오딘값이 클수록 포화지방산이 많으므로 자연발화의 위험이 적다.

③ 산화제와 격리시켜 저장한다.

④ 동 · 식물유는 대체로 인화점이 250[℃] 미만 정도이므로 연소위험성 측면에서 제4석유류와
유사하다.

----

 ② 불포화지방산이 많으므로

**306** 동·식물유류의 저장 및 취급방법으로 올바르지 못한 것은?

① 액체 누설에 주의하고 화기접근을 금한다.

② 인화점 이상으로 가열하지 않도록 주의한다.

③ 건성유는 섬유류 등에 스며들지 않도록 한다.

④ 불건성유는 공기 중에서 쉽게 굳어지므로 질소를 퍼지시켜 취급한다.

----

 ④ 건성유는 공기중에서 쉽게 굳어지므로

**307** 자기반응성 물질에 대한 설명으로 옳지 않은 것은?

① 가연성 물질로 그 자체가 산소함유 물질로 자기연소가 가능한 물질이다.

② 연소속도가 대단히 빨라서 폭발성이 있다.

③ 비중이 1보다 작고 가용성 액체로 되어 있다.

④ 시간의 경과에 따라 자연발화의 위험성을 갖는다.

----

 ③ 비중이 1보다 크고 고체로 되어 있다.

**308** 제5류 위험물에 해당되지 않는 것은?

① 유기과산화물               ② 질산아민류

③ 셀룰로이드                 ④ 아조화합물

----

해설 질산아민＝질산염＝질산화 물질 : 질산염류 1류

**309** 제5류 위험물의 소화방법으로 옳은 것은?

① 질식소화 및 냉각소화        ② 마른모래의 의한 피복소화

③ 전박적으로 공기차단은 효과가 없다.   ④ 물에 의한 냉각소화

**310** 질산에스터류에 대한 설명으로 옳은 것은?

① 알코올기를 함유하고 있다.   ② 모두 물에 녹는다.

③ 폭약의 원료로도 사용한다.   ④ 산소를 함유하는 무기화합물이다.

----

 [질산에스터류(지정수량 10kg)]
질산($HNO_3$)의 수소($H_2$)를 알킬기(R, $C_nH_{2n+1}$)로 치환한 화합물의 총칭
■ 질산메틸($CH_3ONO_2$)

 정답 : 306. ④    307. ③    308. ②    309. ④    310. ③

- 일반적 성질
  - 인화점 15℃, 비점 66℃, 비중 1.22
  - 무색투명한 액체로 물에 약간 녹는다.
- 위험성
  - 비점 이상으로 가열하면 격렬하게 폭발한다.
  - 휘발하기 쉽고 인화점이 낮으므로 인화가 쉽다.
  - 마취성이 있으며 독성이 있다.
- 저장 및 취급방법
  - 불꽃, 화기엄금, 직사광선을 차단한다.
  - 용기는 밀봉하고 통풍 환기가 잘되는 찬 곳에 저장한다.
- 소화방법 : 다량의 주수에 의한 냉각소화

■ 질산에틸($C_2H_5ONO_2$)
  - 일반적 성질
    - 인화점 $-10℃$, 비점 87℃, 비중 1.11

> 📁 **질화도 : 나이트로셀룰로오스 중 질소의 함유율(%)**
>
> - **강면약** : 에테르(2)와 에틸알코올(1)의 혼합액에 녹지 않는 것(질화도가 12.76% 이상)
> - **약면약** : 에테르(2)와 에틸알코올(1)의 혼합액에 녹는 것(질화도가 10.18% 이상, 12.76% 미만)

    - 무색투명한 액체로 단맛이 있다.
    - 물에 녹지 않지만 유기용제에는 잘 녹는다.
  - 위험성, 저장 및 취급방법, 소화방법 : 질산메틸에 준한다.

■ 나이트로셀룰로오스(질화면, NC)$[C_6H_7O_2(ONO_2)_3]n$
  - 일반적 성질
    - 인화점 13℃, 발화점 160~170℃, 분해온도 130℃, 비중 1.7
    - 맛과 냄새가 없으며 물에 녹지 않는다.
    - 천연 셀룰로오스를 진한 황산과 진한 질산의 혼산으로 반응시켜 만든다.

$$4C_6H_{10}O_5 + 11HNO_3 \xrightarrow{C-H_2SO_4} C_{24}H_{29}O_9(NO_3)_{11} + 11H_2O$$
$$\text{(셀룰로오스)} \quad \text{(질산)} \qquad \qquad \text{(나이트로셀룰로오스)} \ \text{(물)}$$

  - 위험성
    - 약 130℃에서 서서히 분해하고 180℃에서 격렬하게 연소한다.
    - 건조된 것은 충격, 마찰 등에 민감하여 발화하기 쉽고 점화되면 폭발한다.
    - 직사광선, 산ㆍ알칼리 등에 의해 분해되어 자연발화한다.
    - 질화도가 클수록 폭발의 위험성이 크고, 무연화약으로 사용된다.
  - 저장 및 취급방법
    - 저장 시 소분하여 물이 함유된 알코올로 습면시켜 저장한다.
    - 불꽃 등 화기로부터 멀리하고 마찰, 충격, 전도 등을 피한다.
  - 소화방법 : 다량의 주수에 의한 냉각소화

■ 나이트로글리세린$[C_3H_5(ONO_2)_3]$
  - 일반적 성질
    - 융점 13℃, 비점 257℃, 발화점 205~215℃, 비중 1.6
    - 무색 투명한 기름모양의 액체(공업용은 담황색)로 일명 NG라 한다.
    - 물에 녹지 않지만 유기용제에는 잘 녹는다.
    - 상온에서는 액체이지만 겨울에는 동결한다.
    - 규조토에 흡수시킨 것을 다이나마이트라 한다.
  - 위험성
    - 점화하면 즉시 연소하고 다량이면 폭발한다.

$$4C_3H_5(ONO_2)_3 \longrightarrow 12CO_2 + 10H_2O + 6N_2 + O_2$$
(나이트로글리세린)　　　(탄산가스) (수증기) (질소) (산소)
- 산과 접촉하면 분해가 촉진되어 폭발할 수 있다.
- 증기는 유독하다.
- 저장 및 취급방법
- 가열, 충격, 마찰 등에 민감하므로 주의한다.
- 증기는 유독하므로 피부보호나 보호구 등을 착용한다.
- 저장용기는 구리(Cu)제 용기를 사용한다.
- 통풍, 환기가 잘되는 찬 곳에 저장한다.
- 소화방법 : 다량의 주수에 의한 냉각소화
■ 나이트로글리콜[(CH_2ONO_2)_2]
- 일반적 성질
- 융점 −22℃, 발화점 215℃, 비중 1.5
- 무색 투명한 기름모양의 액체(공업용은 암황색)이다.
- 에틸렌글리콜을 질산, 황산의 혼산 중에 반응시켜 만든다.

$$C_2H_4(OH)_2 + 2HNO_3 \xrightarrow{C-H_2SO_4} C_2H_4(ONO_2)_2 + 2H_2O$$

- 위험성 : 충격이나 급열에 대한 감도는 NG보다 둔하지만 휘발성이 크고 인화점이 낮으위험성이 크다.
- 저장 및 취급방법, 소화방법 : 나이트로글리세린에 준한다.
③ 물에 녹지 않는 것이 대부분, 유기화합물, 알콜기 함유 아님

## 311　제5류 위험물인 나이트로화합물의 특징으로 옳지 않은 것은?

① 충격을 가하면 위험하다.
② 연소소도가 빠르다.
③ 산소 함유물질이다.
④ 불연성 물질이지만 산소를 많이 함유한 화합물이다.

## 312　다음 위험물 품명에서 지정수량이 200[kg]이 아닌 것은?

① 질산에스터류　　　　　　　　② 나이트로화합물
③ 아조화합물　　　　　　　　　④ 하이드라진유도체

 ① 질산에스터류 : 10kg

## 313　유기과산화물의 액체가 누출되었을 때 처리방법으로 가장 옳은 것은?

① 중화제로 흡수하고 제거한다.
② 물걸레로 즉시 깨끗이 닦는다.
③ 마른모래로 흡수하고 제거한다.
④ 팽창질석 또는 팽창진주암으로 흡수하고 제거한다.

 정답 : 311. ④　　312. ①　　313. ④

**314**  **자기반응성 물질의 초기 화재시 소화방법으로 적당한 것은?**

① 다량의 주수소화
② 분말소화
③ 팽창질석
④ 할로젠화합물

**315**  **제5류 위험물의 공통된 취급방법이 아닌 것은?**

① 저장시 가열, 충격, 마찰을 피한다.
② 용기의 파손 및 균열에 주의한다.
③ 포장외부에 "자연발화 주의사항"을 표기한다.
④ 점화원 및 분해를 촉진시키는 물질로부터 멀리한다.

 5류 위험물 : 화기엄금

| 게시판의 내용 | 화기엄금 (적색바탕, 백색문자) | 물기엄금 (청색바탕, 백색문자) | 화기주의 (적색바탕, 백색문자) |
|---|---|---|---|
| 위험물의 종류 | • 제2류위험물 중 인화성고체<br>• 제3류위험물 중 자연발화성 물질<br>• 제4류 위험물<br>• 제5류 위험물 | • 제1류 위험물 중 알칼리금속의 과산화물<br>• 제3류 위험물 중 금수성 물질 | • 제2류 위험물 (인화성 고체 제외) |

제1류위험물(알카리금속의 과산화물 제외) 제6류 위험물 : 별도의 표시없음.

**316**  **제5류 위험물의 화재 예방상 주의사항으로서 옳지 않은 것은?**

① 화기에 주의할 것
② 소화설비는 질식효과가 있는 것이 좋다.
③ 습기, 실온, 통풍에 주의할 것
④ 자연발화성 물질도 있으니 주변에 가열이 없도록 주의할 것

 ② 냉각주수

**317**  **다음 중 지정수량이 가장 적은 위험물은?**

① (HOOCCH₂CH₂CO)₂O₂
② Zn(C₂H₅)₂
③ C₆H₂CH₃(NO₂)₃
④ CaC₂

 ① 유기과산화물 10kg
② 디에틸아연 3류 유기금속화합물 50kg
③ 트리나이트로톨루엔 5류 지정수량 200kg
④ 탄화칼슘(카바이트) 3류 300kg

 정답 : 314. ① 　 315. ③ 　 316. ② 　 317. ①

**318** 제5류 위험물에 속하지 않는 물질은?

① 나이트로글리세린
② 나이트로벤젠
③ 나이트로셀룰로오스
④ 질산에스터

 ② 나이트로벤젠 : 제4류 위험물 제3석유류

**319** 다음 중 자기반응성 물질끼리 묶여진 것이 아닌 것은?

① 과산화벤조일, 질산메틸
② 나이트로글리세린, 셀룰로이드
③ 아세토니트릴, 트리나이트로톨루엔
④ 아조벤젠, 파라디나이트로소벤젠

 ③ 아세토니트릴 : 제4류 위험물 제1석유류

**320** 다음 제5류 위험물질로 화재발생시 분무상의 물로 소화할 수 있는 것은?

① $C_3H_5(ONO_2)_3$
② $[C_6H_7O_2(ONO_2)_3]n$
③ $CH_3ONO_2$
④ $C_2H_4(ONO_2)_2$

① 나이트로글리세린
② 나이트로셀룰로오스
③ 질산메틸
④ 나이트로글리콜

**321** 다음은 위험물안전관리법상 제5류 위험물들이다. 지정수량이 가장 큰 것은?

① 아조화합물
② 과산화벤조일
③ 나이트로글리세린
④ 나이트로셀룰로오스

① 200kg
②, ③, ④ 10kg

**322** 다음 중 유기과산화물에 대한 설명으로 옳지 않은 것은?

① 메틸에틸케톤퍼옥사이드(MEKPO)는 무색 기름상의 액체이다.
② 벤조일퍼옥사이드(BPO)는 황색의 액체로서 물에 잘 녹는다.
③ 메틸에틸케톤퍼옥사이드(MEKPO)의 함유율이 60[wt%] 이상일 때 지정유기과산화물이라 한다.
④ 벤조일퍼옥사이드(BPO)는 수성일 경우 함유율이 80[wt%] 이상일 때 지정유기과산화물이라 한다.

② 무색, 무취, 불용

정답 : 318. ② 　 319. ③ 　 320. ② 　 321. ① 　 322. ②

**323** 유기과산화물인 MEKPO의 지정수량은?

① 10[kg]                    ② 50[kg]

③ 600[kg]                   ④ 1,000[kg]

- 메틸에틸케톤퍼옥사이드 지정수량 10kg
- MEK(메틸에틸케톤) 4류위험물 제1석유류 비수용성 200L

**324** 다음 위험물 중 가연물과 산소를 많이 함유함으로 보관 관리상 희석제 및 안정제를 가하여야 하는 물질은?

① $(C_6H_5CO)_2O_2$          ② $Na_2O_2$

③ $NaClO_4$                 ④ $K_2O_2$

가연물과 산소 : 5류위험물
① 과산화벤조일
② 과산화나트륨
③ 과염소산나트륨
④ 과산화칼륨

**325** 유기과산화물의 희석제로 널리 사용되는 것은?

① 물                        ② 벤젠

③ MEKPO                     ④ 프탈산디메틸

**326** 다음 위험물 중 성상이 고체인 것은?

① 과산화벤조일               ② 질산에틸

③ 나이트로글리세린           ④ 메닐에텔케톤퍼옥사이드

**327** 과산화벤조일의 위험성에 대한 설명 중 옳지 않은 것은?

① 수분이 흡수되면 분해하여 폭발위험이 커진다.

② 상온에서 비교적 안정하나 가열, 마찰, 충격에 의해 폭발할 위험이 있다.

③ 가열을 하면 약 100[℃] 부근에서 흰 연기를 낸다.

④ 비활성 희석제를 첨가하여 폭발성을 낮출 수 있다.

[과산화벤조일(벤젠퍼옥사이드)[$(C_6H_5CO)_2O_2$]]
- 일반적 성질
  - 발화점 125℃, 융점 103~105℃, 비중 1.33
  - 무색, 무취의 백색분말 또는 결정이다.
  - 물에는 잘 녹지 않으나 알코올 등에는 잘 녹는다.
  - 가열하면 100℃ 부근에서 흰 연기를 내며 분해한다.

 정답 : 323. ①    324. ①    325. ④    326. ①    327. ①

· 위험성
  - 75~80℃에서 오래 있으면 분해한다.
  - 상온에서는 안정하나 열, 빛, 충격, 마찰 등에 의해 폭발할 위험이 있다.
  - 진한 황산, 진한 질산, 금속분 등과 혼합하면 분해를 일으켜 폭발한다.
  - 건조상태에서 마찰·충격으로 폭발의 위험이 있다.
· 저장 및 취급방법
  - 이 물질이 혼입되지 않도록 하며, 액체의 누출이 없도록 한다.
  - 마찰, 충격, 화기, 직사광선 등을 피하며, 냉암소에 저장한다.
  - 분진 등을 취급할 때는 눈이나 폐 등을 자극하므로 반드시 보호구(보호안경, 마스크 등)를 착용하여야 한다.
  - 저장 용기에 희석제를 넣어서 폭발위험성을 낮춘다.
  ※ 희석제 : 프탈산디메틸, 프탈산디부틸 등
· 소화방법 : 다량의 주수에 의한 냉각소화

**328** 과산화벤조일은 중량 함유량[wt%]이 얼마 이상일 때 위험물로 취급하는가?

① 30                              ② 35.5
③ 40                              ④ 50

**329** 디이소프로필퍼옥시디카보네이트 유기과산화물에 대한 설명으로 옳지 않은 것은?

① 가열 충격 마찰에 민감하다.
② 중금속분과 접촉하면 폭발한다.
③ 희석제로 톨루엔 70[%]를 첨가하고 저장온도는 0[℃] 이하로 유지하여야 한다.
④ 다량의 물로 냉각소화는 기대할 수 없다.

**330** 다음 중 질산에스터류에 속하지 않는 것은?

① 나이트로셀룰로오스                  ② 질산에틸
③ 나이트로글리세린                    ④ 트리나이트로톨루엔

--------------------------------------------------------------------

 ④ TNT 나이트로화합물 지정수량 200kg

**331** 질산에틸의 성상에 대한 설명으로 옳은 것은?

① 물에는 잘 녹는다.                   ② 상온에서 액체이다.
③ 알코올에는 녹지 않는다.             ④ 황색이고 불쾌한 냄새가 난다.

**332** 자기반응성 물질로 액체상태인 경우 충격, 마찰에는 매우 예민하나 동결된 경우에는 액체상태보다 충격, 마찰이 둔해지는 물질은?

① 펜트리트                           ② 트리나이트로벤젠
③ 나이트로글리세린                    ④ 질산메틸

 정답 : 328. ②      329. ④      330. ④      331. ②      332. ③

**333** 질산에스터류의 성상에서 옳은 것은?

① 전부 물에 녹는다.
② 부식성 산이다.
③ 산소 함유물질이며 가연성이다.
④ 산소를 함유하는 무기물질이다.

 ① 대부분 물에 녹지 않는다.
② 부식성 없음
④ 유기물질

**334** 나이트로셀룰로오스의 약면약은 질소의 함량이 몇 [%]인가?

① 11.50 ~ 12.30[%]
② 10.18 ~ 12.76[%]
③ 10.50 ~ 11.50[%]
④ 6.77 ~ 10.18[%]

 문제 310번 해설 참조

**335** 나이트로셀룰로오스의 주원료는?

① 톨루엔
② PVC수지
③ 아세트산비닐
④ 정제한 솜

 문제 310번 해설 참조

**336** 나이트로셀룰로오스에 대하여 옳은 것은?

① 나이트로글리세린이라 하여 셀룰로오스와 글리세린의 에스터이다.
② 셀룰로이드의 염산화합물이다.
③ 제5류 질산에스터류에 속한다.
④ 셀룰로오스의 황산에스터이다.

**337** 나이트로셀룰로오스를 저장, 운반할 때 가장 좋은 방법은?

① 질소가스를 넣는다.
② 갈색 유리병에 넣는다.
③ 냉동시켜서 운반한다.
④ 알코올 등으로 습면을 만들어 운반한다.

**338** 질화면의 성질로서 맞는 것은?

① 질화도가 클수록 폭발성이 세다.
② 수분이 많이 포함될수록 폭발성이 크다.
③ 외관상 솜과 같은 진한 갈색의 물질이다.
④ 질화도가 낮을수록 아세톤에 녹기 힘들다.

 정답 : 333. ③　　334. ②　　335. ④　　336. ③　　337. ④　　338. ①

**339** 나이트로셀룰로오스는 건조하면 발화하기 쉬워 수분 및 알코올 등 습성제로 처리하는데 습성제를 총중량의 몇 [%] 이상 함유하여 유지시켜야 하는가?

① 5[%]                        ② 10[%]
③ 15[%]                       ④ 20[%]

**340** 강화질면과 약질화면을 분류하는 기준은?

① 질화할 때의 온도차            ② 분자의 크기
③ 수분 함유량의 차              ④ 질소 함유량의 차

**341** $C_6H_2(NO_2)_3OH$와 $C_2H_5ONO_2$의 공통성질 중 옳은 것은?

① 위험물안전관리법상 나이트로소화합물이다.
② 인화성이고 폭발성인 액체이다.
③ 무색 또는 담황색의 액체로 방향이 있다.
④ 모두 알코올에 녹는다.

---

 트리나이트로페놀(피크린산)과 질산에틸의 공통성질

**342** 나이트로글리세린에 대한 설명으로 옳지 않은 것은?

① 순수한 액은 상온에서 적색을 띤다.
② 수산화나트륨 - 알코올의 혼액에 분해하여 비폭발성 물질로 된다.
③ 일부가 동결한 것은 액상의 것보다 충격에 민감하다.
④ 피부 및 호흡에 의해 인체의 순환계통에 용이하게 흡수된다.

---

 ① 무색

**343** 셀룰로이드의 성질에 관한 설명으로 옳은 것은?

① 물, 아세톤, 알코올, 나이트로벤젠, 에테르류에 잘 녹는다.
② 물에 용해되지 않으나 아세톤, 알코올에 잘 녹는다.
③ 물, 아세톤에 잘 녹으나 나이트로벤젠 등에는 불용성이다.
④ 알코올에만 녹는다.

**344** 셀룰로이드의 제조와 관계있는 약품은?

① 장뇌                        ② 염산
③ 나이트로아미드              ④ 질산메틸

 정답 : 339. ④    340. ④    341. ④    342. ①    343. ②    344. ①

**345** 위험물안전관리법상 위험물 분류할 때 나이트로화합물에 속하는 것은?

① 질산에틸

② 하이드라진

③ 질산메틸

④ 피크르산

---

④ 피크린산, 트리나이트로페놀

**346** TNT가 분해될 때 주로 발생하는 가스는?

① 일산화탄소

② 암모니아

③ 시안화수소

④ 염화수소

---

[나이트로화합물(지정수량 200kg)]

유기화합물의 수소원자가 나이트로기($-NO_2-$)로 치환된 화합물로서 소방법에서는 나이트로기가 2개 이상인 것

■ 트리나이트로톨루엔(TNT)[$C_6H_2CH_3(NO_2)_3$]
  • 일반적 성질
    - 착화점 약 300℃, 융점 81℃, 비점 240℃, 비중 1.7
    - 담황색의 주상결정이며 직사광선에 의해 다갈색으로 변한다.
    - 물에는 녹지 않으며 에테르, 아세톤 등에 잘 녹는다.
    - 폭발력의 표준이 되는 물질이다.
    - 피크린산에 비하여 충격, 마찰에 둔감하다.
    - 톨루엔에 나이트로화제를 혼합하여 만든다.

$$C_6H_5CH_3 + 3HNO_3 \xrightarrow{C-H_2SO_4} C_6H_2CH_3(NO_2)_3 + 3H_2O$$
(톨루엔)　(질산)　　　　　　　(TNT)　　(물)

  • 위험성
    - 강산화제와 혼촉하면 발열, 발화, 폭발한다.
    - 분해하면 다량의 기체를 발생한다.

$$2C_6H_2CH_3(NO_2)_3 \longrightarrow 12CO + 2C + 3N_2 + 5H_2$$
    - 알칼리와 혼합하면 발화점이 낮아져서 160℃ 이하에서 폭발한다.

  • 저장 및 취급방법
    - 가열, 충격, 타격, 마찰을 피하고 저온의 격리된 장소에서 취급한다.
    - 분말로 취급될 때에는 정전기의 발생에 주의한다.
    - 운반 시 10% 정도의 물로 젖게 하면 안전하다.

  • 소화방법 : 다량의 주수에 의한 냉각소화

■ 트리나이트로페놀(피크린산)[$C_6H_2OH(NO_2)_3$]
  • 일반적 성질
    - 착화점 약 300℃, 융점 122.5℃, 비점 255℃, 비중 1.76
    - 강한 쓴맛과 독성이 있는 침상결정이다.
    - 찬물에는 거의 녹지 않고 온수, 알코올, 에테르 등에 잘 녹는다.
    - 연소 시 그을음을 내면서 연소한다.
    - 페놀을 진한 황산에 녹이고 이것을 질산에 작용시켜 만든다.

$$C_6H_5OH + 3HNO_3 \xrightarrow{C-H_2SO_4} C_6H_2OH(NO_2)_3 + 3H_2O$$
(페놀)　(질산)　　　　　　(TNP)　　(물)

• 위험성
  - 중금속(Fe, Cu, Pb 등)과 반응하여 민감한 피크린산염을 형성한다.
  - 분해하면 다량의 기체를 발생한다.

$$2C_6H_2OH(NO_2)_3 \longrightarrow 4CO_2 + 6CO + 3N_2 + 2C + 3H_2$$

• 저장 및 취급방법
  - 가열, 충격, 타격, 마찰을 피하고 저온의 격리된 장소에서 취급한다.
  - 건조된 것일수록 폭발의 위험이 증대되므로 취급에 주의한다.
  - 운반 시 10~20%의 물로 젖게 하면 안전하다.
• 소화방법 : 다량의 주수에 의한 냉각소화

## 347 $C_6H_2CH_3(NO_2)_3$의 제조 원료로 옳게 짝지어진 것은?

① 톨루엔, 황산, 질산
② 톨루엔, 벤젠, 질산
③ 벤젠, 질산, 황산
④ 벤젠, 질산, 염산

## 348 트리나이트로톨루엔의 위험성에 대한 설명으로 옳지 않은 것은?

① 폭발력이 강하다.
② 물에는 불용이며 아세톤, 벤젠에는 잘 녹는다.
③ 햇빛에 변색되고 이는 폭발성을 증가시키다.
④ 중금속과 반응하지 않는다.

## 349 다음 물질 중 햇볕에 쪼이면 갈색으로 변하고 아세톤, 벤젠, 알코올에 잘 녹으며, 물에는 불용이고 금속과 반응하지 않는 물질은 어느 것인가?

① $C_6H_2(NO_2)_3OH$
② $(CH_2)_3(NO_2)_3$
③ $C_6H_2CH_3(NO_2)_3$
④ $C_6H_3(NO_2)_3$

## 350 TNT는 다음 어느 물질의 유도체인가?

① 톨루엔
② 페놀
③ 아닐린
④ 벤젠알데하이드

---

 ① 톨루엔 + 황산 + 질산

## 351 트리나이트로톨루엔의 설명 중 옳지 않은 것은?

① 일광을 쪼이면 갈색으로 변하나 독성은 없다.
② 발화온도가 약 300[℃]이다.
③ 에테르나 알코올에 녹는다.
④ 갈색의 액체로서 비중은 1.8정도이다.

---

 ④ 담황색고체 (주상결정) 비중 1.7

 정답 : 347. ①　　348. ③　　349. ③　　350. ①　　351. ④

**352** **피크르산의 성질에 대한 설명 중 옳지 않은 것은?**

① 쓴맛이 나고 독성이 있다.

② 약 300[℃] 정도에서 발화한다.

③ 구리 용기에 보관하여야 한다.

④ 단독으로는 마찰, 충격에 둔감하다.

 중금속(Fe, Cu, Pb) 등과 반응하여 피크린산염 형성

**353** **피크르산의 위험성과 소화방법으로 옳지 않은 것은?**

① 건조할수록 위험성이 증가한다.

② 이 산의 금속염은 대단히 위험하다.

③ 알코올 등과 혼합된 것은 폭발의 위험이 있다.

④ 화재시에는 질식소화가 효과 있다.

 ④ 주수냉각

**354** **피크르산은 무슨 반응으로 제조하는가?**

① 할로젠화             ② 산화

③ 에스터화             ④ 나이트로화

**355** **나이트로화합물류 중 분자구조 내에 하이드록실기를 갖는 위험물은?**

① 피크르산             ② 트리나이트로톨루엔

③ 트리나이트로벤젠         ④ 테트릴

 하이드록실기  -OH기

**356** **나이트로화합물 중 쓴맛이 있고 유독하며, 물에 전리하여 강한 산이 되며, 뇌관의 첨장약으로 사용되는 것은?**

① 나이트로글리세린         ② 셀룰로이드

③ 트리나이트로페놀         ④ 트리메틸렌트리나이트로아민

**357** 다음 중 피크르산 1몰이 분해(폭발)하였을 때 생성되는 생성물을 바르게 나타낸 것은?

① $12CO_2 + 10H_2O + 6N_2 + O_2$

② $2CO_2 + 3CO + 1.5N_2 + 1.5H_2 + C$

③ $12CO + 3N_2 + 5H_2 + 2C$

④ $6CO + 2H_2O + 1.5N_2 + C$

---

 $2C_6H_2OH(NO_2)_3 \rightarrow 4CO_2 + 6CO + 3N_2 + 2C + 3H_2$

**358** 제5류 위험물 중 하이드라진유도체류의 지정수량은?

① 20[kg]

② 100[kg]

③ 200[kg]

④ 300[kg]

---

 [하이드라진유도체(지정수량 200kg)]

하이드라진이란 유기화합물로부터 얻어진 물질이며, 탄화수소 치환체를 포함한 것을 말한다.

- 페닐하이드라진[$C_6H_5NHNH_2$]
  - 비중 1.091, 융점 23℃, 비등점 241℃
  - 무색의 판상정 또는 액체로서 유독성이 있다.
  - 공기 중에서 산화되면 갈색으로 변색된다.
- 히드라조벤젠[$C_6H_5NHHNC_6H_5$]
  - 융점 126℃
  - 무색의 결정으로 물에 잘 녹는다.

**359** 다음 나이트로소화합물에 대한 설명 중 옳지 않은 것은?

① 고상 물질이다.

② 지정수량은 200[kg]이다.

③ 반드시 벤젠핵을 가져야 한다.

④ 가열하여도 폭발의 위험이 없다.

**360** 다음 물질 중 무색 또는 백색의 결정으로 비중이 약 1.8이고 융점이 약 202[℃]이며 물에는 불용인 것은?

① 피크르산

② 디나이트로레조르신

③ 트리나이트로톨루엔

④ 헥소겐

**361** 제6류 위험물의 지정수량은?

① 20[kg]

② 100[kg]

③ 200[kg]

④ 300[kg]

**362** 다음 위험물 중 형상은 다르지만 성질이 같은 것은?

① 제1류와 제6류

② 제2류와 제5류

③ 제3류와 제5류

④ 제4류와 제6류

 정답 : 357. ② 358. ③ 359. ④ 360. ④ 361. ④ 362. ①

## 363 산화성 액체 위험물의 공통 성질이 아닌 것은?

① 물과 만나면 발열한다.

② 비중이 1보다 크며 물에 안 녹는다.

③ 부식성 및 유독성이 강한 강산화제이다.

④ 산소를 많이 포함하여 다른 가연물의 연소를 돕는다.

 ② 물에 잘 녹는다.

[제6류 위험물(산화성 액체)]

■ 위험등급 · 품명 및 지정수량

| 위험등급 | 품 명 | 지정수량 | 위험등급 | 품 명 | 지정수량 |
|---|---|---|---|---|---|
| I | 과염소산<br>과산화수소<br>질산 | 300kg<br>300kg<br>300kg | II | 그밖에<br>행정안전부령으로<br>정하는 것 | 300kg |

※ 그 밖에 행정안전부령으로 정하는 것

■ 위험물의 특징 및 소화방법
- 제6류 위험물의 공통성질
  - 산화성 액체로 비중이 1보다 크며 물에 잘 녹는다.
  - 불연성이지만 분자 내에 산소를 많이 함유하고 있어 다른 물질의 연소를 돕는 조연성 물질이다.
  - 부식성이 강하며 증기는 유독하다.
  - 가연물 및 분해를 촉진하는 약품과 접촉 시 분해폭발한다.
- 제6류 위험물의 저장 및 취급방법
  - 물, 가연물, 유기물 및 산화제와의 접촉을 피할 것
  - 저장용기는 내산성 용기를 사용하며 밀전 · 밀봉하여 누설에 주의할 것
  - 증기는 유독하므로 보호구를 착용할 것
- 제6류 위험물의 소화방법
  - 소량일 때는 대량의 물로 희석소화
  - 대량일 때는 주수소화가 곤란하므로 건조사, 인산염류의 분말로 질식소화

## 364 다음 중 제6류 위험물의 공통적인 성질로 옳지 않은 것은?

① 비중은 1보다 크다.

② 강산성이고 강산화제이다.

③ 불에 잘 탄다.

④ 표준상태에서 모두가 액체이다.

 ③ 불연성물질

 정답 : 363. ②　　364. ③

**365** 제6류 위험물의 소화방법으로 옳지 않은 것은?

① 할로젠화합물 소화도 효과가 있다.

② 물분무소화도 효과가 있다.

③ 팽창질석도 효과가 있다.

④ 마른모래도 효과가 있다.

 ① 소량의 경우 주수 대량의 경우 건조사

**366** 다음 제6류 위험물의 소화방법의 설명 중 잘못된 것은?

① 과염소산 - 다량의 물로 분무주수하거나 분말소화약제를 사용한다.

② 과산화수소 - 대규모 화재시 주수를 금하고 마른모래나 소다회를 덮어 질식소화한다.

③ 과산화수소 - 용기 내에서 분해하고 있는 경우에는 주수를 금하고 포나 이산화탄소를 사용하여 소화한다.

④ 질산 - 다량의 물을 사용하여 희석소화한다.

**367** 다음 중 가장 약산은 어느 것인가?

① HClO
② $HClO_2$
③ $HClO_3$
④ $HClO_4$

 ① 차아염소산

**368** 다음은 과염소산의 일반적인 성질을 설명한 것이다. 옳은 것은?

① 수용액은 완전히 격리한다.

② 염소산 중에서 가장 약한 산이다.

③ 과염소산은 물과 작용해서 액체수화물을 만든다.

④ 비중이 물보다 가벼운 액체이며, 무색, 무취이다.

**369** 다음 제6류 위험물인 과산화수소의 성질 중 옳지 않은 것은?

① 에테르, 알코올에는 용해한다.
② 용기는 구멍이 뚫린 마개를 사용한다.

③ 석유, 벤젠에는 용해하지 않는다.
④ 순수한 것은 담황색 액체이다.

 ④ 무색액체

 정답 : 365. ①　　366. ③　　367. ①　　368. ①　　369. ④

## 370 과산화수소가 상온에서 분해시 발생하는 물질은?

① $H_2O + O_2$      ② $H_2O + N_2$

③ $H_2O + H_2$      ④ $H_2O + CO_2$

 **해설**

[과산화수소($H_2O_2$)(지정수량 300kg)]
농도가 36중량% 이상인 것
- 일반적 성질
  - 비중 1.465, 융점 −0.89℃, 비점 80℃
  - 순수한 것은 점성이 있는 무색의 액체이나 양이 많을 경우 청색을 띤다.
  - 물에 잘 녹는다.
  - 강한 산화성을 가지고 있지만, 환원제로도 작용한다.
  - 3% 수용액을 소독약으로 사용하며 옥시풀이라 한다.
- 위험성
  - 가열, 햇빛 등에 의해 분해가 촉진되며 보관 중에는 분해하기 쉽다.
  - Ag, Pt 등과 접촉 시 촉매역할을 하여 급격한 반응과 함께 산소를 방출한다.
  - 농도가 60% 이상인 것은 단독으로 폭발한다.
  - 농도가 진한 것은 피부와 접촉 시 수종을 일으킨다.
- 저장 및 취급방법
  - 갈색병에 저장하여 직사광선을 피하고 냉암소에 저장한다.
  - 용기의 내압상승을 방지하기 위하여 밀전하지 말고 구멍뚫린 마개를 사용한다.
  - 농도가 클수록 위험성이 높으므로 안정제(인산, 요산, 글리세린 등)를 넣어 분해를 억제시킨다.
- 소화방법 : 다량의 주수에 의한 냉각 및 희석소화

## 371 산화제나 환원제로 사용할 수 있는 것은?

① $F_2$      ② $K_2Cr_2O7$

③ $H_2O_2$      ④ $KMnO_4$

## 372 염산과 반응하며 석유와 벤젠에 불용성이고, 피부와 접촉시 수종을 생기게 하는 위험물을 생성시키는 물질은 무엇인가?

① 과산화나트륨      ② 과산화수소

③ 과산화벤조일      ④ 과산화칼륨

## 373 과산화수소에 대한 설명 중 옳지 않은 것은?

① 햇빛에 의해서 분해되어 산소를 방출한다.

② 단독으로 폭발할 수 있는 농도는 약 60[%] 이상이다.

③ 벤젠이나 석유에 쉽게 용해되어 급격히 분해된다.

④ 농도가 진한 것은 피부에 접촉시 수종을 일으킬 위험이 있다.

 정답 : 370. ①     371. ③     372. ②     373. ③

**374** 다음은 위험물의 저장 및 취급시 주의 사항이다. 어떤 위험물인가?

> 36[%] 이상의 위험물로서 수용액은 안정제를 가하여 분해를 방지시키고 용기는 착색된 것을 사용하여야하며, 금속류의 용기 사용은 금한다.

① 염소산칼륨        ② 과염소산마그네슘
③ 과산화나트륨      ④ 과산화수소

**375** $H_2O_2$는 농도가 일정 이상으로 높을 때 단독으로 폭발한다. 몇 [wt%] 이상일 때인가?

① 30[wt%]        ② 40[wt%]
③ 50[wt%]        ④ 60[wt%]

**376** 과산화수소의 분해방지 안정제로 사용할 수 있는 물질은?

① 구리            ② 은
③ 인산            ④ 목탄분

**377** 다음은 과산화수소의 성질 및 취급방법에 관한 설명이다. 옳지 않은 것은?

① 햇볕에 의하여 분해한다.
② 산성에서는 분해가 어렵다.
③ 저장용기는 마개로 꼭 막아둔다.
④ 에탄올, 에테르 등에는 용해되지만 벤젠에는 녹지 않는다.

 ③ 구멍뚫린 마개

**378** 산화성 액체 위험물 중 질산의 성질이 옳지 않은 것은?

① 담황색의 액체로서 부식성이 강하다.
② 비점은 86[℃], 융점은 -42[℃]이다.
③ 일광 또는 공기와 만나면 분해하여 갈색의 증기를 발생한다.
④ 물과 반응하면 흡열반응을 한다.

 ④ 발열반응

**379** 질산($HNO_3$)의 성질로 맞는 것은?

① 공기 중에서 자연발화한다.      ② 충격에 의하여 자연발화한다.
③ 인화점이 낮아서 발화하기 쉽다.      ④ 물과 반응하여 강한 산성을 나타낸다.

 정답 : 374. ④    375. ④    376. ③    377. ③    378. ④    379. ④

[질산($HNO_3$)(지정수량 300kg)]
- 일반적 성질
  - 융점 −43℃, 비점 86℃, 비중 1.49, 응축결정온도 −40℃
  - 무색의 액체로 보관 중 담황색으로 변색된다.
  - 부식성이 강한 강산이지만 금, 백금, 이리듐, 로듐만은 부식시키지 못한다.
  - 흡습성이 강하고 공기 중에서 발열한다.
  - 진한질산은 철(Fe), 니켈(Ni), 코발트(Co), 알루미늄(Al) 등을 부동태화한다.
- 위험성
  - 물과 접촉 시 심하게 발열한다.
  - 직사광선에 의해 분해되어 갈색증기인 이산화질소($NO_2$)를 생성시킨다.

$$4HNO_3 \longrightarrow 2H_2O + 4NO_2\uparrow + O_2\uparrow$$

  (질산)　　　　　(수증기)(이산화질소) (산소)
  - 산화력과 부식성이 강해 피부에 닿으면 화상을 입는다.
- 저장 및 취급방법
  - 직사광선에 의해 분해되므로 갈색병에 넣어 냉암소에 저장한다.
  - 금속분 및 가연성 물질과는 이격시켜 저장하여야 한다.
- 소화방법 : 다량의 주수에 의한 냉각 및 희석소화

> 📁 **발연질산($HNO_3 + nNO_2$)**
>
> 진한질산에 이산화질소를 과잉으로 녹인 무색 또는 적갈색의 발연성 액체로 공기 중에서 분해하여 유독한 이산화질소($NO_2$)를 발생하며 진한 질산보다 강한 산화력을 가진다.

**380** 질산의 비중은 얼마 이상을 위험물로 보는가?
① 1.29　　　　　　　　　　② 1.49
③ 1.62　　　　　　　　　　④ 1.82

**381** 진한 질산을 몇 [℃] 이하로 냉각시키면 응축 결정되는가?
① 약 -65[℃]　　　　　　　② 약 -57[℃]
③ 약 -42[℃]　　　　　　　④ 약 -31[℃]

**382** 진한 질산(2[mol])을 가열 분해시 발생하는 가스는?
① 질소　　　　　　　　　　② 일산화탄소
③ 이산화질소　　　　　　　④ 암모늄이온

 문제 378번 해설 참조

**383** 질산의 위험성에 관한 설명 중 옳은 것은?

① 충격에 의해 착화한다.

② 공기 속에서 자연발화한다.

③ 인화점이 낮고 발화하기 쉽다.

④ 환원성 물질과 혼합시 발화한다.

**384** 질산의 성질과 관계가 있는 것은?

① 인화성                 ② 가연성

③ 불연성                 ④ 조연성

정답 : 383. ④     384. ③

# 위험물의 시설기준
# 예상문제

# 위험물의 시설기준 예상문제

## 001 위험물을 저장 또는 취급하는 탱크의 용량산정 방법은?

① 탱크의 용량 = 탱크의 내용적 + 탱크의 공간용적

② 탱크의 용량 = 탱크의 내용적 − 탱크의 공간용적

③ 탱크의 용량 = 탱크의 내용적 × 탱크의 공간용적

④ 탱크의 용량 = 탱크의 내용적 ÷ 탱크의 공간용적

 탱크의 용량＝탱크의 내용적−공간용적

[공간용적]

탱크의 공간용적은 탱크 내부에 여유를 가질 수 있는 공간이다. 이는 위험물의 과주입 또는 온도의 상승에 의한 부피 증가에 따른 체적팽창으로 위험물의 넘침을 막아주는 기능을 가지고 있다.

• 일반적인 탱크의 공간용적 : 탱크 내용적의 5/100 이상 10/100 이하

• 소화약제 방출구를 탱크 안의 윗부분에 설치한 탱크 : 당해 탱크의 내용적 중 당해 소화약제 방출구의 아래 0.3m 내지 1m 사이의 면으로부터 윗부분의 용적

## 002 그림과 같은 위험물을 저장하는 탱크의 내용적은 약 몇 [m³]인가? (단, r은 10[m], L은 15[m]이다)

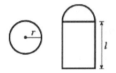

① 3,612

② 4,710

③ 5,812

④ 6,912

 $V = \pi r^2 l = \pi \times (10\text{m})^2 \times 15\text{m} = 4710\text{m}^3$

## 003 다음 그림과 같은 원통형 탱크의 내용적은? (단, 그림의 수치 단위는 [m]이다)

① 약 258[m³]

② 약 282[m³]

③ 약 312[m³]

④ 약 375[m³]

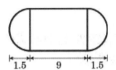

 $V = \pi r^2 \left( l + \dfrac{l_1 + l_2}{3} \right) = \pi \times (3\text{m})^2 \times \left( 9\text{m} + \dfrac{1.5\text{m} + 1.5\text{m}}{3} \right) = 282.6\text{m}^3$

 정답 : 001. ②　　002. ②　　003. ②

**004** 다음 탱크의 공간용적을 7/100로 할 경우 아래 그림에 나타낸 타원형 위험물저장탱크의 용량은 얼마인가?

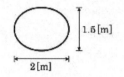
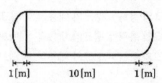

1.5[m]

2[m]          1[m]    10[m]    1[m]

① 20.5[m³]                    ② 21.7[m³]
③ 23.4[m³]                    ④ 25.1[m³]

 해설

$$V = \frac{\pi}{4}ab \times [l + \frac{l_1 + l_2}{3}] = \frac{\pi}{4}(2m \times 1.5m) \times \left(10m + \frac{1m + 1m}{3}\right) = 25.12m^3$$

$$25.12m^3 - 25.12m^3 \times 0.07 = 23.36m^3$$

**005** 위험물제조소의 안전거리로서 옳지 않은 것은?

① 3[m] 이상 - 7,000[V] 이상 35,000[V] 이하의 특고압가공전선
② 5[m] 이상 - 35,000[V]를 초과하는 특고압가공전선
③ 20[m] 이상 - 주거용으로 사용하는 것
④ 50[m] 이상 - 유형 문화재

 해설

[안전거리]
건축물의 외벽 또는 이에 상당하는 공작물의 외측으로부터 당해 제조소의 외벽 또는 이에 상당하는 공작물의 외측까지의 사이에 다음의 규정에 의한 수평거리(안전거리)를 두어야 한다(6류위험물은 제외).
• 문화재보호법에 의한 지정문화재 : 50m
• 학교, 병원, 공연장(3백 명 이상 수용) : 30m
• 아동복지시설, 노인복지시설, 장애인복지시설로서 20인 이상 수용시설 : 30m
• 고압가스, 액화석유가스, 도시가스를 저장, 취급하는 시설 : 20m
• 건축물 그 밖의 공작물로서 주거용으로 사용되는 것 : 10m
• 사용전압이 35,000V를 초과하는 특고압가공전선 : 5m
• 사용전압이 7,000V 초과 35,000V 이하의 특고압가공전선 : 3m

**006** 사용전압 35,000[V]를 초과하는 특고압 가공전선과 위험물제조소와의 안전거리 기준으로 옳은 것은?

① 5[m] 이상                    ② 10[m] 이상
③ 13[m] 이상                   ④ 15[m] 이상

**007** 위험물제조소는 주택과 얼마 이상의 안전거리를 두어야 하는가?

① 10[m]                       ② 20[m]
③ 70[m]                       ④ 140[m]

 정답 : 004. ③     005. ③     006. ①     007. ①

**008** 위험물제조소의 안전거리를 30[m] 이상으로 하여야 하는 경우에 해당되지 않는 것은?

① 학교로서 수용인원이 200명 이상인 것
② 치과병원으로서 수용인원이 200명 이상인 것
③ 요양병원으로서 수용인원이 200명 이상인 것
④ 공연장으로서 수용인원이 200명 이상인 것

**009** 위험물제조소에 있어서 안전거리가 50[m] 이상인 것은?

① 문화집회장          ② 교육연구시설
③ 지정문화재          ④ 의료시설

**010** 위험물제조소(지정수량의 10배 이하)의 위험물을 취급하는 건축물의 주위에 보유하여야 할 최소 보유공지는?

① 1[m] 이상     ② 3[m] 이상     ③ 5[m] 이상     ④ 8[m] 이상

 [위험물의 최대수량에 따른 보유공지]

| 취급하는 위험물의 최대수량 | 공지의 너비 |
| --- | --- |
| 지정수량의 10배 이하 | 3m 이상 |
| 지정수량의 10배 초과 | 5m 이상 |

**011** 위험물을 취급하는 건축물의 방화벽을 불연재료로 하였다. 주위에 보유공지를 두지 않고 취급할 수 있는 위험물의 종류는?

① 제1류 위험물     ② 제3류 위험물     ③ 제5류 위험물     ④ 제6류 위험물

 [보유공지를 보유하지 않아도 되는 경우]
제조소의 건축물 그 밖의 공작물의 주위에 공지를 두게 되는 경우 그 제조소의 작업에 현저한 지장이 생길 우려가 있고 당해 제조소와 다른 작업장 사이에 다음의 기준에 따라 방화상 유효한 격벽을 설치한 경우에는 공지를 보유하지 아니할 수 있다.
• 방화벽은 내화구조로 할 것 (6류 위험물인 경우에는 불연재료)
• 방화벽의 출입구 및 창 등의 개구부는 가능한 한 최소로 하고 출입구 및 창에는 자동폐쇄식의 60분+ 또는 60분 방화문을 설치할 것
• 방화벽의 양단 및 상단이 외벽 또는 지붕으로부터 50cm 이상 돌출하도록 할 것

**012** 위험물제조소별 주의사항으로 옳지 않은 것은?

① 황화인 - 화기주의          ② 인화성 고체 - 화기주의
③ 휘발유 - 화기엄금          ④ 셀룰로이드 - 화기엄금

 정답 : 008. ④     009. ③     010. ②     011. ④     012. ②

위험물에 따른 주의사항을 표시한 게시판을 설치할 것

| 게시판의<br>내용 | 화기엄금<br>(적색바탕, 백색문자) | 물기엄금<br>(청색바탕, 백색문자) | 화기주의<br>(적색바탕, 백색문자) |
|---|---|---|---|
| 위험물의<br>종류 | • 제2류위험물 중 인화성고체<br>• 제3류위험물 중 자연발생성 물질<br>• 제4류 위험물<br>• 제5류 위험물 | • 제1류 위험물 중 알칼리금속의 과산화물<br>• 제3류 위험물 중 금수성 물질 | • 제2류 위험물<br>(인화성 고체 제외) |

제1류위험물(알카리금속의 과산화물 제외) 제6류 위험물 : 별도의 표시없음

**013** 제3류 위험물 중 자연발생성 물질을 저장하는 위험물제조소의 게시판의 적합한 표시사항은?

① 화기주의　　　② 물기엄금　　　③ 화기엄금　　　④ 물기주의

**014** 위험물에 관한 표시사항 중 "물기엄금"에 관한 표지 색깔로서 옳은 것은?

① 청색바탕에 적색문자　　　　② 청색바탕에 백색문자
③ 적색바탕에 백색문자　　　　④ 백색바탕에 청색문자

**015** 제4류 위험물의 주의사항 및 게시판 표시내용으로 맞는 것은 무엇인가?

① 적색바탕에 백색문자의 "화기주의"　　② 청색바탕에 백색문자의 "물기엄금"
③ 적색바탕에 백색문자의 "화기엄금"　　④ 청색바탕에 백색문자의 "물기주의"

**016** 위험물제조소에는 보기 쉬운 곳에 기준에 따라 "위험물제조소"라는 표시를 한 표지를 설치하여야 하는데 다음 중 표지의 기준으로 적합한 것은?

① 표지의 한 변의 길이는 0.3[m] 이상, 다른 한 변의 길이는 0.6[m] 이상인 직사각형으로 하되 표지의 바탕은 백색으로 문자는 흑색으로 한다.
② 표지의 한 변의 길이는 0.2[m] 이상, 다른 한 변의 길이는 0.4[m] 이상인 직사각형으로 하되 표지의 바탕은 백색으로 문자는 흑색으로 한다.
③ 표지의 한 변의 길이는 0.2[m] 이상, 다른 한 변의 길이는 0.4[m] 이상인 직사각형으로 하되 표지의 바탕은 흑색으로 문자는 백색으로 한다.
④ 표지의 한 변의 길이는 0.3[m] 이상, 다른 한 변의 길이는 0.6[m] 이상인 직사각형으로 하되 표지의 바탕은 흑색으로 문자는 백색으로 한다.

 [표지판]
제조소에는 보기 쉬운 곳에 "위험물 제조소"라는 표시를 한 표지를 설치하여야 한다.
• 표지는 한 변의 길이가 0.3m 이상, 다른 한 변의 길이가 0.6m 이상인 직사각형으로 할 것
• 표지의 바탕은 백색으로, 문자는 흑색으로 할 것

 정답 : 013. ③　　　014. ②　　　015. ③　　　016. ①

## 017 위험물제조소의 건축물의 구조로 잘못된 것은?

① 벽, 기둥, 서까래 및 계단은 난연재료로 할 것

② 지하층이 없도록 할 것

③ 지붕은 폭발력이 위로 방출될 정도의 가벼운 불연재료로 덮을 것

④ 연소의 우려가 있는 외벽에 설치하는 출입구에는 수시로 열 수 있는 자동폐쇄식의 60분+ 또는 60분 방화문을 설치할 것

 [건축물의 구조]
- 지하층이 없도록 하여야 한다. 다만, 위험물을 취급하지 아니하는 지하층으로서 위험물의 취급장소에서 새어나온 위험물 또는 가연성의 증기가 흘러 들어갈 우려가 없는 구조로 된 경우에는 그러하지 아니하다.
- 벽·기둥·바닥·보·서까래 및 계단을 불연재료로 하고, 연소(延燒)의 우려가 있는 외벽 (소방청장이 정하여 고시하는 것에 한한다. 이하 같다)은 출입구 외의 개구부가 없는 내화 구조의 벽으로 하여야 한다. 이 경우 제6류 위험물을 취급하는 건축물에 있어서 위험물이 스며들 우려가 있는 부분에 대하여는 아스팔트 그 밖에 부식되지 아니하는 재료로 피복하여야 한다.
- 지붕(작업공정상 제조기계시설 등이 2층 이상에 연결되어 설치된 경우에는 최상층의 지붕을 말한다)은 폭발력이 위로 방출될 정도의 가벼운 불연재료로 덮어야 한다. 다만, 위험물을 취급하는 건축물이 다음의 1에 해당하는 경우에는 그 지붕을 내화구조로 할 수 있다.
  - 제2류 위험물(분상의 것과 인화성고체를 제외한다), 제4류 위험물 중 제4석유류·동식물유류 또는 제6류 위험물을 취급하는 건축물인 경우
  - 다음의 기준에 적합한 밀폐형 구조의 건축물인 경우
    · 발생할 수 있는 내부의 과압(過壓) 또는 부압(負壓)에 견딜 수 있는 철근콘크리트조일 것
    · 외부화재에 90분 이상 견딜 수 있는 구조일 것
- 출입구와 「산업안전보건기준에 관한 규칙」제17조에 따라 설치하여야 하는 비상구에는 60분+, 60분 방화문 또는 30분 방화문을 설치하되, 연소의 우려가 있는 외벽에 설치하는 출입구에는 수시로 열 수 있는 자동폐쇄식의 60분+ 또는 60분 방화문을 설치하여야 한다.
- 위험물을 취급하는 건축물의 창 및 출입구에 유리를 이용하는 경우에는 망입유리로 하여야 한다.
- 액체의 위험물을 취급하는 건축물의 바닥은 위험물이 스며들지 못하는 재료를 사용하고, 적당한 경사를 두어 그 최저부에 집유설비를 하여야 한다.

## 018 위험물제조소 중 위험물을 취급하는 건축물은 특별한 경우를 제외하고 어떤 구조로 하여야 하는가?

① 지하층이 없도록 하여야 한다.

② 지하층을 주로 사용하는 구조이어야 한다.

③ 지하층이 있는 2층 이내의 건축물이어야 한다.

④ 지하층이 있는 3층 이내의 건축물이어야 한다.

## 019 옥외에서 액체 위험물을 취급하는 바닥의 기준으로 옳지 않은 것은?

① 바닥의 둘레에 높이 0.3[m] 이상의 턱을 설치할 것

② 바닥은 콘크리트 등 위험물이 스며들지 아니하는 재료로 할 것

③ 바닥은 턱이 있는 쪽이 낮게 경사지게 할 것

④ 바닥의 최저부에 집유설비를 할 것

 [옥외설비의 바닥]

옥외에서 액체위험물을 취급하는 설비의 바닥은 다음의 기준에 의하여야 한다.

• 바닥의 둘레에 높이 0.15m 이상의 턱을 설치하는 등 위험물이 외부로 흘러나가지 아니하도록 하여야 한다.

• 바닥은 콘크리트 등 위험물이 스며들지 아니하는 재료로 하고, 제1호의 턱이 있는 쪽이 낮게 경사지게 하여야 한다.

• 바닥의 최저부에 집유설비를 하여야 한다.

• 위험물(온도 20℃의 물 100g에 용해되는 양이 1g 미만인 것에 한한다)을 취급하는 설비에 있어서는 당해 위험물이 직접 배수구에 흘러들어가지 아니하도록 집유설비에 유분리장치를 설치하여야 한다.

## 020 위험물을 취급하는 건축물의 구조 중 반드시 내화구조로 하여야 할 것은?

① 바닥　　　　　　　　　　　② 보

③ 계단　　　　　　　　　　　④ 연소우려가 있는 외벽

 문제 17번 해설 참조

## 021 위험물제조소의 배출설비의 배출능력은 1시간당 배출장소용적의 몇 배 이상인 것으로 하여야 하는가?

① 10　　　　　　　　　　　② 20

③ 30　　　　　　　　　　　④ 40

 [배출설비]

가연성 증기 또는 미분이 체류할 우려가 있는 건축물에는 옥외의 높은 곳으로 배출할 수 있도록 배출설비를 설치하여야 한다.

• 배출설비는 국소방식으로 하여야 한다. 다만, 다음의 1에 해당하는 경우에는 전역방식으로 할 수 있다.

- 위험물취급설비가 배관이음 등으로만 된 경우

- 건축물의 구조·작업장소의 분포 등의 조건에 의하여 전역방식이 유효한 경우

• 배출설비는 배풍기·배출닥트·후드 등을 이용하여 강제적으로 배출하는 것으로 하여야 한다.

• 배출능력은 1시간당 배출장소 용적의 20배 이상인 것으로 하여야 한다. 다만, 전역방식의 경우에는 바닥면적 1㎡당 18㎥ 이상으로 할 수 있다.

• 배출설비의 급기구 및 배출구는 다음의 기준에 의하여야 한다.

 정답 : 019.①　　020.④　　021.②

- 급기구는 높은 곳에 설치하고, 가는 눈의 구리망 등으로 인화방지망을 설치할 것
- 배출구는 지상 2m 이상으로서 연소의 우려가 없는 장소에 설치하고, 배출닥트가 관통하는 벽부분의 바로 가까이에 화재시 자동으로 폐쇄되는 방화댐퍼를 설치할 것
• 배풍기는 강제배기방식으로 하고, 옥내닥트의 내압이 대기압 이상이 되지 아니하는 위치에 설치하여야 한다.

## 022 다음 중 위험물제조소에 채광, 조명 및 환기설비의 설치기준으로 옳지 않은 것은?

① 채광면적은 최소로 한다.
② 환기는 강제배기방식으로 한다.
③ 점멸스위치는 출입구 바깥부분에 설치한다.
④ 급기구는 낮은 곳에 설치한다.

---

[채광·조명 및 환기설비]
위험물을 취급하는 건축물에는 다음의 기준에 의하여 위험물을 취급하는데 필요한 채광·조명 및 환기의 설비를 설치하여야 한다.
• 채광설비 : 채광설비는 불연재료로 하고, 연소의 우려가 없는 장소에 설치하되 채광면적을 최소로 할 것
• 조명설비 : 조명설비는 다음의 기준에 적합하게 설치할 것
  - 가연성가스 등이 체류할 우려가 잇는 장소의 조명등은 방폭등으로 할 것
  - 전선은 내화·내열전선으로 할 것
  - 점멸스위치는 출입구 바깥부분에 설치할 것. 다만, 스위치의 스파크로 인한 화재·폭발의 우려가 없을 경우에는 그러하지 아니하다.
• 환기설비 : 환기설비는 다음의 기준에 의할 것
  - 환기는 자연배기방식으로 할 것
  - 급기구는 당해 급기구가 설치된 실의 바닥면적 150㎡마다 1개 이상으로 하되, 급기구의 크기는 800㎠ 이상으로 할 것. 다만 바닥면적이 150㎡ 미만인 경우에는 다음의 크기로 하여야 한다.

| 바닥면적 | 급기구의 면적 |
| --- | --- |
| 60㎡ 미만 | 150㎠ 이상 |
| 60㎡ 이상 90㎡ 미만 | 300㎠ 이상 |
| 90㎡ 이상 120㎡ 미만 | 450㎠ 이상 |
| 120㎡ 이상 150㎡ 미만 | 600㎠ 이상 |

  - 급기구는 낮은 곳에 설치하고 가는 눈의 구리망 등으로 인화방지망을 설치할 것
  - 환기구는 지붕위 또는 지상 2m 이상의 높이에 회전식 고정벤티레이터 또는 루푸팬방식으로 설치할 것

> 배출설비가 설치되어 유효하게 환기가 되는 건축물에는 환기설비를 하지 아니 할 수 있고, 조명설비가 설치되어 유효하게 조도가 확보되는 건축물에는 채광설비를 하지 아니할 수 있다.

정답 : 022. ②

**023** 위험물제조소의 환기설비 중 급기구의 크기는?(단, 실의 바닥면적이 150[m²] 이상이다)

① 150[cm²] 이상          ② 300[cm²] 이상

③ 450[cm²] 이상          ④ 800[cm²] 이상

 문제 22번 해설 참조

**024** 위험물제조소에 환기설비를 시설할 때 바닥면적이 100[m²]라면 급기구의 면적은 몇 [cm²] 이상이어야 하는가?

① 150          ② 300

③ 450          ④ 600

 문제 22번 해설 참조

**025** 환기설비를 설치하지 않아도 되는 경우는?

① 비상발전설비를 갖춘 조명설비를 유효하게 설치한 경우

② 배출설비를 유효하게 설치한 경우

③ 채광설비를 유효하게 설치한 경우

④ 공기조화설비를 유효하게 설치한 경우

 문제 22번 해설 참조

**026** 지정수량이 10배 이상인 위험물을 저장, 취급하는 제조소에 설치하여야 할 설비가 아닌 것은?

① 휴대용 메거폰          ② 비상방송설비

③ 자동화재탐지설비          ④ 무선통신보조설비

 지정수량의 10배 이상인 경우 경보설비를 설치[자동화재탐지설비, 비상경보설비, 비상방송설비, 확성장치]

**027** 지정수량 10배 이상을 취급하는 위험물제조소 중에서 피뢰침을 설치하지 않아도 되는 곳은?

① 제1류 위험물          ② 제2류 위험물

③ 제5류 위험물          ④ 제6류 위험물

 정답 : 023. ④     024. ③     025. ②     026. ④     027. ④

**028** 위험물제조소에서 위험물을 취급할 때에는 정전기를 제거하는 설비를 하여야 한다. 정전기를 유효하게 제거할 수 있는 방법이 될 수 없는 것은?

① 접지를 한다.
② 공기 중의 상대습도를 70[%] 이상으로 한다.
③ 공기를 이온화한다.
④ 종단저항을 설치한다.

 [정전기 제거설비]
위험물을 취급함에 있어서 정전기가 발생할 우려가 있는 설비에는 다음의 1에 해당하는 방법으로 정전기를 유효하게 제거할 수 있는 설비를 설치하여야 한다.
• 접지에 의한 방법
• 공기 중의 상대습도를 70% 이상으로 하는 방법
• 공기를 이온화하는 방법

**029** 위험물제조소의 옥외에 있는 액체 위험물을 취급하는 100[m³] 및 50[m³]의 용량인 2기의 탱크 주위에 설치하여야 하는 방유제의 최소 기준용량은?

① 50[m³]
② 55[m³]
③ 60[m³]
④ 75[m³]

 [위험물제조소의 방유제용량]
옥외에 있는 위험물취급탱크의 방유제 용량(지정수량의 5분의 1 미만인 것을 제외)
• 방유제에 탱크가 1개 설치된 때 : 탱크 용량의 50% 이상
• 방유제에 탱크가 2개 이상 설치된 때 : 최대탱크 용량의 50%에 나머지 탱크용량 합계의 10%를 가산한 양 이상

**030** 보유공지의 기능으로 적당하지 않은 것은?

① 위험물시설의 화재시 연소방지
② 위험물의 원활한 공급
③ 소방활동의 공간제공
④ 피난상 필요한 공간제공

**031** 다음은 위험물제조소에 설치하는 안전장치이다. 이 중에서 위험물의 성질에 따라 안전밸브의 작동이 곤란한 가압설비에 한하여 설치하는 것은?

① 자동적으로 압력의 상승을 정지시키는 장치
② 감압측에 안절밸브를 부착한 감압밸브
③ 안전밸브를 병용하는 경보장치
④ 파괴판

 정답 : 028. ④     029. ②     030. ②     031. ④

**[기타 설비]**
위험물을 취급하는 기계·기구 그 밖의 설비는 위험물이 새거나 넘치거나 비산하는 것을 방지할 수 있는 구조로 하여야 한다. 다만, 당해 설비에 위험물의 누출 등으로 인한 재해를 방지할 수 있는 부대설비(되돌림관·수막 등)를 한 때에는 그러하지 아니하다.
① 압력계 및 안전장치 : 위험물을 가압하는 설비 또는 그 취급하는 위험물의 압력이 상승할 우려가 있는 설비에는 압력계 및 다음의 1에 해당하는 안전장치를 설치하여야 한다. 다만, ㄹ의 파괴판은 위험물의 성질에 따라 안전밸브의 작동이 곤란한 가압설비에 한한다.
　㉠ 자동적으로 압력의 상승을 정지시키는 장치
　㉡ 감압측에 안전밸브를 부착한 감압밸브
　㉢ 안전밸브를 병용하는 경보장치
　㉣ 파괴판

## 032 위험물제조소 내의 위험물을 취급하는 배관은 최대상용압력의 몇 배 이상의 압력으로 내압시험을 실시하여 이상이 없어야 하는가?

① 0.5　　　　　　　　　　　　② 1.0
③ 1.5　　　　　　　　　　　　④ 2.0

 1.5배 이상 내압시험

## 033 하이드록실아민 200[kg]을 취급하는 제조소의 안전거리[m]로 맞는 것은?

① 62　　　　　　　　　　　　② 64.38
③ 31　　　　　　　　　　　　④ 42.5

### 📁 하이드록실아민을 취급하는 제조소의 특례기준

1. 안전거리 : $D = 51.1 \times \sqrt[3]{N}$
　D : 거리(m), N : 당해 제조소에서 취급하는 하이드록실아민 등의 지정수량의 배수
2. 담 또는 토제의 설치기준
　① 당해 제조소의 외벽 또는 이에 상당하는 공작물의 외측으로부터 2m 이상 떨어진 장소에 설치할 것
　② 높이는 당해 제조소에 있어서 하이드록실아민 등을 취급하는 부분의 높이 이상으로 할 것
　③ 담은 두께 15㎝ 이상의 철근·철골철근콘크리트조 또는 두께 20㎝ 이상의 보강콘크리트블록조로 할 것
　④ 토제 경사면의 경사도는 60도 미만으로 할 것

$D = 51.1 \times \sqrt[3]{2} = 64.38m$　[하이드록실아민 지정수량 100kg 따라서 지정수량 2배]

**034** 다른 건축물에 대한 안전거리를 두어야 하는 옥내저장소는?

① 지정수량 20배 미만의 제4석유류를 저장하는 옥내저장소
② 지정수량 20배 미만의 동·식물유류를 취급하는 옥내저장소
③ 제5류 위험물을 저장하는 옥내저장소
④ 제6류 위험물을 저장 또는 취급하는 옥내저장소

 [안전거리 기준을 적용하는 제조소등]
① 위험물 제조소
② 옥내저장소
③ 옥외탱크저장소
④ 옥외저장소

> 📁 **옥내저장소 중 안전거리를 두지 않아도 되는 경우**
>
> ① 제4석유류 또는 동식물유류를 지정수량 20배 미만으로 저장·취급하는 옥내저장소
> ② 제6류 위험물을 저장 또는 취급하는 옥내저장소
> ③ 지정수량의 20배(바닥면적이 150m² 이하인 경우 50배) 이하를 저장·취급하는 옥내저장소로서 다음에 적합한 것
>   ㉮ 저장창고의 벽·기둥·바닥·보 및 지붕이 내화구조일 것
>   ㉯ 저장창고의 출입구에 수시로 열 수 있는 자동폐쇄방식의 60분+ 또는 60분 방화문이 설치되어 있을 것
>   ㉰ 저장창고에 창을 설치하지 아니할 것

**035** 저장 또는 취급하는 위험물의 최대수량이 지정수량의 30배일 때 옥내저장소의 공지의 너비는? (단, 벽, 기둥 및 바닥이 내화구조로 된 건축물이다)

① 1.5[m] 이상
② 2[m] 이상
③ 3[m] 이상
④ 5[m] 이상

 [옥내저장소 보유공지 기준]

| 저장 또는 취급하는 위험물의 최대수량 | 공지의 너비 | |
|---|---|---|
| | 벽·기둥 및 바닥이 내화구조로 된 건축물 | 그 밖의 건축물 |
| 지정수량의 5배 이하 | – | 0.5m 이상 |
| 지정수량의 5배 초과 10배 이하 | 1m 이상 | 1.5m 이상 |
| 지정수량의 10배 초과 20배 이하 | 2m 이상 | 3m 이상 |
| 지정수량의 20배 초과 50배 이하 | 3m 이상 | 5m 이상 |
| 지정수량의 50배 초과 200배 이하 | 5m 이상 | 10m 이상 |
| 지정수량의 200배 초과 | 10m 이상 | 15m 이상 |

※ 다만, 지정수량의 20배를 초과하는 옥내저장소와 동일한 부지 내에 있는 다른 옥내저장소와의 사이에는 위 공지의 1/3(3m 미만의 경우 3m)의 공지를 보유할 수 있다.

 정답 : 034. ③    035. ③

**036** 옥내저장소의 보유공지는 지정수량 20배 초과 50배 이하의 위험물을 옥내저장소의 동일부지에 2개 이상 인접할 경우 보유공지 너비를 1/3으로 감축한다. 이 경우 최소 공지의 너비는 얼마인가?

① 15[m] 이상　　　　　　　　　　② 2[m] 이상

③ 3[m] 이상　　　　　　　　　　④ 5[m] 이상

 당해 수치가 3m 미만인 경우 3m

**037** 위험물저장소로서 옥내저장소의 저장 창고는 위험물 저장을 전용으로 하여야 하며, 지면에서 처마까지의 높이는 몇 [m] 미만인 단층건축물로 하여야 하는가?

① 6[m]　　　　　　　　　　　　② 6.5[m]

③ 7[m]　　　　　　　　　　　　④ 7.5[m]

 6m 미만

**038** 다음의 위험물을 옥내저장소에 저장하는 경우 옥내저장소의 구조가 벽, 기둥 및 바닥이 내화구조로 된 건축물이라면 위험물안전관리법에서 규정하는 보유공지를 확보하지 않아도 되는 것은?

① 아세트산 30,000[L]　　　　　　② 아세톤 5,000[L]

③ 클로로벤젠 10,000[L]　　　　　④ 글리세린 15,000[L]

① $\dfrac{30000l}{2000l} = 15$배　　　아세트산(2석유류 수용성)

② $\dfrac{5000l}{400l} = 12.5$배　　　아세톤(1석유류 수용성)

③ $\dfrac{10000l}{1000l} = 10$배　　　클로로벤젠(2석유류 비수용성)

④ $\dfrac{15000l}{4000l} = 3.75$배　　글리세린(3석유류 수용성)

지정수량 5배 이하 보유공지 필요없음

**039** 옥내저장소의 하나의 저장창고의 바닥면적을 1,000[m²] 이하로 하는 것으로 옳지 않은 것은?

① 제1류 위험물 중 아염소산염류, 염소산염류, 과염소산염류, 무기과산화물, 그 밖에 지정수량이 50[kg]인 위험물

② 제3류 위험물 중 칼륨, 나트륨, 알킬알루미늄, 알킬리튬, 그 밖에 지정수량이 10[kg]인 위험물 및 황린

③ 제4류 위험물 중 특수인화물, 제2류석유류 및 알코올류

④ 제6류 위험물

 정답 : 036. ③　　037. ①　　038. ④　　039. ③

[옥내저장소]
하나의 저장창고 바닥면적(각 실 바닥면적의 합계)은 다음의 면적 이하로 하여야 한다.
- 1,000m² 이하
  - 제1류 위험물 중 아염소산염류, 염소산염류, 과염소산염류, 무기과산화물 그 밖에 지정수량이 50kg인 위험물
  - 제3류 위험물 중 칼륨, 나트륨, 알킬알루미늄, 알킬리튬 그 밖에 지정수량이 10kg인 위험물 및 황린
  - 제4류 위험물 중 특수인화물, 제1석유류 및 알코올류
  - 제5류 위험물 중 유기과산화물, 질산에스터류 그 밖에 지정수량이 10kg인 위험물
  - 제6류 위험물
- 2,000m² 이하 : 그 밖의 위험물
- 1,500m² 이하 : ㉠과 ㉡의 위험물을 내화구조의 격벽으로 완전히 구획된 실에 각각 저장하는 경우(이 경우 ㉠의 위험물을 저장하는 실의 면적은 500m²를 초과할 수 없다.)

**040** 위험물저장소로서 옥내저장소의 하나의 저장창고의 바닥면적을 1,000[m²] 이하로 하여야 하는 위험물에 해당되지 않는 것은?

① 무기과산화물
② 나트륨
③ 특수인화물
④ 제3석유류

**041** 위험물옥내저장소의 피뢰설비는 지정수량의 몇 배 이상인 경우 설치하여야 하는가?

① 10배 이상
② 15배 이상
③ 30배 이상
④ 50배 이상

피뢰설비 10배 이상

**042** 옥내저장소의 바닥을 물이 스며들지 못하는 구조로 해야 할 위험물에 해당하지 않는 것은?

① 제2류 위험물
② 제3류 위험물
③ 제6류 위험물
④ 알칼리금속의 과산화물

[바닥에 물이 스며들지 아니하도록 해야 하는 위험물의 종류]
- 제1류 위험물 중 알칼리금속의 과산화물 또는 이를 함유하는 것
- 제2류 위험물 중 철분·금속분·마그네슘 또는 이 중 어느 하나 이상을 함유하는 것
- 제3류 위험물 중 금수성 물품
- 제4류 위험물

**043** 위험물을 저장하는 옥내저장소 내부에 체류하는 가연성 증기를 지붕위로 방출시키는 설비를 하여야 하는 위험물은 어느 것인가?

① 과망가니즈산칼륨
② 황화인
③ 디에틸에테르
④ 나이트로벤젠

저장창고에는 별표 4 Ⅴ 및 Ⅵ의 규정에 준하여 채광·조명 및 환기의 설비를 갖추어야 하고, 인화점이 70℃ 미만인 위험물의 저장창고에 있어서는 내부에 체류한 가연성의 증기를 지붕 위로 배출하는 설비를 갖추어야 한다.
- 과망가니즈산칼륨 ( 200℃ 분해)
- 황화인 (인화점 / 발화점 100℃)
- 디에틸에테르 (인화점 -45℃)
- 나이트로벤젠 (인화점 88℃)

**044** 옥내저장소에 알칼리금속의 과산화물을 저장할 때 표시하는 "물기엄금"이라는 게시판의 색깔은?

① 황색바탕에 흑색문자　　　　　　② 황색바탕에 백색문자
③ 청색바탕에 백색문자　　　　　　④ 적색바탕에 흑색문자

 ・물기 : 청색바탕에 백색문자
・화기 : 적색바탕에 백색문자

**045** 위험물제조소의 옥외에서 액체의 위험물을 취급하는 설비의 바닥은 어떤 재료를 사용하여야 하는가?

① 아스콘 기타 방염재료　　　　　　② 고무합성 기타 방습재료
③ 합성수지제 기타 내화재료　　　　④ 콘크리트 기타 불침윤재료

 액체 위험물을 취급하는 건축물의 바닥은 콘크리트 등 위험물이 스며들지 못하는 재료를 사용하고 적당한 경사를 두어 그 최저부에 집유설비를 하여야 한다.(0.15m 이상 높이의 턱 설치)

**046** 옥내저장소 저장창고의 벽, 기둥, 바닥은 내화구조로 하여야 한다. 지정수량의 몇 배 이하의 경우 불연재료로 할 수 있는가?

① 2배　　　　　　② 5배
③ 10배　　　　　④ 20배

저장창고의 벽, 기둥, 바닥은 내화구조로 하고, 보와 서까래는 불연재료로 하여야 한다. 다만, 지정수량 10배 이하의 위험물저장창고 또는 제2류와 제4류(인화성고체 및 인화점이 70℃ 미만인 제4류 위험물 제외)만의 저장창고에 있어서는 연소우려가 없는 벽, 기둥 및 바닥은 불연재료로 할 수 있다.

**047** 지정유기과산화물의 옥내저장소 격벽의 기준으로 옳지 않은 것은?

① 두께 30[cm] 이상의 철근콘크리트조　　② 두께 30[cm] 이상의 철골철근콘크리트조
③ 두께 40[cm] 이상의 보강시멘트블록조　　④ 두께 40[cm] 이상의 보강콘크리트블록조

 정답 : 044. ③　　045. ④　　046. ③　　047. ③

옥내저장소의 저장창고의 기준은 다음과 같다.
- 저장창고는 150m² 이내마다 격벽으로 완전하게 구획할 것. 이 경우 당해 격벽은 두께 30cm 이상의 철근콘크리트조 또는 철골철근콘크리트조로 하거나 두께 40cm 이상의 보강콘크리트블록조로 하고, 당해 저장창고의 양측의 외벽으로부터 1m 이상, 상부의 지붕으로부터 50cm 이상 돌출하게 하여야 한다.
- 저장창고의 외벽은 두께 20cm 이상의 철근콘크리트조나 철골철근콘크리트조 또는 두께 30cm 이상의 보강콘크리트블록조로 할 것
- 저장창고의 지붕은 다음의 1에 적합할 것
  - 중도리 또는 서까래의 간격은 30cm 이하로 할 것
  - 지붕의 아래쪽 면에는 한 변의 길이가 45cm 이하의 환강(丸鋼)·경량형강(輕量形鋼) 등으로 된 강제(鋼製)의 격자를 설치할 것
  - 지붕의 아래쪽 면에 철망을 쳐서 불연재료의 도리·보 또는 서까래에 단단히 결합할 것
  - 두께 5cm 이상, 너비 30cm 이상의 목재로 만든 받침대를 설치할 것
- 저장창고의 출입구에는 60분+ 또는 60분 방화문을 설치할 것
- 저장창고의 창은 바닥면으로부터 2m 이상의 높이에 두되, 하나의 벽면에 두는 창의 면적의 합계를 당해 벽면의 면적의 80분의 1 이내로 하고, 하나의 창의 면적을 0.4m² 이내로 할 것

**048** 옥내저장소에서 지정 유기과산화물 저장창고의 창 하나의 면적은 얼마 이내인가?

① 0.8[m²]      ② 0.6[m²]
③ 0.4[m²]      ④ 0.2[m²]

문제 47번 해설 참조

**049** 특정옥외탱크저장소란 어떤 탱크를 말하는가?

① 액체 위험물로서 최대수량이 50만[L] 이상
② 액체 위험물로서 최대수량이 100만[L] 이상
③ 고체 위험물로서 최대수량이 50만[kg] 이상
④ 고체 위험물로서 최대수량이 100[kg] 이상

**특정옥외탱크저장소 및 준특정옥외탱크저장소의 구분**
- 특정옥외탱크저장소 : 옥외탱크저장소 중 액체위험물의 최대수량이 100만ℓ이상의 것
- 준특정옥외탱크저장소 : 옥외탱크저장소 중 액체위험물의 최대수량이 50만ℓ이상 100만ℓ 미만의 것

**050** 옥외탱크저장소 주위에는 공지를 보유하여야 한다. 저장 또는 취급하는 위험물의 최대저장량이 지정수량의 600배라면 몇 [m] 이상인 너비의 공지를 보유하여야 하는가?

① 3      ② 5
③ 9      ④ 12

옥외저장탱크의 주위에는 그 저장 또는 취급하는 위험물의 최대수량에 따라 옥외저장탱크의 측면으로부터 다음 표에 의한 너비의 공지를 보유하여야 한다.

| 저장 또는 취급하는 위험물의 최대수량 | 공지의 너비 |
|---|---|
| 지정수량의 500배 이하 | 3m 이상 |
| 지정수량의 500배 초과 1,000배 이하 | 5m 이상 |
| 지정수량의 1,000배 초과 2,000배 이하 | 9m 이상 |
| 지정수량의 2,000배 초과 3,000배 이하 | 12m 이상 |
| 지정수량의 3,000배 초과 4,000배 이하 | 15m 이상 |
| 지정수량의 4,000배 초과 | 당해 탱크의 수평단면의 최대지름(가로형인 경우에는 긴 변)과 높이 중 큰 것과 같은 거리 이상. 다만, 30m 초과의 경우에는 30m 이상으로 할 수 있고, 15m 미만의 경우에는 15m 이상으로 해야 한다. |

▶ 특례 1) 동일한 방유제 안에 2개 이상 인접하여 설치하는 경우 보유공지는 규정에 의한 보유공지의 3분의 1 이상의 너비로 할 수 있다. 이 경우 보유공지의 너비는 3m 이상이 되어야 한다(제6류 위험물 또는 지정수량의 4,000배를 초과할 경우 제외).
▶ 특례 2) 제6류 위험물을 저장·취급하는 경우
　가. 옥외저장탱크는 규정에 의한 보유공지의 3분의 1 이상의 너비로 할 수 있다. 이 경우 보유공지의 너비는 1.5m 이상이 되어야 한다.
　나. 옥외저장탱크를 동일구내에 2개 이상 인접하여 설치하는 경우 그 인접하는 방향의 보유공지는 가.의 규정에 의하여 산출된 너비의 3분의 1 이상의 너비로 할 수 있다. 이 경우 보유공지의 너비는 1.5m 이상이 되어야 한다.
▶ 특례 3) 옥외저장탱크에 다음 기준에 적합한 물분무설비로 방호조치를 하는 경우에는 그 보유공지를 규정에 의한 보유공지의 2분의 1 이상(최소 3m 이상)의 너비로 할 수 있다.
　가. 탱크의 표면에 방사하는 물의 양은 탱크의 원주길이 1m에 대하여 분당 37ℓ이상으로 할 것
　나. 수원의 양은 가.의 규정에 의한 수량으로 20분 이상 방사할 수 있는 수량으로 할 것
　다. 탱크에 보강링이 설치된 경우에는 보강링의 아래에 분무헤드를 설치하되 분무헤드는 탱크의 높이 및 구조를 고려하여 분무가 적정하게 이루어질 수 있도록 배치할 것
　라. 물분무소화설비의 설치기준에 준할 것

**051** 옥외탱크저장소의 주위에는 저장 또는 취급하는 위험물의 최대수량에 따라 보유공지를 보유하여야 하는데 다음 기준 중 옳지 않은 것은?

① 지정수량의 500배 이하 - 3[m] 이상
② 지정수량의 500배 초과 1,000배 이하 - 6[m] 이상
③ 지정수량의 1,000배 초과 2,000배 이하 - 9[m] 이상
④ 지정수량의 2,000배 초과 3,000배 이하 - 12[m] 이상

 문제 50번 해설 참조

 정답 : 051. ②

**052** 위험물의 옥외탱크저장소의 보유공지는 동일 부지 내에 2개 이상 인접하여 설치하는 경우 탱크상호간의 보유공지의 너비는? (단, 제6류 위험물임)

① 1.5[m] 이상
② 2.5[m] 이상
③ 3[m] 이상
④ 4[m] 이상

 문제 50번 해설 참조

**053** 옥외저장탱크에 저장하는 위험물 중 방유제를 설치하지 않아도 되는 것은?

① 질산
② 이황화탄소
③ 톨루엔
④ 디에틸에테르

 [방유제의 설치기준]
액체위험물(이황화탄소 제외)의 옥외저장탱크 주위에는 위험물이 누설되었을 경우에 그 유출을 방지하기 위한 방유제를 설치하여야 한다.

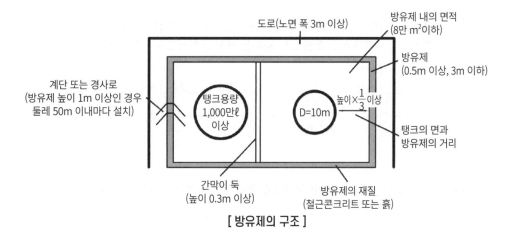

[ 방유제의 구조 ]

**054** 옥외탱크저장소의 펌프설비 설치 기준으로 옳지 않은 것은?

① 펌프실의 지붕은 위험물에 따라 가벼운 불연재료로 덮어야 한다.
② 펌프실의 출입구는 60분+, 60분 방화문 또는 30분 방화문을 사용한다.
③ 펌프설비의 주위에는 3[m] 이상의 공지를 보유하여야 한다.
④ 옥외저장탱크의 펌프실은 지정수량 20배 이하의 경우는 주위에 공지를 보유하지 않아도 된다.

 정답 : 052. ① 053. ② 054. ④

펌프실은 지정수량 10배 이하의 경우는 주위에 공지를 보유하지 않아도 된다.
[펌프설비의 설치기준]
- 펌프설비의 주위에는 너비 3m 이상의 공지를 보유할 것. 다만, 방화상 유효한 격벽을 설치하는 경우와 6류위험물 또는 지정수량의 10배이하 위험물의 옥외탱크의 펌프설비에 있어서는 그러하지 아니하다.
- 옥외저장탱크까지의 사이에는 당해 옥외저장탱크의 보유공지 너비의 3분의 1 이상의 거리를 유지할 것. 다만, 방화상 유효한 격벽을 설치하는 경우와 6류 위험물 또는 지정수량의 10배이하 위험물의 옥외탱크의 펌프설비에 있어서는 그러하지 아니하다.
- 펌프설비는 견고한 기초 위에 고정할 것
- 펌프 및 이에 부속하는 전동기를 위한 건축물 그 밖의 공작물의 벽·기둥·바닥 및 보는 불연재료로 할 것
- 펌프실의 지붕은 폭발력이 위로 방출될 정도의 가벼운 불연재료로 할 것
- 펌프실의 창 및 출입구에는 60분+, 60분 방화문 또는 30분 방화문을 설치할 것
- 펌프실의 창 및 출입구에 유리를 이용하는 경우에는 망입유리로 할 것
- 펌프실의 바닥 주위에는 높이 0.2m 이상의 턱을 만들고 그 최저부에는 집유설비를 설치할 것
- 펌프실에는 위험물을 취급하는 데 필요한 채광, 조명 및 환기설비를 설치할 것
- 가연성 증기가 체류할 우려가 있는 펌프실에는 그 증기를 옥외의 높은 곳으로 배출하는 설비를 설치할 것
- 펌프실 외의 장소에 설치하는 펌프설비에는 그 직하의 지반면 주위에 높이 0.15m 이상의 턱을 만들고, 그 최저부에는 집유설비를 할 것

**055** 옥외탱크저장소에서 펌프실 외의 장소에 설치하는 펌프 설비주위 바닥은 콘크리트 기타 불침윤 재료로 경사지게 하고 주변의 턱 높이는 몇 [m] 이상으로 하여야 하는가?

① 0.15[m] 이상 ② 0.20[m] 이상
③ 0.25[m] 이상 ④ 0.30[m] 이상

 문제 54번 해설 참조

**056** 다음 중 위험물의 누출, 비산 방지를 위하여 설치하는 구조로 옳지 않은 것은?

① 플로우트 스위치 ② 되돌림관
③ 수막 ④ 안전밸브

 누출 비산방지 : 플루우트스위치, 되돌림관, 수막

**057** 일반적인 옥외탱크저장소의 옥외저장탱크는 두께 몇 [mm] 이상의 강철판을 틈이 없도록 제작하여야 하는가?

① 1.2 ② 1.6
③ 2.0 ④ 3.2

 정답 : 055. ① 056. ④ 057. ④

[옥외저장탱크의 외부구조 및 설비]
• 탱크의 재료 : 3.2mm 이상의 강철판 또는 소방청장이 정하여 고시하는 규격에 적합한 재료
• 시험방법
  - 압력탱크 : 수압시험(최대 상용압력의 1.5배 압력으로 10분간)
  - 압력탱크 외의 탱크 : 충수시험

**058** 제4류 위험물을 저장하는 옥외탱크저장소의 방유제 내부에 화재가 발생한 경우의 조치방법으로 가장 옳은 것은?

① 소화활동은 방유제 내부의 풍하로부터 행하여야 한다.
② 방유제 내의 화재로부터 방유제 외부로 번지는 것을 방지하는데 최우선적으로 중점을 둔다.
③ 포방사를 할 때에는 탱크측판에 포를 흘려보내듯이 행하여 화면을 탱크로부터 떼어 놓도록 한다.
④ 화재진압이 어려운 경우에도 탱크 속의 기름을 파이프라인을 통해 빈 탱크로 이송시키는 것은 연소확대 방지를 위해 하지 않는다.

**059** 옥외탱크저장소의 방유제 설치기준 중 옳지 않은 것은?

① 면적은 80,000[m²] 이하로 할 것　② 방유제는 흙담 이외의 구조로 할 것
③ 높이는 0.5[m] 이상 3[m] 이하로 할 것　④ 방유제 내에는 배수구를 설치할 것

 • 방유제의 용량은 방유제 안에 설치된 탱크가 하나인 때에는 그 탱크 용량의 110% 이상, 2기 이상인 때에는 그 탱크 중 용량이 최대인 것 용량의 110% 이상으로 할 것. 다만, 인화성이 없는 액체위험물의 경우는 탱크 용량의 100% 이상으로 한다.
• 방유제의 높이는 0.5m 이상, 3m 이하로 할 것. 두께 0.2m 이상, 지하매설깊이 1m 이상으로 할 것
• 방유제 내의 면적은 8만m² 이하로 할 것
• 방유제 내에 설치하는 옥외저장탱크의 수
  - 10기 이하일 것
  - 방유제 내의 전 탱크 용량이 20만ℓ 이하이고, 저장·취급하는 위험물의 인화점이 70℃ 이상, 200℃ 미만인 경우 : 20기 이하
   인화점이 200℃ 이상인 위험물을 저장 또는 취급하는 경우 : 무제한
• 방유제 외면의 2분의 1 이상은 자동차 등이 통행할 수 있는 3m 이상의 노면 폭을 확보한 구내도로에 직접 접하도록 할 것
• 방유제는 옥외저장탱크의 지름에 따라 그 탱크의 옆판으로부터 다음에 정하는 거리를 유지할 것. 다만, 인화점이 200℃ 이상인 위험물을 저장 또는 취급하는 것에 있어서는 그러하지 아니하다.
  - 지름이 15m 미만인 경우에는 탱크 높이의 3분의 1 이상
  - 지름이 15m 이상인 경우에는 탱크 높이의 2분의 1 이상
• 방유제는 철근콘크리트로 하고, 방유제와 옥외저장탱크 사이의 지표면은 불연성과 불침윤성이 있는 구조(철근콘크리트 등)로 할 것. 다만, 누출된 위험물을 수용할 수 있는 전용유조 및 펌프 등의 설비를 갖춘 경우에는 방유제와 옥외저장탱크 사이의 지표면을 흙으로 할 수 있다.
• 용량이 1,000만ℓ 이상인 옥외저장탱크의 주위에 설치하는 방유제에는 다음의 규정에 따라 당해 탱크마다 간막이 둑을 설치할 것
  - 간막이 둑의 높이는 0.3m(옥외저장탱크 용량 합계가 2억ℓ를 넘는 경우 1m) 이상으로 하되 방유제의 높이보다 0.2m 이상 낮게 할 것

 정답 : 058. ③　　059. ②

- 간막이 둑은 흙 또는 철근콘크리트로 할 것
- 간막이 둑의 용량은 간막이 둑 안에 설치된 탱크 용량의 10% 이상일 것
- 방유제 또는 간막이 둑에는 당해 방유제를 관통하는 배관을 설치하지 아니할 것
- 높이가 1m를 넘는 방유제 및 간막이 둑의 안쪽에는 방유제 내에 출입하기 위한 계단 또는 경사로를 약 50m마다 설치할 것
- 방유제에는 그 내부에 고인 물을 외부로 배출하기 위한 배수구를 설치하고 이를 개폐하는 밸브등을 방유제 외부에 설치할 것

## 060 옥외탱크저장소의 방유제의 면적은?

① 50,000[m²] 이하            ② 70,000[m²] 이하
③ 80,000[m²] 이하            ④ 90,000[m²] 이하

 문제 59번 해설 참조

## 061 위험물 옥외탱크저장소에 설치하는 방유제의 용량은 해당 탱크용량의 몇 [%] 이상으로 하는가? (단, 톨루엔을 저장한다)

① 110            ② 100
③ 50            ④ 10

 110%

## 062 옥외탱크저장소로서 제4류 위험물의 탱크에 설치하는 밸브 없는 통기관의 지름은?

① 30[mm] 이하            ② 30[mm] 이상
③ 45[mm] 이하            ④ 45[mm] 이상

**[압력탱크 외 탱크의 통기관]**
- 밸브 없는 통기관
  - 직경은 30mm 이상일 것
  - 끝부분은 수평면보다 45도 이상 구부려 빗물 등의 침투를 막는 구조로 할 것
  - 가는 눈의 구리망 등으로 인화방지장치를 할 것
  - 가연성의 증기를 회수하기 위한 밸브를 통기관에 설치하는 경우에 있어서는 당해 통기관의 밸브는 저장탱크에 위험물을 주입하는 경우를 제외하고는 항상 개방되어 있는 구조로 하는 한편, 폐쇄하였을 경우에 있어서는 10㎪ 이하의 압력에서 개방되는 구조로 할 것. 이 경우 개방된 부분의 유효단면적은 777.15㎟ 이상이어야 한다.
- 대기밸브부착 통기관
  - 5kPa 이하의 압력차이로 작동할 수 있을 것
  - 인화점이 38℃ 미만인 위험물만을 저장 또는 취급하는 탱크에 설치하는 통기관에는 화염방지장치를 설치하고 그외의 탱크에 설치하는 통기관에는 40메쉬(mesh) 이상의 구리망 또는 동등이상의 성능을 가진 인화방지장치를 설치할 것

 정답 : 060. ③      061. ①      062. ②

**063** 지름 50[m], 높이 50[m]인 옥외탱크저장소에 방유제를 설치하려고 한다. 이 때 방유제는 탱크측면으로부터 몇 [m] 이상의 거리를 확보하여야 하는가? (단, 인화점이 180[℃]의 위험물을 저장, 취급한다)

① 10[m]　　　　　　　　　　　② 15[m]
③ 20[m]　　　　　　　　　　　④ 25[m]

• 지름이 15m 미만인 경우 탱크높이의 1/3 이상
• 지름이 15m 이상인 경우 탱크높이의 1/2 이상

**064** 위험물옥외탱크저장소에서 각각 30,000[L], 40,000[L], 50,000[L]의 용량을 갖는 탱크 3기를 설치할 경우 필요한 방유제의 용량은 몇 [m³] 이상이어야 하는가?

① 33[m³]　　　　　　　　　　　② 44[m³]
③ 55[m³]　　　　　　　　　　　④ 132[m³]

최대 탱크용량의 110%

**065** 인화성 액체 위험물을 옥외탱크저장소에 저장할 때 방유제의 기준으로 옳지 않은 것은?

① 중유 20만[L]를 저장하는 방유제 내에 설치하는 저장탱크의 수는 10기 이하로 한다.
② 방유제의 높이는 0.5[m] 이상 3[m] 이하로 한다.
③ 방유제 내에는 물을 배출시키기 위한 배수구를 설치하고, 그 외부에는 이를 개폐하는 밸브를 설치한다.
④ 높이가 1[m]를 넘는 방유제의 안팎에는 계단을 약 50[m]마다 설치한다.

해설
문제 59번 해설 참조

**066** 옥외탱크저장소 방유제의 2면 이상(원형인 경우는 그 둘레의 1/2 이상)은 자동차의 통행이 가능하도록 폭 몇 [m] 이상의 통로와 접하도록 하여야 하는가?

① 2[m] 이상　　　　　　　　　　② 2.5[m] 이상
③ 3[m] 이상　　　　　　　　　　④ 3.5[m] 이상

문제 59번 해설 참조

**067** 위험물안전관리법상 아세트알데하이드 또는 산화프로필렌 옥외저장탱크저장소에 필요한 설비가 아닌 것은?

① 보냉장치
② 불연성 가스 봉입장치
③ 냉각장치
④ 강제 배출장치

정답 : 063. ④　　064. ③　　065. ①　　066. ③　　067. ④

[위험물의 성질에 따른 옥외탱크저장소의 특례]
· 알킬알루미늄 등의 옥외탱크저장소
　- 주위에는 누설범위를 국한하기 위한 설비 및 누설된 알킬알루미늄 등을 안전한 장소에
　　설치된 조에 이끌어들일 수 있는 설비를 설치할 것
　- 옥외저장탱크에는 불활성의 기체를 봉입하는 장치를 설치할 것
· 아세트알데하이드 등의 옥외탱크저장소
　- 옥외저장탱크의 설비는 동·마그네슘·은·수은 또는 이들을 성분으로 하는 합금으로
　　만들지 아니할 것
　- 옥외저장탱크에는 냉각장치 또는 보냉장치 그리고 연소성 혼합기체의 생성에 의한 폭발
　　을 방지하기 위한 불활성의 기체를 봉입하는 장치를 설치할 것

## 068　옥외탱크저장소의 탱크 중 압력탱크의 수압 시험 방법으로 옳은 것은?

① 0.07[MPa]의 압력으로 10분간 실시
② 0.15[MPa]의 압력으로 10분간 실시
③ 최대상용압력의 0.7배의 압력으로 10분간 실시
④ 최대상용압력의 1.5배의 압력으로 10분간 실시

## 069　특정옥외저장탱크의 구조에 대한 기준 중 옳지 않은 것은?

① 탱크의 내경이 16[m] 이하일 경우 옆판의 두께는 4.5[mm] 이상일 것
② 지붕의 최소두께는 4.5[mm]로 할 것
③ 부상지붕은 해당 부상지붕 위에 적어도 150[mm]에 상당한 물이 체류한 경우 침하하지 않도
　록 할 것
④ 밑판의 최소두께는 탱크의 용량이 10,000[kL] 이상의 것에 있어서는 9[mm]로 할 것

 ③ 250mm

## 070　제조소 등의 정기점검의 구분에서 위험물탱크 안전성능시험자의 점검대상 범위에서 구조안전 점검의 기준은?

① 지하탱크저장소(2만[L] 이상)
② 옥내탱크저장소(10만[L] 이상)
③ 옥외탱크저장소(50만[L] 이상)
④ 옥외탱크저장소(1,000만[L] 이상)

 구조안전점검대상 50만L 이상 옥외탱크저장소

## 071　옥내탱크저장소의 탱크와 탱크전용실의 벽 및 탱크 상호 간의 간격은?

① 0.2[m] 이상　　　　　　　　　　② 0.3[m] 이상
③ 0.4[m] 이상　　　　　　　　　　④ 0.5[m] 이상

 정답 : 068. ④　　069. ③　　070. ③　　071. ④

[옥내탱크저장소]
탱크전용실을 단층건축물에 설치하는 경우 설치기준
• 상호 간 간격
  - 옥내저장탱크와 탱크전용실의 벽 : 0.5m 이상
  - 옥내저장탱크의 상호거리 : 0.5m 이상

**072** **옥내저장탱크 중 압력탱크에 아세트알데하이드를 저장할 경우 유지하여야 할 온도는?**

① 50[℃] 이하　　　　　　　② 40[℃] 이하
③ 30[℃] 이하　　　　　　　④ 15[℃] 이하

 40℃ 이하

**073** **옥내탱크전용실에 설치하는 탱크의 용량은 1층 이하의 층에 있어서 지정수량의 몇 배인가?**

① 지정수량의 10배 이하　　　② 지정수량의 20배 이하
③ 지정수량의 30배 이하　　　④ 지정수량의 40배 이하

 [옥내저장탱크의 용량]
동일한 탱크전용실에 옥내저장탱크를 2 이상 설치하는 경우에는 각 탱크의 용량의 합계

| 구 분 | 지정수량 | 비 고 |
|---|---|---|
| 1층 이하의 층 | 지정수량의 40배 이하 | 제4석유류, 동식물유류외의 제4류 위험물은 당해 수량이 20,000ℓ 초과 시 20,000ℓ 이하 |
| 2층 이상의 층 | 지정수량의 10배 이하 | 제4석유류, 동식물유류외의 제4류 위험물은 당해 수량이 5,000ℓ 초과 시 5,000ℓ 이하 |

**074** **다음 설명 중 ( ) 안에 알맞은 수치는?**

옥내탱크저장소의 탱크 중 통기관의 끝부분은 건축물의 창, 출입구 등의 개구부로부터 ( ㉠ ) [m] 이상 떨어진 곳의 옥외의 장소에 지면으로부터 ( ㉡ )[m] 이상의 높이로 설치하되 인화점이 40[℃] 미만인 위험물의 탱크에 설치하는 통기관에 있어서는 부지경계선으로부터 ( ㉢ ) [m] 이상 이격하여야 한다.

① ㉠ 1 ㉡ 2 ㉢ 1　　　　　② ㉠ 2 ㉡ 1 ㉢ 1
③ ㉠ 1 ㉡ 4 ㉢ 1.5　　　　④ ㉠ 4 ㉡ 1 ㉢ 1

 [밸브 없는 통기관]
• 통기관은 지하저장탱크의 윗부분에 연결할 것
• 통기관 중 지하의 부분은 그 상부지면에 걸리는 중량이 직접 해당 부분에 미치지 아니하도록 보호하고, 해당 통기관의 접합부분(용접, 그 밖의 위험물 누설의 우려가 없다고 인정되

 정답 : 072. ②　073. ④　074. ③

는 방법에 의하여 접합된 것은 제외한다.)에 대하여는 해당 접합부분의 손상유무를 점검할
수 있는 조치를 할 것
- 통기관의 끝부분은 건축물의 창·출입구 등의 개구부로부터 1m 이상 떨어진 옥외의 장소
에 설치할 것
- 지면으로부터 4m 이상의 높이에 설치하되 인화점이 40℃ 미만인 위험물의 탱크에 설치하
는 통기관에 있어서는 부지경계선으로부터 1.5m 이상 이격할 것
  다만, 고인화점 위험물만을 100℃ 미만의 온도로 저장 또는 취급하는 탱크에 설치하는
  통기관은 그 끝부분을 탱크 전용실 내에 설치할 수 있다.
- 통기관은 가스 등이 체류할 우려가 있는 굴곡이 없도록 할 것
- 직경은 30mm 이상일 것
- 끝부분은 수평면보다 45° 이상 구부려 빗물 등의 침투를 막는 구조로 할 것

## 075 다음 중 안전거리의 규제를 받지 않는 곳은?

① 옥외탱크저장소                    ② 옥내저장소
③ 지하탱크저장소                    ④ 옥외저장소

## 076 탱크의 매설에서 지하탱크저장소의 탱크는 본체 윗부분은 지면으로부터 몇 [m] 이상 아래에 있어야 하는가?

① 0.6[m]                          ② 0.8[m]
③ 1.0[m]                          ④ 1.2[m]

---

 **[탱크전용실의 이격거리]**
- 지하의 가장 가까운 벽·피트·가스관 등의 시설물 및 대지경계선 : 0.1m 이상
- 지하저장탱크와 탱크전용실의 안쪽 : 0.1m 이상
- 지하저장탱크의 윗부분과 지면과의 거리 : 0.6m 이상
- 지하저장탱크 상호 간 거리 : 1m 이상(용량의 합계가 지정수량의 100배 이하인 때 : 0.5m
  이상). 다만, 2 사이 탱크전용실의 벽이나 두께 20cm 이상의 콘크리트 구조물이 있는 경우
  에는 그러하지 아니하다.
- 탱크는 지하의 가장 가까운 벽, 피트, 가스관 등의 시설물 및 대지경계선으로부터 0.6m
  이상 떨어진 곳에 매설할 것

## 077 지하탱크전용실의 철근콘크리트 벽 두께 기준은 얼마 이상인가?

① 0.6[m] 이상                      ② 0.5[m] 이상
③ 0.3[m] 이상                      ④ 0.1[m] 이상

---

 **[탱크전용실의 구조]**
- 벽 및 바닥 : 두께 0.3m 이상의 철근콘크리트 또는 이와 동등 이상의 강도가 있는 구조
- 뚜껑 : 두께 0.3m 이상의 철근콘크리트 또는 이와 동등 이상의 강도가 있는 구조

 정답 : 075. ③        076. ①        077. ③

**078** 위험물지하저장탱크의 탱크실의 설치기준으로 적합하지 않은 것은?

① 탱크의 재질은 두께 3.2[mm] 이상의 강철판으로 하여야 한다.

② 지하저장탱크와 탱크전용실의 안쪽과의 사이는 0.3[m] 이상의 간격을 유지하여야 한다.

③ 지하탱크를 2 이상 인접해 설치하는 경우에는 그 상호 간에 1[m] 이상의 간격을 유지하여야
한다.

④ 지하저장탱크의 윗부분은 지면으로부터 0.6[m] 이상 아래에 있어야 한다.

 문제 76번 해설 참조

**079** 지하탱크저장소의 배관은 탱크의 윗부분에 설치하여야 하는데 탱크의 직근에 유효한 제어밸브
를 설치하는 경우 그러지 아니할 수 있다. 이에 해당하지 않는 위험물은?

① 제1석유류          ② 제3석유류

③ 제4석유류          ④ 동식물유류

 지하저장탱크의 배관은 당해 탱크의 윗부분에 설치하여야 한다. 다만, 제4류위험물 중 제2석
유류(인화점이 40℃ 이상인 것에 한함), 제3석유류, 제4석유류 및 동식물유류의 탱크에 있어
서 그 직근에 유효한 제어밸브를 설치한 경우에는 그러지 아니하다.

**080** 지하탱크저장소의 압력탱크 외의 탱크에 있어서 수압시험 방법으로 옳은 것은?

① 70[kPa]의 압력으로 10분간 실시

② 0.15[MPa]의 압력으로 10분간 실시

③ 최대상용압력의 0.7배의 압력으로 10분간 실시

④ 최대상용압력의 1.5배의 압력으로 10분간 실시

 탱크의 시험 : 다음의 방식으로 시험하여 새거나 변형되지 아니하여야 한다.
• 압력탱크 외의 탱크 : 70kPa의 압력으로 10분간 수압시험
• 압력탱크 : 최대상용압력의 1.5배의 압력으로 10분간 수압시험
※ 압력탱크 : 최대상용압력이 46.7kPa 이상인 탱크

**081** 지하탱크전용실은 지하의 가장 가까운 벽, 피트, 가스관 등의 시설물로부터 몇 [m] 이상 떨어
진 곳에 설치하여야 하는가?

① 0.1[m] 이상          ② 0.2[m] 이상

③ 0.3[m] 이상          ④ 0.4[m] 이상

 탱크전용실은 지하의 가장 가까운 벽 · 피트 · 가스관 등의 시설물 및 대지경계선으로부터
0.1m 이상 떨어진 곳에 설치하고, 지하저장탱크와 탱크전용실의 안쪽과의 사이는 0.1m 이
상의 간격을 유지하도록 하며, 당해 탱크의 주위에 마른 모래 또는 습기 등에 의하여 응고되
지 아니하는 입자지름 5㎜ 이하의 마른 자갈분을 채워야 한다.

**082** 지하저장탱크에서 탱크용량의 몇 [%]가 찰 때 경보음을 울리는 과충전방지장치를 설치하여야 하는가?

① 80[%]　　　　　　　　　　② 85[%]
③ 90[%]　　　　　　　　　　④ 95[%]

[과충전 방지장치]
- 탱크용량을 초과하여 주입될 때 자동으로 그 주입구를 폐쇄 또는 공급을 자동으로 차단하는 방법
- 탱크용량의 90%가 찰 때 경보음을 울리는 방법

**083** 지하탱크전용실의 내벽과 탱크와의 간격은 얼마 이상을 유지하여야 하는가?

① 0.6[m] 이상　　　　　　　② 0.5[m] 이상
③ 0.3[m] 이상　　　　　　　④ 0.1[m] 이상

문제 76번 해설 참조

**084** 지하저장탱크의 주위에는 해당 탱크로부터 액체 위험물의 누설을 검사하기 위한 관을 4개소 이상을 적당한 위치에 설치하여야 한다. 설치기준으로 옳지 않은 것은?

① 소공이 없는 상부는 단관으로 할 수 있다.
② 재료는 금속관 또는 경질합성수지관으로 한다.
③ 관은 탱크실의 바닥에서 0.3[m] 이격하여 설치한다.
④ 관의 밑부분으로부터 탱크의 중심 높이까지의 부분에는 소공이 뚫려 있어야 한다.

[누유검사관의 기준]
지하저장탱크의 주위에는 액체위험물의 누설을 검사하기 위한 관을 다음 기준에 따라 설치하여야 한다.
- 4개소 이상 적당한 위치에 설치할 것
- 이중관으로 할 것, 다만 소공이 없는 상부는 단관으로 할수 있다.
- 재료는 금속관 또는 경질합성수지관으로 할 것
- 관은 탱크실바닥 또는 탱크의 기초까지 닿게 할 것
- 관의 밑부분에서 탱크의 중심 높이까지는 소공이 뚫려 있을 것. 다만, 지하수위가 높은 장소에 있어서는 지하수위 높이까지의 부분에 소공이 뚫려 있어야 한다.
- 상부는 물이 침투하지 아니하는 구조로 하고, 뚜껑은 검사 시에 쉽게 열 수 있도록 할 것

**085** 간이탱크저장소의 탱크에 설치하는 밸브 없는 통기관의 기준으로 적합하지 않은 것은?

① 통기관의 지름은 25[mm] 이상으로 할 것
② 통기관은 옥내에 설치하되, 그 끝부분의 높이는 지상 1.5[m] 이상으로 할 것
③ 통기관의 끝부분은 수평면에 대하여 아래로 45도 이상 구부려 빗물 등이 들어가지 아니하도록 할 것
④ 가는 눈의 구리망 등으로 인화방지장치를 할 것

 정답 : 082. ③　　083. ④　　084. ③　　085. ②

[간이탱크저장소]
- 밸브 없는 통기관
  - 통기관의 지름은 25mm 이상으로 할 것
  - 통기관은 옥외에 설치하되 그 끝부분의 높이는 지상 1.5m 이상으로 할 것
  - 끝부분은 수평면보다 45° 이상 구부려 빗물 등의 침투를 막는 구조로 할 것
  - 인화점이 38℃ 미만인 위험물만을 저장 또는 취급하는 탱크에 설치하는 통기관에는 화염방지장치를 설치하고 그외의 탱크에 설치하는 통기관에는 40메쉬(mesh) 이상의 구리망 또는 동등이상의 성능을 가진 인화방지장치를 설치할 것
- 대기밸브 부착통기관
  - 통기관은 옥외에 설치하되 그 끝부분의 높이는 지상 1.5m 이상으로 할 것
  - 가는 눈의 구리망 등으로 인화방지장치를 할 것
  - 5kPa 이하의 압력차로 작동할 수 있을 것

## 086 간이탱크저장소의 1개의 탱크의 용량은 얼마 이하이어야 하는가?

① 300[L]  ② 400[L]
③ 500[L]  ④ 600[L]

 간이탱크저장소 1개 용량 600L

## 087 인화성 위험물질 500[L]를 하나의 간이탱크저장소에 저장하려고 할 때 필요한 최소 탱크 수는?

① 4개  ② 3개
③ 2개  ④ 1개

## 088 이동탱크저장소의 탱크는 두께 몇 [mm] 이상의 강철판을 사용하여 제작하여야 하는가?

① 1.6[mm] 이상  ② 2.3[mm] 이상
③ 3.2[mm] 이상  ④ 5.0[mm] 이상

## 089 하나의 간이탱크저장소에 설치하는 간이탱크는 몇 개 이하로 하여야 하는가?

① 2개  ② 3개
③ 4개  ④ 5개

 [간이탱크의 설치 수]
간이탱크저장소에 설치하는 간이저장탱크의 수는 3 이하로 할 것
다만, 동일 품질의 위험물 간이저장탱크는 2 이상 설치하면 아니된다.

**090** 이동탱크저장소의 탱크용량이 얼마 이하마다 그 내부에 3.2[mm] 이상의 안전칸막이를 설치해야 하는가?

① 2,000[L] 이하          ② 3,000[L] 이하

③ 4,000[L] 이하          ④ 5,000[L] 이하

 [이동저장탱크의 구조]
- 탱크는 두께 3.2mm 이상의 강철판 등의 재료로 할 것
- 탱크의 시험
  - 압력탱크 외의 탱크 : 70kPa의 압력으로 수압시험
  - 압력탱크 : 최대상용압력의 1.5배의 압력으로 10분간 수압시험하여 새거나 변형되지 아니할 것
  ※ 압력탱크 : 최대상용압력이 46.7kPa 이상인 탱크
- 내부에 4,000ℓ 이하마다 3.2mm 이상의 강철판 등으로 칸막이를 설치할 것
- 칸막이로 구획된 각 부분마다 맨홀과 안전장치 및 방파판을 설치할 것. 다만, 칸막이의 용량이 2,000ℓ 미만인 부분에는 방파판을 설치하지 아니할 수 있다.
  - 안전장치의 작동압력
    · 상용압력이 20kPa 이하인 탱크 : 20kPa 이상, 24kPa 이하의 압력에서 작동할 것
    · 상용압력이 20kPa을 초과하는 탱크 : 상용압력의 1.1배 이하의 압력에서 작동할 것
  - 방파판
    · 두께 1.6mm 이상의 강철판 등으로 할 것
    · 칸막이마다 2개 이상의 방파판을 진행방향과 평행으로 설치하고, 각 방파판은 높이 및 칸막이로부터의 거리를 다르게 할 것

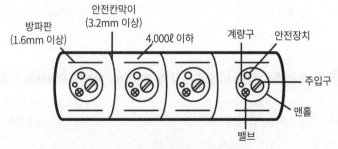

[ 이동탱크저장소의 칸막이 ]

- 각 방파판 면적의 합계는 당해 구획부분의 최대 수직단면적의 50% 이상으로 할 것

**091** 이동탱크저장소에 설치하는 방파판의 기능에 대한 설명으로 가장 적절한 것은?

① 출렁임 방지
② 유증기 발생의 억제
③ 정전기 발생 제거
④ 파손시 유출 방지

**092** 위험물이동탱크저장소에서 맨홀, 주입구 및 안전장치 등이 탱크의 상부에 돌출되어 있는 경우 부속장치의 손상을 방지하기 위해 설치하여야 할 것은?

① 불연성 가스 봉입장치　　　　② 통기장치
③ 측면틀, 방호틀　　　　　　　④ 비상조치 레바

 [맨홀·주입구 및 안전장치 등이 탱크의 상부에 돌출되어 있는 탱크의 구조기준]
- 측면틀
  - 외부로부터의 하중에 견딜 수 있는 구조로 할 것
  - 탱크 상부의 네 모퉁이에 당해 탱크의 전단 또는 후단으로부터 각각 1m 이내의 위치에 설치할 것
  - 측면틀에 걸리는 하중에 의하여 탱크가 손상되지 아니하도록 측면틀의 부착부분에 받침판을 설치할 것
- 방호틀
  - 두께 2.3mm 이상의 강철판 등으로 산모양의 형상으로 할 것
  - 정상부분은 부속장치보다 50mm 이상 높게 할 것
- 탱크의 외면에는 방청도장을 하여야 한다.

**093** 다음 ( ㉠ ), ( ㉡ )에 들어갈 내용이 알맞은 것은?

> 이동탱크저장소에는 차량의 전면 및 후면의 보기 쉬운 곳에 사각형의 ( ㉠ )바탕에 ( ㉡ )의 반사도료 그 밖의 반사성이 있는 재료로 "위험물"이라고 표시한 표지를 설치하여야 한다.

① ㉠ 흑색 ㉡ 황색　　　　② ㉠ 황색 ㉡ 흑색
③ ㉠ 백색 ㉡ 적색　　　　④ ㉠ 적색 ㉡ 백색

 주유중 엔진정지 : 황색바탕 흑색문자

**094** 이동탱크저장소에 주입설비를 설치하는 경우 분당 토출량은 얼마 이하이어야 하는가?

① 100[L]　　　　　② 150[L]
③ 200[L]　　　　　④ 250[L]

 [주유설비]
이동탱크저장소에 주입설비를 설치하는 경우에는 다음의 기준에 의하여야 한다.
- 위험물이 샐 우려가 없고 화재예방상 안전한 구조로 할 것
- 주입설비의 길이는 50m 이내로 하고, 그 끝부분에 축적되는 정전기를 유효하게 제거할 수 있는 장치를 할 것
- 분당 토출량은 200ℓ 이하로 할 것

 정답 : 092. ③　　093. ①　　094. ③

**095** 산화프로필렌 탱크 및 아세트알데하이드 이동저장탱크의 수압시험압력과 시간은 얼마인가?

① 70[kPa], 10분           ② 70[kPa], 7분

③ 130[kPa], 10분         ④ 130[kPa], 7분

**096** 이동탱크저장소의 상용압력이 20[kPa]을 초과할 경우 안전장치의 작동압력은?

① 상용압력의 1.1배 이하

② 상용압력의 1.5배 이하

③ 20[kPa] 이상, 24[kPa] 이하

④ 40[kPa] 이상, 48[kPa] 이하

 [안전장치의 작동압력]
• 상용압력이 20kPa 이하인 탱크 : 20kPa 이상, 24kPa 이하의 압력에서 작동할 것
• 상용압력이 20kPa을 초과하는 탱크 : 상용압력의 1.1배 이하의 압력에서 작동할 것

**097** 아세트알데하이드 등을 취급하는 이동탱크저장소에서 금속을 사용해서는 안 되는 제한금속이 있다. 이 제한된 금속이 아닌 것은?

① 은               ② 수은

③ 구리             ④ 철

 [아세트알데하이드 등을 저장 또는 취급하는 이동탱크저장소]
• 이동저장탱크는 불활성의 기체를 봉입할 수 있는 구조로 할 것
• 이동저장탱크 및 그 설비는 은·수은·동·마그네슘 또는 이들을 성분으로 하는 합금으로 만들지 아니할 것

**098** 보냉장치가 없는 이동저장탱크에 저장하는 아세트알데하이드의 유지온도는?

① 30[℃] 이하         ② 30[℃] 이상

③ 40[℃] 이하         ④ 40[℃] 이상

**099** 이동탱크저장소의 탱크에서 방파판은 하나의 구획부분에 몇 개 이상의 방파판을 이동탱크저장소의 진행방향과 평행으로 설치하여야 하는가?

① 1개             ② 2개

③ 3개            ④ 4개

 [방파판]
• 두께 1.6mm 이상의 강철판 등으로 할 것
• 칸막이마다 2개 이상의 방파판을 진행방향과 평행으로 설치하고, 각 방파판은 높이 및 칸막이로부터의 거리를 다르게 할 것
• 각 방파판 면적의 합계는 당해 구획부분의 최대 수직단면적의 50% 이상으로 할 것

 정답 : 095. ①     096. ①     097. ④     098. ③     099. ②

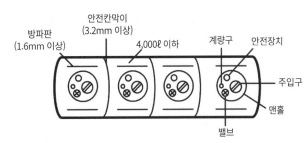

[ 이동탱크저장소의 칸막이 ]

**100** 이동탱크저장소의 상치장소에서 옥외에 있는 상치장소는 화기를 취급하는 장소 또는 인근의 건축물로부터 몇 [m] 이상의 거리를 확보하여야 하는가?

① 2
② 3
③ 4
④ 5

[상치장소]
• 옥외에 있는 상치장소 : 화기를 취급하는 장소 또는 인근의 건축물로부터 5m 이상(인근의 건축물이 1층인 경우 3m 이상)의 거리를 확보할 것
• 옥내에 있는 상치장소 : 벽·바닥·보·서까래 및 지붕이 내화구조 또는 불연재료로 된 건축물의 1층에 설치할 것

**101** 옥외저장소에 저장할 수 있는 지정수량 이상의 위험물은?

① 황
② 휘발유
③ 질산에틸
④ 적린

[옥외저장소에 저장할 수 있는 위험물의 종류]
• 제2류위험물 중 황·인화성 고체(인화점이 0℃ 이상인 것)
• 제1석유류(인화점이 0℃ 이상인 것)
• 알코올류, 제2석유류, 제3석유류, 제4석유류, 동·식물류
• 제6류 위험물

**102** 다음 중 옥외에 저장할 수 없는 위험물은?

① 황
② 아세톤
③ 농질산
④ 등유

아세톤 : 제1석유류 (인화점 -18℃)

정답 : 100. ④    101. ①    102. ②

**103** 옥외저장소에 선반을 설치하는 경우에 선반의 설치높이는 몇 [m]를 초과하지 않아야 하는가?

① 3
② 4
③ 5
④ 6

- 선반은 불연재료로 만들고 견고한 지반면에 고정할 것
- 선반은 당해 선반 및 그 부속설비의 자중·저장하는 위험물의 중량·풍하중·지진의 영향 등에 의하여 생기는 응력에 대하여 안전할 것
- 선반의 높이는 6m를 초과하지 아니할 것
- 선반에는 위험물을 수납한 용기가 쉽게 낙하하지 아니하는 조치를 강구할 것
- 과산화수소, 과염소산을 저장하는 옥외저장소는 불연성 또는 난연성의 천막등을 설치하여 햇빛을 가릴 것
- 캐노피 또는 지붕을 설치하는 경우 환기 및 소화활동에 지장을 주지 아니하는 구조로 할 것. 이 경우 기둥은 내화구조로 하고 캐노피 또는 지붕을 불연재료로 하며 벽을 설치하지 아니할 것

**104** 옥외저장소에 있는 톨루엔 8,000[L]에 화재가 발생하였다. 다음 중 이 화재에 진압할 수 있는 가장 효과적인 소화기는?

① A - 3
② A - 5
③ B - 3
④ B - 5

$$\frac{8000L}{200L} = 40배$$

$$\frac{40배}{10배/1단위} = 4단위[B급]$$

**105** 주유취급소의 시설기준 중 옳은 것은?

① 보일러 등에 직접 접속하는 전용탱크의 용량은 20,000[L] 이하이다.
② 휴게음식점을 설치할 수 있다.
③ 고정주유설비와 도로경계선과는 거리제한이 없다.
④ 주유관의 길이는 20[m] 이내이어야 한다.

① 10,000L [주유 및 급유 : 50,000L(고속국도 60,000L), 폐유 : 2,000L]
② 정답
③ 도로경계선과는 4m이상 이격거리 필요
④ 주유관의 길이는 5m[현수식은 반경 3m] 이내이어야 한다.

**106** 고정주유설비는 도로경계선으로부터 몇 [m] 이상의 거리를 확보해야 하는가?

① 1[m] 이상
② 2[m] 이상
③ 4[m] 이상
④ 7[m] 이상

정답 : 103. ④     104. ④     105. ②     106. ③

[고정주유설비 또는 고정급유설비의 중심선에서 이격거리]
- 도로경계선 : 4m 이상
- 부지경계선 · 담 및 건축물의 벽 : 2m(개구부가 없는 벽까지는 1m) 이상[고정급유설비의 경우 부지경계선 및 담까지는 1m 이상, 벽까지 2m(개구부가 없는 벽 1m) 이상]
- 고정주유설비와 고정급유설비의 사이 : 4m 이상

## 107 다음 중 위험물안전관리법상 위험물취급소에 해당되지 않는 것은?

① 주유취급소
② 옥내취급소
③ 이송취급소
④ 판매취급소

 취급소의 종류 : 주유취급소, 일반취급소, 판매취급소, 이송취급소

## 108 주유취급소의 보유공지는 너비 15[m] 이상, 길이 6[m] 이상의 콘크리트로 포장되어야 한다. 다음 중 가장 적합한 보유공지라고 할 수 있는 것은?

①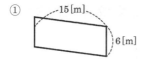

②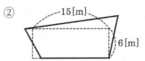

③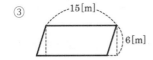

④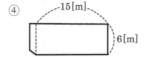

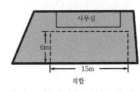

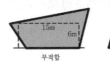 

[ 주유공지 ]

**109** 주유취급소의 건축물 중 내화구조를 하지 않아도 되는 곳은?

① 벽                            ② 바닥

③ 기둥                         ④ 창

 ① ② ③ : 주요구조부

**110** 주유취급소의 표시 및 게시판에서 "주유 중 엔진정지"라고 표시하는 게시판의 색깔로서 맞는 것은?

① 황색바탕에 흑색문자          ② 흑색바탕에 황색문자

③ 적색바탕에 백색문자          ④ 백색바탕에 적색문자

**111** 고속국도 도로변에 설치한 주유취급소의 탱크용량은 얼마까지 할 수 있는가?

① 10만[L]                ② 8만[L]

③ 6만[L]                 ④ 5만[L]

**112** 주유취급소에 설치하는 건축물의 위치 및 구조에 대한 설명으로 옳지 않은 것은?

① 건축물 중 사무실 그 밖의 화기를 사용하는 곳은 누설한 가연성 증기가 그 내부에 유입되지 않도록 높이 1[m] 이하의 부분에 있는 창 등은 밀폐시킬 것

② 건축물 중 사무실 그 밖의 화기를 사용하는 곳의 출입구 또는 사이통로의 문턱 높이는 15[cm] 이상으로 할 것

③ 주유취급소에 설치하는 건축물의 벽, 기둥, 바닥, 보 및 지붕은 내화구조 또는 불연재료로 할 것

④ 자동차 등의 세정을 행하는 설비는 증기 세차기를 설치하는 경우에는 2[m] 이상의 담을 설치하고 출입구가 고정주유설비에 면하지 아니하도록 할 것

 ④ 증기세차기를 설치하는 경우에는 1m

**113** 주유취급소에 캐노피를 설치하려고 할 때의 기준이 아닌 것은?

① 배관이 캐노피 내부를 통과할 경우에는 1개 이상의 점검구를 설치할 것

② 캐노피 외부의 배관으로서 점검이 곤란한 장소에는 용접이음으로 할 것

③ 캐노피의 면적은 주유취급 바닥면적의 2분의 1 이하로 할 것

④ 캐노피 외부의 배관이 일광열의 영향을 받을 우려가 있는 경우에는 단열재로 피복할 것

 [캐노피 기준 3가지]
① 배관이 캐노피 내부를 통과할 경우에는 1개 이상의 점검구를 설치할 것
② 캐노피 외부의 점검이 곤란한 장소에 배관을 설치하는 경우에는 용접이음으로 할 것
③ 캐노피 외부의 배관이 일광열의 영향을 받을 우려가 있는 경우에는 단열재로 피복할 것

 정답 : 109. ④     110. ①     111. ③     112. ④     113. ③

**114** 주유취급소의 주위에는 자동차 등이 출이하는 쪽 외의 부분에 높이 몇 [m] 이상의 내화구조 또는 불연재료의 담 또는 벽을 설치하여야 하는가? (단, 주유취급소는 도심에 설치되어 있으며, 주변에 있는 건축물은 연소의 우려가 없다고 한다)

① 1.8[m]
② 2[m]
③ 2.2[m]
④ 2.4[m]

 [담 또는 벽]
• 주유취급소의 주위에는 자동차 등이 출입하는 쪽 외의 부분에 높이 2m 이상 담을 설치할 것
• 담은 내화구조 또는 불연재료로 하고 주유취급소의 인근에 연소의 우려가 있는 건축물이 있는 경우에는 소방청장이 정하여 고시하는 방화상 유효한 높이로 할 것

> ◤ 담 또는 벽의 일부분에 방화상 유효한 구조의 유리를 부착할 수 있는 경우
>
> • 유리를 부착하는 위치는 주입구, 고정주유설비 및 고정급유설비로부터 4m 이상 이격될 것
> • 유리를 부착하는 방법
>   - 주유취급소 내의 지반면으로부터 70cm를 초과하는 부분에 한하여 유리를 부착할 것
>   - 하나의 유리판의 가로의 길이는 2m 이내일 것
>   - 유리관의 테두리를 금속제의 구조물에 견고하게 고정하고 해당 구조물을 담 또는 벽에 견고하게 부착
>   - 유리의 구조는 접합유리(두장의 유리를 두께 0.76mm 이상의 폴리비닐부티랄 필름으로 접합한 구조를 말한다)로 하되, 「유리구획 부분의 내화시험방법(KS F 2845)」에 따라 시험하여 비차열 30분 이상의 방화성능이 인정될 것
> • 유리를 부착하는 범위는 전체의 담 또는 벽의 길이의 10분의 2를 초과하지 아니할 것

[ 방화유리 ]

**115** 고정주유설비의 주유관의 길이는 몇 [m] 이내로 하고 그 끝부분에는 축적된 정전기를 유효하게 제거할 수 있는 장치를 설치하여야 하는가?

① 3[m]
② 4[m]
③ 5[m]
④ 6[m]

**116** 등유의 경우 주유취급소의 고정주유설비의 펌프기기는 주유관 끝부분에서의 최대토출량이 몇 [L/min] 이하인 것으로 하여야 하는가?

① 40[L/min]
② 50[L/min]
③ 80[L/min]
④ 180[L/min]

 [주유관 끝부분에서의 최대토출량]
• 제1석유류의 경우 : 분당 50ℓ 이하     • 경유의 경우 : 분당 180ℓ 이하
• 등유의 경우 : 분당 80ℓ 이하
• 이동저장탱크에 주입하기 위한 고정급유설비 : 분당 300ℓ 이하
   ※ 이동저장탱크에 주입하기 위한 고정급유설비의 펌프기기는 분당 토출량이 200ℓ 이상인 것의 경우에는 주유설비에 관계된 모든 배관의 안지름을 40mm 이상으로 하여야 한다.

 정답 : 114. ②     115. ③     116. ③

**117** 다음 중 주유취급소의 특례기준에서 제외되는 것은?

① 영업용 주유취급소　　　　　② 항공기 주유취급소
③ 철도 주유취급소　　　　　　④ 고속국도 주유취급소

 [주유소 특례기준]
• 항공기 주유취급소
• 철도 주유취급소
• 고객이 직접 주유하는 주유취급소
• 선박 주유취급소
• 자가용 주유취급소

**118** 주유취급소에 설치하여서는 아니 되는 것은?

① 볼링장　　　　　　　　　　② 주유 취급관계자의 숙직실
③ 전시장　　　　　　　　　　④ 휴게음식점

 [건축물 등의 제한 등]
주유취급소에 설치할 수 있는 건축물 또는 공작물의 종류
• 주유 또는 등유 · 경유를 채우기 위한 작업장
• 주유취급소의 업무를 행하기 위한 사무소
• 자동차 등의 점검 및 간이정비를 위한 작업장
• 자동차 등의 세정을 위한 작업장
• 주유취급소에 출입하는 사람을 대상으로 한 점포 · 휴게음식점 또는 전시장
• 주유취급소의 관계자가 거주하는 주거시설
• 전기자동차용 충전설비(전기를 동력원으로 하는 자동차에 직접 전기를 공급하는 설비)
• 그 밖의 주유취급에 관련된 용도로서 소방청장이 정하여 고시하는 건축물 또는 시설
※ 주유소 직원외의 자가 출입하는 ②, ③, ⑤의 용도에 제공하는 부분의 면적의 합은 1000㎡을 초과할 수 없다.

**119** 주유취급소에 대한 설명 중 옳지 않은 것은?

① 주유취급소에는 고정주유설비의 주위에는 주유를 받으려는 자동차 등이 출입할 수 있도록 너비 15[m] 이상, 길이 6[m] 이상의 콘크리트 등으로 포장한 공지를 보유한다.
② "주유 중 엔진정지"는 황색바탕에 백색문자로 한다.
③ "화기엄금"은 적색바탕에 백색문자로 한다.
④ 고정주유설비 또는 고정급유설비의 주유관의 길이 5[m] 이내로 한다.

 황색바탕에 흑색문자

 정답 : 117. ①　　118. ①　　119. ②

**120** 점포에서 위험물을 용기에 담아 판매하기 위하여 지정수량의 40배 이하의 위험물을 취급하는 장소는?

① 일반취급소
② 주유취급소
③ 판매취급소
④ 이송취급소

[판매취급소]
제1종 판매취급소 : 저장 또는 취급하는 위험물의 수량이 지정수량의 20배 이하인 판매취급소
• 건축물의 1층에 설치할 것
• 게시판 및 표지판은 제소소에 준할 것
• 건축물의 부분은 내화구조 또는 불연재료로 할 것
• 판매취급소로 사용되는 부분과 다른 부분과의 격벽은 내화구조로 할 것
• 건축물의 보를 불연재료로 하고 반자를 설치하는 경우에는 반자를 불연재료로 할 것
• 상층이 있는 경우 상층의 바닥을 내화구조로 하고, 상층이 없는 경우 지붕을 내화구조 또는 불연재료로 할 것
• 창 및 출입구에는 60분+, 60분 방화문 또는 30분 방화문을 설치할 것
• 창 또는 출입구에 유리를 이용하는 경우에는 망입유리로 할 것
• 위험물을 배합하는 실은 다음에 의할 것
  - 바닥면적은 $6m^2$ 이상 $15m^2$ 이하일 것
  - 내화구조로 된 벽으로 구획할 것(내화구조 또는 불연재료)
  - 바닥은 위험물이 침투하지 아니하는 구조로 하여 적당한 경사를 두고 집유설비를 할 것
  - 출입구에는 수시로 열 수 있는 자동폐쇄식의 60분+ 또는 60분 방화문을 설치할 것
  - 출입구 문턱의 높이는 바닥면으로부터 0.1m 이상으로 할 것
  - 내부에 체류한 가연성의 증기 또는 가연성의 미분을 지붕 위로 방출하는 설비를 할 것
제2종 판매취급소 : 저장 또는 취급하는 위험물의 수량이 지정수량의 40배 이하인 판매취급소

**121** 제1종 판매취급소의 위험물을 배합하는 실의 기준에 적합하지 않은 것은?

① 바닥면적을 $6[m^2]$ 이상 $15[m^2]$ 이하로 할 것
② 내화구조 또는 불연재료로 된 벽을 구획할 것
③ 바닥에는 적당한 경사를 두고, 집유설비를 할 것
④ 출입구에는 60분+, 60분 방화문 또는 30분 방화문을 설치할 것

출입구에는 자동폐쇄식의 60분+ 또는 60분 방화문을 설치할 것

**122** 제1종 판매취급소의 배합실의 출입구에는 바닥으로부터 몇 [cm] 이상의 문턱을 설치하여야 하는가?

① 10[cm]
② 15[cm]
③ 20[cm]
④ 25[cm]

10cm

정답 : 120. ④　　121. ①　　122. ①

**123** 저장 또는 취급하는 위험물의 수량이 지정수량의 20배 이하인 제1종 판매취급소의 위치로서 옳은 것은?
① 건축물의 지하층에 설치하여야 한다.
② 건축물의 1층에 설치하여야 한다.
③ 지하층만 있는 건축물에 설치하여야 한다.
④ 건축물의 2층 이상에 설치하여야 한다.

**124** 이송취급소의 배관을 지하에 매설하는 경우의 안전거리로 옳지 않은 것은?
① 건축물(지하가 내의 건축물은 제외한다) - 1.5[m] 이상
② 지하가 및 터널 - 10[m] 이상
③ 배관의 외면과 지표면과의 거리(산이나 들) - 0.3[m] 이상
④ 수도법에 의한 수도시설(위험물의 유입우려가 있는 것) - 300[m] 이상

③ 배관의 외면과 다른 공작물과의 거리 : 0.3m 이상
[배관설치의 기준] 지하 매설
• 배관의 외면으로부터 다음의 안전거리를 둘 것
 - 건축물 : 1.5m 이상
 - 지하가 및 터널 : 10m 이상
 - 수도법에 의한 수도시설 : 300m 이상
• 배관은 그 외면으로부터 다른 공작물에 대하여 0.3m 이상의 거리를 보유할 것
• 배관의 외면과 지표면과의 거리는 산이나 들에 있어서는 0.9m 이상, 그 밖에 있어서는 1.2m 이상으로 할 것
• 배관은 지반의 동결로 인한 손상을 받지 아니하는 적절한 깊이로 매설할 것
• 배관의 하부에는 사질토 또는 모래로 20cm(자동차 등의 하중이 없는 경우 10cm) 이상, 배관의 상부에는 사질토 또는 모래로 30cm(자동차 등의 하중이 없는 경우 20cm) 이상 채울 것

**125** 이송취급소 배관의 재료로 적합하지 않은 것은?
① 고압배관용 탄소강관              ② 압력배관용 탄소강관
③ 고온배관용 탄소강관              ④ 일반배관용 탄소강관

[배관 등의 재료 및 구조] 배관ㆍ관이음쇠 및 밸브의 재료
• 배관 : 고압배관용 탄소강관, 압력배관용 탄소강관, 고온배관용 탄소강관 또는 배관용 스테인리스강관
• 관이음쇠 : 배관용 강제 맞대기용접식 관이음쇠, 철강제 관플랜지 압력단계, 관플랜지의 치수허용차, 강제 용접식 관플랜지, 철강제 관플랜지의 기본치수 또는 관플랜지의 개스킷 자리치수
• 밸브 : 주강 플랜지형 밸브

정답 : 123. ②     124. ③     125. ④

**126** 다음 중 이송취급소를 설치할 수 있는 곳은?

① 철도 및 도로의 터널 안
② 고속국도 및 자동차전용도로의 차도, 길어깨 및 중앙분리대
③ 지형상황 등 부득이한 사유가 있고 안전에 필요한 조치를 한 곳
④ 호수, 저수지 등으로서 수리의 수원이 되는 곳

 [설치장소]
이송취급소는 다음의 장소 외의 장소에 설치하여야 한다.
- 철도 및 도로의 터널 안
- 고속국도 및 자동차 전용도로의 차도·길어깨 및 중앙분리대
- 호수·저수지 등으로서 수리의 수원이 되는 곳
- 급경사지역으로서 붕괴의 위험이 있는 지역

**127** 이송취급소에서 배관을 지하에 매설하는 경우 배관은 그 외면으로부터 지하가까지 몇 [m] 이상의 안전거리를 두어야 하는가?

① 0.3[m]     ② 1.5[m]
③ 10[m]     ④ 300[m]

**128** 이송취급소에서 이송기지 내의 지상에 설치된 배관 등은 전체 용접부의 몇 [%] 이상을 발췌하여 비파괴시험을 실시하는가?

① 10[%]     ② 20[%]
③ 30[%]     ④ 40[%]

**129** 이송취급소에서 이송기지의 배관의 최대상용압력이 0.2[MPa]일 때 공지의 너비는?

① 3[m] 이상     ② 5[m] 이상
③ 9[m] 이상     ④ 15[m] 이상

[ 배관의 상용압력에 따른 공지의 너비 ]

| 배관의 최대상용압력 | 공지의 너비 |
|---|---|
| 0.3MPa 미만 | 5m 이상 |
| 0.3MPa 이상 1MPa 미만 | 9m 이상 |
| 1MPa 이상 | 15m 이상 |

 정답 : 126. ③    127. ③    128. ②    129. ②

**130** 소화난이도 등급 I 에 해당하는 위험물제조소가 아닌 것은?

① 연면적 1,000[m²] 이상인 것

② 지정수량의 100배 이상인 것

③ 지반면으로부터 6[m] 이상의 높이에 위험물 취급설비가 있는 것

④ 연면적 150[m²]을 초과하는 것

**131** 옥외탱크저장소에서 황만을 저장, 취급하는 경우에 맞는 소화설비는?

① 옥내소화전설비                    ② 스프링클러설비

③ 물분무소화설비                    ④ 이산화탄소소화설비

----

 소화난이도등급 I 에 해당하는 제조소등

| 제조소 등의 구분 | 제조소 등의 규모, 저장 또는 취급하는 위험물의 품명 및 최대수량 등 |
|---|---|
| 제조소<br>일반취급소 | 연면적 1,000㎡ 이상인 것 |
| | 지정수량의 100배 이상인 것(고인화점위험물만을 100℃ 미만의 온도에서 취급하는 것 및 제48조의 위험물을 취급하는 것은 제외) |
| | 지반면으로부터 6m 이상의 높이에 위험물 취급설비가 있는 것 (고인화점위험물만을 100℃ 미만의 온도에서 취급하는 것은 제외) |
| | 일반취급소로 사용되는 부분 외의 부분을 갖는 건축물에 설치된 것(내화구조로 개구부 없이 구획된 것 및 고인화점위험물만을 100℃ 미만의 온도에서 추급하는 것은 제외 |
| 주유취급소 | 별표 13 V 제2호에 따른 면적의 합이 500㎡를 초과하는 것 |
| 옥내저장소 | 지정수량의 150배 이상인 것(고인화점위험물만을 저장하는 것 및 제48조의 위험물을 저장하는 것은 제외) |
| | 연면적 150㎡를 초과하는 것(150㎡ 이내마다 불연재료로 개구부없이 구획된 것 및 인화성고체 외의 제2류 위험물 또는 인화점 70℃ 이상의 제4류 위험물만을 저장하는 것은 제외) |
| | 처마높이가 6m 이상인 단층건물의 것 |
| | 옥내저장소로 사용되는 부분 외의 부분이 있는 건축물에 설치된 것(내화구조로 개구부없이 구획된 것 및 인화성고체 외의 제2류 위험물 또는 인화점 70℃ 이상의 제4류 위험물만을 저장하는 것은 제외) |
| 옥외탱크<br>저장소 | 액표면적이 40㎡ 이상인 것(제6류 위험물을 저장하는 것 및 고인화점위험물만을 100℃ 미만의 온도에서 저장하는 것은 제외) |
| | 지반면으로부터 탱크 옆판의 상단까지 높이가 6m 이상인 것(제6류 위험물을 저장하는 것 및 고인화점위험물만을 100℃ 미만의 온도에서 저장하는 것은 제외) |
| | 지중탱크 또는 해상탱크로서 지정수량의 100배 이상인 것(제6류 위험물을 저장하는 것 및 고인화점위험물만을 100℃ 미만의 온도에서 저장하는 것은 제외) |
| | 고체위험물을 저장하는 것으로서 지정수량의 100배 이상인 것 |

 정답 : 130. ④      131. ③

| | |
|---|---|
| 옥내탱크 저장소 | 액표면적이 40㎡ 이상인 것(제6류 위험물을 저장하는 것 및 고인화점위험물만을 100℃ 미만의 온도에서 저장하는 것은 제외) |
| | 바닥면으로부터 탱크 옆판의 상단까지 높이가 6m 이상인 것(제6류 위험물을 저장하는 것 및 고인화점위험물만을 100℃ 미만의 온도에서 저장하는 것은 제외) |
| | 탱크전용실이 단층건물 외의 건축물에 있는 것으로서 인화점 38℃ 이상 70℃ 미만의 위험물을 지정수량의 5배 이상 저장하는 것(내화구조로 개구부없이 구획된 것은 제외한다) |
| 옥외저장소 | 덩어리 상태의 황을 저장하는 것으로서 경계표시 내부의 면적(2 이상의 경계표시가 있는 경우에는 각 경계표시의 내부의 면적을 합한 면적)이 100㎡ 이상인 것 |
| | 별표 11 Ⅲ의 위험물을 저장하는 것으로서 지정수량의 100배 이상인 것 |
| 암반탱크 저장소 | 액표면적이 40㎡ 이상인 것(제6류 위험물을 저장하는 것 및 고인화점위험물만을 100℃ 미만의 온도에서 저장하는 것은 제외) 고체위험물만을 저장하는 것으로서 지정수량의 100배 이상인 것 |
| 이송취급소 | 모든 대상 |

소화난이등급 Ⅰ의 제조소등에 설치하여야 하는 소화설비

| 제조소등의 구분 | | | 소화설비 |
|---|---|---|---|
| 제조소 및 일반취급소 | | | 옥내소화전설비, 옥외소화전설비, 스프링클러설비 또는 물분무등소화설비(화재발생시 연기가 충만할 우려가 있는 장소에는 스프링클러설비 또는 이동식 외의 물분무등소화설비에 한한다) |
| 주유취급소 | | | 스프링클러설비(건축물에 한정한다), 소형수동식 소화기등 (능력 단위의 수치가 건축물 그 밖의 공작물 및 위험물의 소요단위의 수치에 이르도록 설치할 것) |
| 옥내 저장소 | 처마높이가 6m 이상인 단층건물 또는 다른 용도의 부분이 있는 건축물에 설치한 옥내저장소 | | 스프링클러설비 또는 이동식 외의 물분무등소화설비 |
| | 그 밖의 것 | | 옥외소화전설비, 스프링클러설비, 이동식 외의 물분무등소화설비 또는 이동식 포소화설비(포소화전을 옥외에 설치하는 것에 한한다) |
| 옥외 탱크 저장소 | 지중탱크 또는 해상탱크 외의 것 | 황만을 저장 취급하는 것 | 물분무소화설비 |
| | | 인화점 70℃ 이상의 제4류 위험물만을 저장취급하는 것 | 물분무소화설비 또는 고정식 포소화설비 |
| | | 그 밖의 것 | 고정식 포소화설비(포소화설비가 적응성이 없는 경우에는 분말소화설비) |
| | 지중탱크 | | 고정식 포소화설비, 이동식 이외의 불활성가스소화설비 또는 이동식 이외이 할로젠화합물소화설비 |
| | 해상탱크 | | 고정식 포소화설비, 물분무포소화설비, 이동식이외의 불활성 가스소화설비 또는 이동식 이외의 할로젠 화합물소화설비 |

| | 황만을 저장취급하는 것 | 물분무소화설비 |
|---|---|---|
| 옥내<br>탱크<br>저장소 | 인화점 70℃ 이상의 제4류<br>위험물만을 저장취급하는 것 | 물분무소화설비, 고정식 포소화설비, 이동식<br>이외의 불활성 가스소화설비, 이동식 이외의<br>할로젠화합물소화설비 또는 이동식 이외의<br>분말소화설비 |
| | 그 밖의 것 | 고정식 포소화설비, 이동식 이외의 불활성<br>가스소화설비, 이동식 이외의 할로젠 화합물<br>소화설비 또는 이동식 이외의 분말소화설비 |
| 옥외저장소 및 이송취급소 | | 옥내소화전설비, 옥외소화전설비, 스프링클러설비<br>또는 물분무등 소화설비 (화재발생시 연기가<br>충만할 우려가 있는 장소에는 스프링클러설비<br>또는 이동식 이외의 물분무등소화설비에 한한다) |
| 암반<br>탱크<br>저장소 | 황만을 저장취급하는 것 | 물분무소화설비 |
| | 인화점 70℃ 이상의 제4류<br>위험물만을 저장취급하는 것 | 물분무소화설비 또는 고정식 포소화설비 |
| | 그 밖의 것 | 고정식 포소화설비(포소화설비가 적응성이 없는<br>경우에는 분말 소화설비) |

## 132 소화난이도 등급 I 에 해당하는 옥내저장소의 지정수량의 배수는?

① 50배 이상
② 100배 이상
③ 150배 이상
④ 200배 이상

 [ 소화난이등급 I ]

| | |
|---|---|
| 옥내저장소 | 지정수량의 150배 이상인 것(고인화점위험물만을 저장하는 것 및 제48조의<br>위험물을 저장하는 것은 제외) |
| | 연면적 150㎡를 초과하는 것(150㎡ 이내마다 불연재료로 개구부없이 구획된 것<br>및 인화성고체 외의 제2류 위험물 또는 인화점 70℃ 이상의 제4류 위험물만을<br>저장하는 것은 제외) |
| | 처마높이가 6m 이상인 단층건물의 것 |
| | 옥내저장소로 사용되는 부분 외의 부분이 있는 건축물에 설치된 것(내화구조로<br>개구부없이 구획된 것 및 인화성고체 외의 제2류 위험물 또는 인화점 70℃ 이상의<br>제4류 위험물만을 저장하는 것은 제외) |

## 133 제조소는 연면적 몇 [m²]를 초과할 때 소화난이도 등급 II 에 해당되는가?

① 150[m²]
② 600[m²]
③ 1,000[m²]
④ 2,000[m²]

 정답 : 132. ③    133. ②

[ 소화난이도등급 II에 해당하는 제조소등 ]

| 제조소등의 구분 | 제조소등의 규모, 저장 또는 취급하는 위험물의 품명 및 최대수량 등 |
|---|---|
| 제조소<br>일반취급소 | 연면적 600㎡ 이상인 것 |
| | 지정수량의 10배 이상인 것(고인화점위험물만을 100℃ 미만의 온도에서 취급하는 것 및 제48조의 위험물을 취급하는 것은 제외) |
| | 별표 16 II·III·IV·V·VIII·IX 또는 X의 일반취급소로서 소화난이도등급 I의 제조소등에 해당하지 아니하는 것(고인화점위험물만을 100℃ 미만의 온도에서 취급하는 것은 제외) |
| 옥내저장소 | 단층건물 이외의 것 |
| | 별표 5 II 또는 IV제1호의 옥내저장소 |
| | 지정수량의 10배 이상인 것(고인화점위험물만을 저장하는 것 및 제48조의 위험물을 저장하는 것은 제외) |
| | 연면적 150㎡ 초과인 것 |
| | 별표 5 III의 옥내저장소로서 소화난이도등급 I의 제조소등에 해당하지 아니하는 것 |
| 옥외탱크저장소<br>옥내탱크저장소 | 소화난이도등급 I의 제조소등 외의 것(고인화점위험물만을 100℃ 미만의 온도로 저장하는 것 및 제6류 위험물만을 저장하는 것은 제외) |
| 옥외저장소 | 덩어리 상태의 황을 저장하는 것으로서 경계표시 내부의 면적(2 이상의 경계표시가 있는 경우에는 각 경계표시의 내부의 면적을 합한 면적)이 5㎡ 이상 100㎡ 미만인 것 |
| | 별표 11 III의 위험물을 저장하는 것으로서 지정수량의 10배 이상 100배 미만인 것 |
| | 지정수량의 100배 이상인 것(덩어리 상태의 황 또는 고인화점위험물을 저장하는 것은 제외) |
| 주유취급소 | 옥내주유취급소로서 소화난이도등급 I의 제조소등에 해당하지 아니하는 것 |
| 판매취급소 | 제2종 판매취급소 |

**134** 소화난이도 등급III에 해당하는 지하탱크저장소에 설치하는 소화기의 설치기준은?

① 소형소화기 능력단위 3단위 이상 2개 이상
② 대형소화기 능력단위 3단위 이상 2개 이상
③ 소형소화기 능력단위 5단위 이상 2개 이상
④ 대형소화기 능력단위 5단위 이상 2개 이상

 정답 : 134. ①

[ 소화난이도등급III의 제조소등에 설치하여야 하는 소화설비 ]

| 제조소등의 구분 | 소화설비 | 설치기준 | |
|---|---|---|---|
| 지하탱크저장소 | 소형수동식소화기등 | 능력단위의 수치가 3 이상 | 2개 이상 |
| 이동탱크저장소 | 자동차용소화기 | 무상의 강화액 8ℓ 이상 | 2개 이상 |
| | | 이산화탄소 3.2킬로그램 이상 | |
| | | 브로모클로로다이플루오로메탄 (CF$_2$CℓBr) 2ℓ 이상 | |
| | | 브로모트라이플루오로메탄(CF$_3$Br) 2ℓ 이상 | |
| | | 다이브로모테트라플루오로에탄(C$_2$F$_4$BR$_2$) 1ℓ 이상 | |
| | | 소화분말 3.5킬로그램 이상 | |
| | 마른 모래 및 팽창질석 또는 팽창진주암 | 마른모래 150ℓ 이상 | |
| | | 팽창질석 또는 팽창진주암 640ℓ 이상 | |
| 그 밖의 제조소등 | 소형수동식소화기등 | 능력단위의 수치가 건축물 그 밖의 공작물 및 위험물의 소요단위의 수치에 이르도록 설치할 것. 다만, 옥내외소화전설비, SP설비, 물분무등소화설비 또는 대형수동식소화기를 설치한 경우에는 당해 소화설비의 방사능력범위내의 부분에 대하여는 수동식소화기등을 그 능력단위의 수치가 당해 소요단위의 수치의 1/5 이상이 되도록 하는 것으로 족하다. | |

비고
알킬알루미늄 등을 저장 또는 취급하는 이동탱크저장소에 있어서는 자동차용소화기를 설치하는 외에 마른모래나 팽창질석 또는 팽창진주암을 추가로 설치해야 한다.

## 135 연면적 500[m$^2$]인 제조소 등에 전기설비가 설치된 경우 소형소화기의 설치개수는?

① 1개 이상  ② 3개 이상
③ 5개 이상  ④ 7개 이상

[소화설비의 설치기준]
전기설비의 소화설비 : 제조소등에 전기설비(전기배선, 조명기구 등은 제외한다)가 설치된 경우에는 당해 장소의 면적 100m$^2$마다 소형수동식소화기를 1개 이상 설치할 것

## 136 저장소용 건축물의 외벽이 내화구조로 되었을 때 소요 단위 1단위에 해당하는 면적은?

① 50[m$^2$]  ② 75[m$^2$]
③ 100[m$^2$]  ④ 150[m$^2$]

정답 : 135. ③  136. ④

**[소요단위의 계산방법]**
건축물 그 밖의 공작물 또는 위험물의 소요단위의 계산방법은 다음의 기준에 의할 것
- 제조소 또는 취급소의 건축물은 외벽이 내화구조인 것은 연면적(제조소등의 용도로 사용되는 부분 외의 부분이 있는 건축물에 설치된 제조소등에 있어서는 당해 건축물중 제조소등에 사용되는 부분의 바닥면적의 합계를 말한다. 이하 같다) 100㎡를 1소요단위로 하며, 외벽이 내화구조가 아닌 것은 연면적 50㎡를 1소요단위로 할 것
- 저장소의 건축물은 외벽이 내화구조인 것은 연면적 150㎡를 1소요단위로 하고, 외벽이 내화구조가 아닌 것은 연면적 75㎡를 1소요단위로 할 것
- 제조소등의 옥외에 설치된 공작물은 외벽이 내화구조인 것으로 간주하고 공작물의 최대 수평투영면적을 연면적으로 간주하여 1) 및 2)의 규정에 의하여 소요단위를 산정할 것
- 위험물은 지정수량의 10배를 1소요단위로 할 것

## 137 외벽이 내화구조인 위험물저장소용 건축물의 연면적이 1,000[m²]인 경우 소화기구의 소요단위는 얼마인가?

① 6단위            ② 7단위

③ 13단위          ④ 14단위

**해설** $\dfrac{1000\text{m}^2}{150\text{m}^2/\text{단위}} = 6.67$단위

## 138 위험물 1소요 단위는 지정수량의 몇 배인가?

① 5배            ② 10배

③ 100배          ④ 1,000배

## 139 등유 20,000[L]와 적린 500[kg]이 보관되어 있다면 소화설비의 소요단위는 얼마인가?

① 1단위           ② 2단위

③ 3단위           ④ 5단위

**해설** $\dfrac{20000\text{L}}{1000\text{L}} + \dfrac{500\text{kg}}{100\text{kg}} = 25$    $\therefore \dfrac{25\text{배}}{10\text{배}/1\text{단위}} = 2.5$단위

## 140 제6류 위험물인 질산 6,000[kg]을 저장하는 제조소의 소화설비의 소요단위는?

① 8단위           ② 6단위

③ 4단위           ④ 2단위

**해설** $\dfrac{6000\text{kg}}{300\text{kg}} = 20$    $\therefore \dfrac{20\text{배}}{10\text{배}/1\text{단위}} = 2$단위

 **정답 : 137. ②**      **138. ②**      **139. ③**      **140. ④**

**141** 다음 중 소화설비의 능력단위가 용량이 50[L]일 때 0.5가 되는 것은?

① 마른모래 ② 중조톱밥
③ 팽창질석 ④ 수증기소화

 기타 소화설비의 능력단위는 다음의 표에 의할 것

| 소화설비 | 용 량 | 능력단위 |
|---|---|---|
| 소화전용(轉用)물통 | 8ℓ | 0.3 |
| 수조(소화전용물통 3개 포함) | 80ℓ | 1.5 |
| 수조(소화전용물통 6개 포함) | 190ℓ | 2.5 |
| 마른 모래(삽 1개 포함) | 50ℓ | 0.5 |
| 팽창질석 또는 팽창진주암(삽 1개 포함) | 160ℓ | 1.0 |

**142** 간이소화용구로 마른모래를 삽과 함께 준비하는 경우 능력단위 3단위에 해당하는 양은?

① 150[L] 이상 ② 240[L] 이상
③ 300[L] 이상 ④ 480[L] 이상

 6포대, 300L

**143** 간이소화 용구의 능력단위가 1.0인 것은?

① 삽을 포함한 마른모래 150[L] 1포 ② 삽을 포함한 마른모래 50[L] 1포
③ 삽을 포함한 팽창질석 100[L] 1포 ④ 삽을 포함한 팽창질석 160[L] 1포

**144** 소형소화기의 설치기준으로 맞는 것은?

① 보행거리 30[m] 이하 ② 보행거리 20[m] 이하
③ 수평거리 30[m] 이하 ④ 수평거리 20[m] 이하

**145** 지정수량이 10배 이상인 위험물을 저장, 취급하는 제조소에 설치하여야 할 설비가 아닌 것은?

① 휴대용 메거폰 ② 비상방송설비
③ 자동화재탐지설비 ④ 무선통신보조설비

 경보설비 [확성장치, 비상경보설비, 비상방송설비, 자동화재탐지설비]

 정답 : 141.① 142.③ 143.④ 144.② 145.④

## 146 다음의 괄호 안에 알맞은 말은?

> 보냉장치가 있는 이동저장탱크에 저장하는 아세트알데하이드 또는 산화프로필렌의 온도는
> 해당 위험물의 (   ) 이하로 유지하여야 한다.

① 인화점
② 비점
③ 용해점
④ 발화점

 [옥외저장탱크 · 옥내저장탱크 또는 지하저장탱크의 유지온도]
- 압력탱크 외의 탱크 : 에틸에테르 등에 있어서는 30℃ 이하, 아세트알데하이드에 있어서
  는 15℃ 이하로 할 것
- 압력탱크 : 아세트알데하이드 등 또는 디에틸에테르 등의 온도는 40℃ 이하로 유지할 것
- 보냉장치가 있는 이동저장탱크 : 아세트알데하이드 등 또는 디에틸에테르 등의 온도는
  비점 이하로 유지할 것
- 보냉장치가 없는 이동저장탱크 : 아세트알데하이드 등 또는 디에틸에테르 등의 온도는
  40℃ 이하로 유지할 것

## 147 위험물의 저장, 취급 및 운반 기준에 관한 설명이다. 옳지 않은 것은?

① 위험물을 저장, 취급하는 건축물 안에는 온도계, 습도계, 기타 계기를 비치하여야 한다.
② 위험물을 저장, 취급하는 건축물 그 밖의 공작물 또는 설비는 당해 위험물 성질에 따라 차광
   또는 환기를 시켜야 한다.
③ 위험물을 용기에 수납하여 저장 또는 취급할 때에는 그 용기는 내압방폭구조의 용기로 설치
   하여야 한다.
④ 위험물을 보호액중에 보관하는 경우 위험물이 보호액으로부터 노출되지 않도록 하여야 한다.

 [위험물의 저장 및 취급기준 참조]

## 148 위험물을 폐기하는 작업에 있어서 취급기준이다. 옳지 않은 것은?

① 소각할 경우에는 안전한 장소에서 감시원이 감시하에 폐기하여야 한다.
② 위험물을 매몰시에는 위험물의 성질에 따라 안전한 장소에서 하여야 한다.
③ 위험물을 해중 또는 수중에 투하할 경우에는 감시원의 감시하에 폐기하여야 한다.
④ 위험물을 소각할 경우 연소 또는 폭발에 의하여 타인에게 위해를 주지 않는 방법으로 하여야
   한다.

## 149 위험물의 저장기준으로 옳지 않은 것은?

① 지하저장탱크의 주된 밸브는 이송할 때 이외에는 폐쇄하여야 한다.

② 이동탱크저장소에는 설치허가증을 비치하여야 한다.

③ 산화프로필렌을 저장하는 이동저장탱크에는 불연성 가스를 봉입하여야 한다.

④ 옥외저장탱크 주위에 설치된 방유제의 내부에 물이나 유류가 고였을 경우 즉시 배출하도록 하여야 한다.

 ② 이동탱크저장소에는 이동탱크저장소의 완공검사합격확인증 및 정기점검기록을 비치하여야 한다.

## 150 위험물의 취급 중 소비에 관한 기준으로 옳지 않은 것은?

① 추출공정에 있어서는 추출관의 내부압력이 이상 하강하지 아니하도록 하여야 한다.

② 분사도장작업은 방화상 유효한 격벽 등으로 구획된 안전한 장소에서 하여야 한다.

③ 열처리작업은 위험물이 위험한 온도에 달하지 아니하도록 하여야 한다.

④ 버너를 사용하는 경우에는 버너의 역화를 방지하고 위험물이 넘치지 아니하도록 하여야 한다.

 • 위험물의 취급 중 소비에 관한 기준은 다음과 같다(중요기준).
　가. 분사도장작업은 방화상 유효한 격벽 등으로 구획된 안전한 장소에서 실시할 것
　나. 담금질 또는 열처리작업은 위험물이 위험한 온도에 이르지 아니하도록 하여 실시할 것
　다. 삭제 <2009.3.17>
　라. 버너를 사용하는 경우에는 버너의 역화를 방지하고 위험물이 넘치지 아니하도록 할 것
• 위험물의 취급 중 제조에 관한 기준은 다음과 같다(중요기준).
　가. 증류공정에 있어서는 위험물을 취급하는 설비의 내부압력의 변동 등에 의하여 액체 또는 증기가 새지 아니하도록 할 것
　나. 추출공정에 있어서는 추출관의 내부압력이 비정상으로 상승하지 아니하도록 할 것
　다. 건조공정에 있어서는 위험물의 온도가 국부적으로 상승하지 아니하는 방법으로 가열 또는 건조할 것
　라. 분쇄공정에 있어서는 위험물의 분말이 현저하게 부유하고 있거나 위험물의 분말이 현저하게 기계 · 기구 등에 부착하고 있는 상태로 그 기계·기구를 취급하지 아니할 것

## 151 액체 위험물은 운반용기 내용적의 몇 [%] 이하의 수납률로 수납하여야 하는가?

① 90[%]　　　　　　　　　　　② 93[%]

③ 95[%]　　　　　　　　　　　④ 98[%]

 • 고체위험물은 운반용기 내용적의 95% 이하의 수납률로 수납할 것
• 액체위험물은 운반용기 내용적의 98% 이하의 수납률로 수납하되, 55℃에서 누설되지 아니하도록 충분한 공간용적을 유지하도록 할 것(다만, 알킬알루미늄 등은 운반용기 내용적의 90% 이하의 수납률로 수납하되, 50℃의 온도에서 5% 이상의 공간용적을 유지하도록 할 것)

 정답 : 149. ②　　150. ①　　151. ④

**152** 다음 ( ) 안에 적절한 용어는?

> 위험물의 운반시 용기, 적재방법 및 운반방법에 관하여는 화재 등의 위해예방과 응급 조치상의 중요성을 감안하여 ( )이 정하는 중요기준 및 세부기준에 따라야 한다.

① 대통령령          ② 행정안전부령

③ 시·도의 조례       ④ 소방서장

 ② 행정안전부령

**153** 알킬알루미늄 등의 이동탱크저장소에 있어서 이동저장탱크로부터 알킬알루미늄 등을 꺼낼 때에는 동시에 몇 [kPa] 이하의 압력으로 불활성의 기체를 봉입하여야 하는가?

① 100[kPa]          ② 200[kPa]

③ 300[kPa]          ④ 400[kPa]

 [알킬알루미늄 등 및 아세트알데하이드 등의 취급기준]
- 알킬알루미늄 등의 제조소 또는 일반취급소에 있어서 알킬알루미늄 등을 취급하는 설비에는 불활성의 기체를 봉입할 것
- 알킬알루미늄 등의 이동탱크저장소에 있어서 이동저장탱크로부터 알킬알루미늄 등을 꺼낼 때에는 동시에 200kPa 이하의 압력으로 불활성의 기체를 봉입할 것
- 아세트알데하이드 등의 제조소 또는 일반취급소에 있어서 아세트알데하이드 등을 취급하는 설비에는 연소성 혼합기체의 생성에 의한 폭발의 위험이 생겼을 경우에 불활성의 기체 또는 수증기를 봉입할 것
- 아세트알데하이드 등의 이동탱크저장소에 있어서 이동저장탱크로부터 아세트알데하이드 등을 꺼낼 때에는 동시에 100kPa 이하의 압력으로 불활성의 기체를 봉입할 것

**154** 다음 중 운반용기에 수납하지 않아도 되는 위험물은?

① 카바이드          ② 금속분

③ 염소산나트륨       ④ 생석회

**155** 제6류 위험물 중 각종 위험물의 운반용기로 가장 적당한 것은?

① 목상자           ② 양철통

③ 금속제드럼        ④ 폴리에틸렌 포대

 운반용기 : 금속제용기, 플라스틱용기, 유리용기

## 156 위험물을 운반하기 위한 적재방법 중 차광성이 있는 덮개를 하여야 하는 위험물은?

① 과산화나트륨  ② 과염소산
③ 탄화칼슘  ④ 마그네슘

- 제3류 위험물은 다음 기준에 따라 운반용기에 수납할 것
  - 자연발화성 물품에 있어서는 불활성 기체를 봉입하여 밀봉하는 등 공기와 접하지 아니하도록 할 것
  - 자연발화성 물품 외의 물품에 있어서는 파라핀·경유·등유 등의 보호액으로 채워 밀봉하거나 불활성 기체를 봉입하여 밀봉하는 등 수분과 접하지 아니하도록 할 것
- 차광성 덮개를 하여야 하는 위험물의 종류 : 제1류 위험물, 3류위험물 중 자연발화성 물품, 제4류 위험물 중 특수인화물, 제5류 위험물 또는 제6류 위험물
- 방수성 덮개를 하여야 하는 위험물의 종류 : 제1류 위험물 중 알칼리금속의 과산화물, 제2류 위험물 중 철분·금속분·마그네슘 또는 3류 위험물 중 금수성 물품
- 제5류 위험물 중 55℃ 이하의 온도에서 분해될 우려가 있는 것은 보냉 컨테이너에 수납하는 등 적정한 온도관리를 할 것
- 위험물을 수납한 운반용기를 겹쳐 쌓는 경우에는 그 높이를 3m 이하로 할 것
- 운반용기의 외부에 표시하여야 할 사항
  - 위험물의 품명·위험등급·화학명 및 수용성("수용성" 표시는 제4류 위험물로서 수용성인 것에 한한다.)
  - 위험물의 수량
  - 수납하는 위험물에 따른 주의사항

> 📁 **위험물별 주의사항**
>
> - 제1류 위험물
>   - 알칼리금속의 과산화물 : "화기·충격주의", "물기엄금" 및 "가연물접촉주의"
>   - 그 밖의 것 : "화기·충격주의" 및 "가연물접촉주의"
> - 제2류 위험물
>   - 철분·금속분·마그네슘 : "화기주의" 및 "물기엄금"
>   - 인화성 고체 : "화기엄금"
>   - 그 밖의 것 : "화기주의"
> - 제3류 위험물
>   - 자연발화성물품 : "화기엄금" 및 "공기접촉엄금"
>   - 금수성 물품 : "물기엄금"
> - 제4류 위험물 : "화기엄금"
> - 제5류 위험물 : "화기엄금" 및 "충격주의"
> - 제6류 위험물 : "가연물접촉주의"

## 157 위험물을 수납한 운반용기는 수납하는 위험물에 따라 주의사항을 표시하여 적재하여야 한다. 주의사항으로 옳지 않은 것은?

① 제2류 위험물 중 인화성 고체 - 화기엄금

② 제6류 위험물 - 가연물접촉주의

③ 금수성 물질(제3류 위험물) - 물기주의

④ 자연발화성 물질(제3류 위험물) - 화기엄금 및 공기접촉엄금

③ 물기엄금

정답 : 156. ②    157. ③

**158** 위험물의 포장 외부표시방법으로서 옳지 않은 것은?

① 위험물의 품명      ② 위험물의 수량

③ 위험물의 화학명      ④ 위험물의 제조년월일

**159** 제1류 위험물 중 무기과산화물을 운반시 운반용기에 표시하는 주의사항이 아닌 것은?

① 화기, 충격주의      ② 가연물 접촉주의

③ 물기엄금      ④ 화기엄금

- 제1류 위험물 중 알칼리금속 과산화물 또는 이를 함유한 것은 "화기·충격주의", "물기엄금" 및 "가연물접촉주의" 그 밖은 "화기·충격주의" 및 "가연물접촉주의"
- 제2류 위험물 중 철분, 마그네슘분, 금속분 또는 이들 중 어느 하나 이상을 함유한 것에 있어서는 "화기주의" 및 "물기엄금", 인화성고체에 있어서는 "화기엄금" 그 밖은 "화기주의"
- 제3류 위험물
  - 자연발화성물품 : "화기엄금" 및 "공기접촉엄금"
  - 금수성 물품 : "물기엄금"
- 제4류 위험물 : "화기엄금"
- 제5류 위험물 : "화기엄금" 및 "충격주의"
- 제6류 위험물 : "가연물접촉주의"

**160** 제2류 위험물(금속분)의 운반용기 및 포장 외부에 표시할 사항으로 적당한 것은?

① 화기엄금      ② 충격주의

③ 물기엄금      ④ 취급주의

**161** 위험물을 운반할 때 위험물의 성질 등을 운반용기 및 포장의 외부에 주의사항을 표시토록 되어 있는데 다음 중에서 옳지 않은 것은?

① 제2류 위험물에는 "화기주의"      ② 제3류 위험물에는 "물기엄금"

③ 제4류 위험물에는 "화기주의"      ④ 제5류 위험물에는 "화기엄금, 충격주의"

③ 화기엄금

**162** 위험물의 운반용기 및 포장의 외부에 표시하는 주의사항으로 옳지 않은 것은?

① 염소산암모늄 : 화기, 충격주의 및 가연물접촉주의

② 철분 : 화기주의 및 물기엄금

③ 셀룰로이드 : 화기엄금 및 충격주의

④ 과염소산 : 물기엄금 및 가연물접촉주의

④ 물기엄금은 삭제

**163** **위험물의 운반에 대한 설명 중 옳은 것은?**

① 안전한 방법으로 위험물을 운반하면 특별히 규제를 받지 않는다.

② 차량으로 위험물을 운반할 경우 운반의 규제를 받는다.

③ 지정수량 이상의 위험물을 운반하는 경우에만 운반의 규제를 받는다.

④ 위험물을 운반할 경우 그 양의 다소를 불구하고 운반의 규제를 받는다.

**164** **위험물 운반시 혼합적재가 가능한 것은?**

① 제1류 위험물 + 제5류 위험물

② 제3류 위험물 + 제5류 위험물

③ 제1류 위험물 + 제4류 위험물

④ 제2류 위험물 + 제5류 위험물

> **해설** [1류/6류] [2류/4류/5류] [3류/4류]

**165** **지정수량 이상의 위험물 운반에 대한 설명 중 잘못된 것은?**

① 위험물 또는 위험물을 수납한 용기가 현저하게 마찰 또는 동요되지 않도록 운반한다.

② 휴식, 고장 등으로 인하여 차량을 일시 정차시킬 때에는 안전한 장소를 택하고 위험물 보안에 주의한다.

③ 운반 중 위험물이 현저하게 누설될 때에는 신속히 목적지에 도달하도록 노력하여야 한다.

④ 운반하는 위험물에 적응하는 소화설비를 구비하도록 한다.

**166** **위험물안전관리법상 위험물을 운반 및 수납할 때 운반용기 중 내장용기의 종류에 포함되지 않는 것은?**

① 금속제용기 ② 유리용기

③ 도자기용기 ④ 플라스틱용기

**167** **위험물의 위험등급 Ⅰ 의 위험물이 아닌 것은?**

① 아염소산염류 ② 마그네슘분

③ 황린 ④ 에테르

> **해설** 황화인, 적린, 황 : 2등급
> 철마금 : 3등급

정답 : 163. ② 164. ④ 165. ③ 166. ③ 167. ②

**168** 제6류 위험물의 위험등급에 관한 설명으로 옳은 것은?

① 제6류 위험물중 질산은 위험등급 I 이며, 그 외의 것은 위험등급 II 이다.

② 제6류 위험물 중 과염소산은 위험등급 I 이며, 그 외의 것은 위험등급 II 이다.

③ 제6류 위험물은 모두 위험등급 I 이다.

④ 제6류 위험물은 모두 위험등급 II 이다.

**169** 다음 중 위험물안전관리법상의 위험등급 I 에 속하면서 동시에 제5류 위험물인 것은?

① $CH_3ONO_2$

② $C_6H_2CH_3(NO_2)_3$

③ $C_6H_4(NO_2)_2$

④ $N_2H_4 \cdot HCl$

 ① 질산메틸[지정수량 10kg, 1등급]
② 트리나이트로톨루엔[지정수량 200kg, 2등급]
③ 파라디나이트로소벤젠[지정수량 200kg, 2등급]
④ 하이드라진 유도체

**170** 위험물 제조소의 안전거리로 옳지 않은 것은?

① 50m 이상 - 지정문화재

② 30m 이상 - 수용인원 300명의 공연장

③ 20m 이상 - 고압가스 제조시설

④ 10m 이상 - 35kV 초과하는 특별고압가공전선

 [위험물제조소의 안전거리]
• 3m 이상―7kV 이상 35kV 이하의 특별고압가공전선
• 5m 이상―35kV 이상의 특별고압가공전선
• 10m 이상―주거용으로 사용되는 것

**171** 옥내저장소의 저장창고의 설치기준으로 옳지 않은 것은?

① 처마 높이가 6m 미만인 다층 건축물로 하고 그 바닥을 지반면보다 높게 할 것

② 벽 · 기둥 · 바닥은 내화구조로 하고, 보와 서까래는 불연재료로 할 것

③ 창 또는 출입구에 유리를 이용하는 경우에는 망입유리로 할 것

④ 지붕은 폭발력이 위로 방출될 정도의 가벼운 불연재료로 할 것

 처마높이가 6m 미만인 단층건물, 그 바닥을 지반면보다 높게 할 것

**172** 제3류 위험물 중 자연발화성 물질을 저장하는 위험물제조소의 게시판에 적합한 표시사항으로 옳은 것은?

① 화기엄금

② 화기주의

③ 물기엄금

④ 물기주의

 정답 : 168. ③　　169. ①　　170. ④　　171. ①　　172. ①

**[위험물제조소 게시판 기준]**

| 위험물의 종류 | 표시사항 | 색상 |
|---|---|---|
| - 제1류 위험물 중 알칼리금속의 과산화물<br>- 제3류 위험물 중 금수성 물질 | 물기엄금 | 청색바탕에 백색문자 |
| - 제2류 위험물 중 인화성 고체<br>- 제3류 위험물 중 자연발화성 물질<br>- 제4류 위험물<br>- 제5류 위험물 | 화기엄금 | 적색바탕에 백색문자 |
| - 제2류 위험물(인화성 고체 제외) | 화기주의 | |
| - 제6류 위험물 | 별도의 표시를 하지 않는다. | |

## 173 복합용도 건출물의 옥내저장소 기준으로 옳지 않은 것은?

① 옥내저장소의 용도에 사용되는 부분의 바닥면적은 150[m²] 이하로 하여야 한다.

② 옥내저장소의 용도에 사용되는 부분에는 창을 설치하지 아니하여야 한다.

③ 옥내정장소의 용도에 사용되는 부분의 바닥은 지면보다 높게 설치하고 그 층고를 6[m] 미만으로 하여야 한다.

④ 옥내저장소의 용도에 사용되는 부분의 출입구에는 수시로 열 수 있는 자동폐쇄방식의 60분+ 또는 60분 방화문을 설치하여야 한다.

 **[복합용도 건축물의 옥내저장소 기준]**
- 옥내저장소는 벽 · 기둥 · 바닥 및 보가 내화구조인 건축물의 1층 또는 2층의 어느 하나의 층에 설치하여야 한다.
- 옥내저장소의 용도에 사용되는 부분의 바닥은 지면보다 높게 설치하고 그 층고를 6m 미만으로 하여야 한다.
- 옥내저장소의 용도에 사용되는 부분의 바닥면적은 75㎡ 이하로 하여야 한다.
- 옥내저장소의 용도에 사용되는 부분에는 창을 설치하지 아니하여야 한다.
- 옥내저장소의 용도에 사용되는 부분의 출입구에는 수시로 열 수 있는 자동폐쇄방식의 60분+ 또는 60분 방화분을 설치하여야 한다.

## 174 옥외탱크저장소의 펌프설비의 주위에 보유하여야 하는 공지의 너비는 몇 [m]인가?

① 1[m]  ② 2[m]
③ 3[m]  ④ 4[m]

 **[옥외저장탱크의 펌프설비]**
펌프설비의 주위에는 너비 3m 이상의 공지를 보유할 것. 다만, 방화상 유효한 격벽을 설치하는 경우와 제6류 위험물 또는 지정수량의 10배 이하 위험물의 옥외저장탱크의 펌프설비에 있어서는 그러하지 아니하다.

 정답 : 173. ① 174. ③

**175** 옥외탱크정장소의 방유제의 높이로 옳은 것은?

① 0.8[m] 이상 1.5[m] 이하

② 1.0[m] 이상 1.5[m] 이하

③ 0.5[m] 이상 1.0[m] 이하

④ 0.5[m] 이상 3.0[m] 이하

 [옥외탱크저장소 방유제 기준]
방유제의 높이는 0.5m 이상 3m 이하로 할 것

**176** 지하탱크저장소의 배관은 당해 탱크의 윗부분에 설치하여야 하나, 그 직근에 유효한 제어밸브를 설치한 경우에는 탱크의 윗부분에 설치하지 않아도 되는 위험물의 종류로 옳지 않은 것은?

① 제1석유류           ② 제2석유류

③ 제3석유류           ④ 제4석유류

 지하저장탱크의 배관은 당해 탱크의 윗부분에 설치하여야 한다. 다만, 제4류 위험물 중 제2석유류(인화점이 40℃ 이상인 것에 한한다), 제3석유류, 제4석유류 및 동식물유류의 탱크에 있어서는 그 직근에 유효한 제어밸브를 설치한 경우에는 그러하지 아니하다.

**177** 주유취급소의 주위에는 자동차 등이 출입하는 쪽 외의 부분에 높이 몇 [m] 이상의 내화구조 또는 불연재료의 담 또는 벽을 설치하여야 하는가?

① 1[m]           ② 2[m]

③ 3[m]           ④ 4[m]

 주유취급소의 주위에는 자동차 등이 출입하는 쪽 외의 부분에 높이 2m 이상의 내화구조 또는 불연재료의 담 또는 벽을 설치하여야 한다.

**178** 이동탱크저장소의 탱크는 두께 몇 [mm] 이상의 강철판을 사용하여야 하는가?

① 1.6[mm] 이상           ② 2.3[mm] 이상

③ 3.2[mm] 이상           ④ 20[mm] 이상

 [이동저장탱크의 구조]
• 탱크는 두께 3.2mm 이상의 강철판
• 압력탱크 외의 탱크는 70kPa의 압력으로, 압력탱크는 최대상용압력의 1.5배의 압력으로 각각 10분간의 수압시험을 실시

**179** 이동탱크저장소의 안전장치는 상용압력이 20[kPa]를 초과하는 탱크에 있어서 작동하는 압력으로 옳은 것은?

① 20[kPa] 이상 24[kPa] 이하      ② 70[kPa] 이상

③ 최대상용압력의 1.1배 이하      ④ 최대상용압력의 1.5배 이하

 정답 : 175. ④      176. ①      177. ②      178. ③      179. ③

[안전장치]
상용압력이 20kPa 이하인 탱크에 있어서는 20kPa 이상 24kPa 이하의 압력에서, 상용압력이 20kPa를 초과하는 탱크에 있어서는 상용압력의 1.1배 이하의 압력에서 작동하는 것으로 할 것

**180** 주유취급소에서 자동차 등에 주유하기 위한 고정주유설비에 직접 접속하는 전용탱크인 경우 하나의 탱크용량으로 옳은 것은?

① 600[L] 이하
② 10,000[L] 이하
③ 20,000[L] 이하
④ 50,000[L] 이하

[주유취급소에 설치 가능한 탱크]
• 자동차 등에 주유하기 위한 고정주유설비에 직접 접속하는 전용탱크로서 50,000L 이하의 것
• 고정급유설비에 직접 접속하는 전용탱크로서 50,000L 이하의 것
• 보일러 등에 직접 접속하는 전용탱크로서 10,000L 이하의 것
• 자동차 등을 점검·설비하는 작업장 등에서 사용하는 폐유·윤활유 등의 위험물을 저장하는 탱크로서 용량(2 이상 설치하는 경우에는 각 용량의 합계를 말한다)이 2,000L 이하인 탱크
• 고정주유설비 또는 고정급유설비에 직접 접속하는 3기 이하의 간이탱크

**181** 다음 중에서 주유취급소의 특례기준에 해당하지 않는 것은?

① 항공기 주유취급소
② 선박 주유취급소
③ 고속국도 주유취급소
④ 영업용 주유취급소

[주유취급소 특례기준]
• 항공기·철도·고속국도·선박·자가용 주유취급소
• 수소충전설비를 설치된 주유취급소
• 고객이 직접 주유하는 주유취급소

**182** 이송취급소에서 배관을 지하에 매설하는 경우 배관은 그 외면으로부터 지하가까지 안전거리로 옳은 것은?

① 0.3[m] 이상
② 1.5[m] 이상
③ 10[m] 이상
④ 300[m] 이상

[이송취급소의 지하매설관의 안전거리]
• 건축물(지하가 내의 건축물을 제외한다) : 1.5m 이상
• 지하가 및 터널 : 10m 이상
•「수도법」에 의한 수도시설(위험물의 유입우려가 있는 것에 한한다) : 300m 이상

**183** 액체위험물은 운반용기 용적의 몇 [%] 이하의 수납률로 수납하여야 하는가?

① 50[%]
② 60[%]
③ 95[%]
④ 98[%]

정답 : 180. ④    181. ④    182. ③    183. ④

[운반용기의 수납률]
- 고체위험물 : 95% 이하
- 액체위험물 : 98% 이하(단, 55℃에서 누설되지 않을 것)
- 알킬알루미늄 : 90% 이하(50℃에서 5% 이상의 공간용적을 유지해야 한다.)

## 184  이송취급소 설치제외 장소로 옳지 않은 것은?

① 철도 및 도로의 터널 안 또는 호수·저수지 등으로서 수리의 수원이 되는 곳

② 고속국도 및 자동차전용도로의 차도·길어깨 및 중앙분리대

③ 지형상황 등 부득이한 사유가 있고 안전에 필요한 조치를 하는 경우

④ 급경사지역으로서 붕괴의 위험이 있는 지역

[이송취급소의 설치장소]
- 이송취급소는 다음의 장소 외의 장소에 설치하여야 한다.
  - 철도 및 도로의 터널 안
  - 고속국도 및 자동차전용도로의 차도·길어깨 및 중앙분리대
  - 호수·저수지 등으로서 수리의 수원이 되는 곳
  - 급경사지역으로서 붕괴의 위험이 있는 지역
- 이송취급소설치 가능 장소
  - 지형상황 등 부득이한 사유가 있고 안전에 필요한 조치를 하는 경우
  - 상기의 장소에 횡단하여 설치하는 경우

## 185  방호대상물의 바닥면적이 150[m²] 이상인 경우에 개방형 스프링클러헤드를 이용한 스프링클러설비의 방사구역은 얼마 이상으로 하여야 하는가?

① 100[m²]            ② 150[m²]

③ 200[m²]            ④ 400[m²]

[개방형 스크링클러헤드]
- 수평거리 : 1.7m 이하
- 방사구역 : 150제곱미터 이상
- 방수량 : 80[lpm] 이상
- 방수압력 : 100kPa 이상

## 186  다음 중 위험물 제조소 등에 설치하는 피난설비 및 경보설비에 해당하지 않는 것은?

① 확성장치            ② 미끄럼대

③ 비상경보설비          ④ 유도등

[위험물 제조소 등에 설치하는 소방설비]
- 경보설비 : 확성장치, 비상경보설비, 비상방송설비, 자동화재탐지설비, 자동화재속보설비
- 피난설비 : 유도등

정답 : 184. ③     185. ②     186. ②

**187** 위험물 제조소와 환기 설비의 기준에서 급기구가 설치된 실의 바닥면적 150[m²]마다 1개 이상 설치하는 급기구의 크기는 몇 [cm²] 이상이어야 하는가? (단, 바닥면적이 150[m²] 미만인 경우는 제외한다)

① 200[cm²]                    ② 400[cm²]
③ 600[cm²]                    ④ 800[cm²]

 급기구는 당해 급기구가 설치된 실의 바닥면적 150제곱미터마다 1개 이상으로 하되 급기구의 크기는 800㎠ 이상으로 한다.

**188** 고정식 포 소화설비에 관한 기준에서 방유제 외측에 설치하는 보조포소화전의 상호간의 거리는?

① 보행거리 40[m] 이하          ② 수평거리 40[m] 이하
③ 보행거리 75[m] 이하          ④ 수평거리 75[m] 이하

 보조포소화전의 상호간 거리는 보행거리 75m 이하

**189** 위험물 운반에 관한 기준 중 위험등급 I 에 해당하는 위험물은?

① 황화인                       ② 피크린산
③ 벤조일퍼옥사이드              ④ 질산나트륨

 [위험물의 위험등급]
• 황화인 : 위험등급II
• 피크린산 : 위험등급II
• 벤조일퍼옥사이드 : 위험등급I
• 질산나트륨 : 위험등급II

**190** 위험물 적재 방법 중 위험물을 수납한 운반용기를 겹쳐 쌓는 경우 높이는 몇 [m] 이하로 하여야 하는가?

① 2[m]                         ② 3[m]
③ 4[m]                         ④ 6[m]

 [위험물의 적재 방법]
• 위험물을 수납한 운반 용기를 겹쳐 쌓는 경우 그 높이를 3m 이하로 한다.
• 용기의 상부에 걸리는 하중은 당해 용기 위에 당해 용기와 동종의 용기를 겹쳐 쌓아 3m의 높이로 하였을 때 걸리는 하중 이하로 한다.

 정답 : 187. ④    188. ③    189. ③    190. ②

**191** 위험물안전관리법령에서 규정하고 있는 사항으로 옳지 않은 것은?

① 법정의 안전 교육을 받아야 하는 사람은 안전관리자로 선임된 자, 탱크시험자의 기술인력으로 종사하는 자, 위험물 운송자로 종사하는 자이다.

② 지정수량의 150배 이상의 위험물을 저장하는 옥내저장소는 관계인이 예방규정을 정하여야 하는 제조소 등에 해당한다.

③ 정기 검사의 대상이 되는 것은 액체 위험물을 저장 또는 취급하는 10만 리터 이상의 옥외탱크저장소, 암반탱크저장소, 이송취급소이다.

④ 법정의 안전관리자 교육이수자와 소방공무원으로 근무한 경력이 3년 이상인 자는 제4류 위험물에 대한 위험물 취급자격자가 될 수 있다.

---

[정기점검 대상이 되는 제조소 등]
- 관계인이 예방규정을 정하여야 하는 제조소 등
  - 지정수량의 10배 이상의 제조소 · 일반 취급소
  - 지정수량의 100배 이상의 옥외저장소
  - 지정수량의 150배 이상의 옥내저장소
  - 지정수량의 200배 이상의 옥외탱크저장소
  - 암반탱크저장소
  - 이송취급소
- 지하탱크저장소
- 이동탱크저장소
- 위험물을 취급하는 탱크로서 지하에 매설된 탱크가 있는 제조소 · 주유취급소 또는 일반취급소

**192** 옥외 저장탱크 중 압력 탱크 외의 탱크에 통기관을 설치하여야 할 때 밸브 없는 통기관인 경우 통기관의 직경은 몇 [mm] 이상으로 하여야 하는가?

① 10[mm]          ② 15[mm]
③ 20[mm]          ④ 30[mm]

---

[옥외저장탱크의 통기관]
- 밸브 없는 통기관
  직경 30mm 이상, 끝부분 : 45도 이상

- 대기밸브 부착 통기관
  작동 압력 차이 : 5kPa 이하

**193** 그림과 같은 타원형 위험물 탱크의 내용적을 구하는 식으로 옳은 것은?

① $\dfrac{\pi ab}{4}\left(l+\dfrac{l_1+l_2}{3}\right)$          ② $\dfrac{\pi ab}{4}\left(l+\dfrac{l_1-l_2}{3}\right)$

③ $\pi ab\left(l+\dfrac{l_1+l_2}{3}\right)$          ④ $\pi abl^2$

---

정답 : 191. ③      192. ④      193. ①

[탱크의 내용적 계산]

| 탱 크 | | 내용적 계산 |
|---|---|---|
| | | $\dfrac{\pi ab}{4}\left(l+\dfrac{l_1-l_2}{3}\right)$ |
| | | $\pi r^2\left(1+\dfrac{l_1+l_2}{3}\right)$ |
| | | $\pi r^2 l$ |

**194** 제5류 위험물의 제조소에 설치하는 주의사항 게시판에서 게시판 바탕 및 문자의 색을 옳게 나타낸 것은?

① 흑색바탕에 백색문자
② 백색바탕에 청색문자
③ 백색바탕에 적색문자
④ 적색바탕에 백색문자

[게시판 바탕 및 문자의 색상]
• 주의사항 게시판(화기엄금 : 적색바탕에 백색문자, 물기엄금 : 청색바탕에 백색문자)
• 위험물 제조소 표지판 : 백색바탕에 흑색문자

**195** 인화성 액체 위험물 옥외탱크저장소의 탱크 주위에 방유제를 설치할 때 방유제 내의 면적은 몇 [m²] 이하로 하여야 하는가?

① 20,000[m²]
② 40,000[m²]
③ 60,000[m²]
④ 80,000[m²]

[옥외탱크 저장소의 방유제]
• 방유제의 높이 : 0.5m 이상 3m 이하
• 방유제의 면적 : 80,000m² 이하
• 방유제의 용량 : 1기 이상(탱크용량의 110% 이상), 2기 이상(최대탱크용량의 110% 이상)

**196** 지정수량 이상의 위험물을 차량으로 운반하는 경우 당해 차량에 표지를 설치하여야 한다. 다음 중 표지의 규격으로 옳은 것은?

① 장변 길이 : 0.6[m] 이상, 단변 길이 : 0.3[m] 이상

② 장변 길이 : 0.4[m] 이상, 단변 길이 : 0.3[m] 이상

③ 장변 길이, 단변 길이 모두 0.3[m] 이상

④ 장변 길이, 단변 길이 모두 0.6[m] 이상

 표지의 규격은 장변 0.6m 이상, 단변 0.3m 이상으로 한다.

**197** 위험물 제조소에서 게시판에 기재할 사항이 아닌 것은?

① 저장 최대 수량 또는 취급 최대 수량　② 위험물의 성분 및 함량

③ 위험물의 유별 및 품명　④ 안전관리자의 성명 또는 직명

- 위험물 제조소 게시판에 기재 사항
  - 위험물의 유별 및 품명
  - 위험물의 저장 최대수량 및 취급 최대수량
  - 지정수량의 배수, 안전관리자의 성명 또는 직명
- 위험물 적재시 운반용기 외부에 표시해야 하는 사항
  - 위험물의 품명, 위험등급, 화학명 및 수용성
  - 위험물의 수량
  - 수납하는 위험물에 따른 주의사항

**198** 옥내탱크저장소의 기준에서 옥내 저장 탱크 상호간에는 몇 [m] 이상의 간격을 유지하여야 하는가?

① 0.3[m]　② 0.5[m]

③ 0.7[m]　④ 1.0[m]

 옥내 탱크 저장소의 탱크와 탱크 상호 간에는 0.5m 이상의 간격

**199** 특정 옥외저장탱크를 원통형으로 설치하고자 한다. 지면으로부터 높이가 9[m]일 때 이 탱크가 받는 풍하중은 1m²당 얼마 이상으로 계산하여야 하는가?

① 0.7650[kN]　② 1.2348[kN]

③ 17.640[kN]　④ 22.348[kN]

- $q = 0.588k\sqrt{h} = 0.588 \times 0.7 \times \sqrt{9} = 1.2348$ kN
- 풍하중 $q = 0.588k\sqrt{h}$ [kN/㎡]

  $k$ : 풍력계수(원통형탱크 0.7, 기타 1.0)

  $h$ : 지반면으로부터의 높이

**200** 위험물 지하탱크저장소의 탱크 전용실 설치기준으로 옳지 않은 것은?

① 콘크리트 구조의 벽은 두께 0.3[m] 이상으로 한다.

② 지하저장탱크와 탱크 전용실의 안쪽과의 사이는 50[cm] 이상의 간격을 유지한다.

③ 콘크리트 구조의 바닥은 두께 0.3[m] 이상으로 한다.

④ 벽, 바닥 등에 적당한 방수 조치를 강구한다.

 지하저장탱크와 탱크 전용실의 안쪽과의 사이는 0.1m 이상의 간격

**201** 다음 중 위험물 저장 탱크의 용량을 구하는 계산식을 옳게 나타낸 것은?

① 탱크의 공간 용적 – 탱크의 내용적

② 탱크의 내용적×0.5

③ 탱크의 내용적 – 탱크의 공간용적

④ 탱크의 공간용적×0.95

 [위험물 탱크 용량]
• 위험물 탱크 용량＝탱크의 내용적－탱크의 공간 용적
• 탱크의 공간용적 : 탱크 용적의 5/100 이상 10/100 이하

**202** 이송취급소의 소화 난이도 등급에 관한 설명 중 옳은 것은?

① 모든 이송 취급소는 소화 난이도 등급 Ⅰ에 해당한다.

② 지정 수량 100배 이상을 취급하는 이송 취급소만 소화 난이도 등급 Ⅰ에 해당한다.

③ 지정 수량 200배 이상을 취급하는 이송 취급소만 소화 난이도 등급 Ⅰ에 해당한다.

④ 지정 수량 10배 이상의 제4류 위험물을 취급하는 이송 취급소만 소화 난이도 등급 Ⅰ에 해당한다.

 [소화난이도 등급Ⅰ]

| 제조소 등의 구분 | 제조소 등의 규모, 저장 또는 취급하는 위험물의 품명 및 최대수량 등 |
|---|---|
| 제조소<br>일반취급소 | 연면적 1,000㎡ 이상인 것 |
| | 지정수량의 100배 이상인 것 |
| | 지반면으로부터 6m 이상의 높이에 위험물 취급설비가 있는 것 |
| | 일반취급소로 사용되는 부분 외의 부분을 갖는 건축물에 설치된 것 |
| 옥내저장소 | 지정수량의 150배 이상인 것 |
| | 연면적 150㎡를 초과하는 것 |
| | 처마높이가 6m 이상인 단층건물의 것 |
| | 옥내저장소로 사용되는 부분 외의 부분이 있는 건축물에 설치된 것 |
| 옥외탱크<br>저장소 | 액표면적이 40㎡ 이상인 것 |

 정답 : 200. ②　　201. ③　　202. ①

| 옥외탱크<br>저장소 | 지반면으로부터 탱크 옆판의 상단까지 높이가 6m 이상인 것 |
|---|---|
| | 지중탱크 또는 해상탱크로서 지정수량의 100배 이상인 것 |
| | 고체위험물을 저장하는 것으로서 지정수량의 100배 이상인 것 |
| 옥내탱크<br>저장소 | 액표면적이 40㎡ 이상인 것 |
| | 바닥면으로부터 탱크 옆판의 상단까지 높이가 6m 이상인 것 |
| | 탱크전용실이 단층건물 외의 건축물에 있는 것으로서 인화점 38℃ 이상 70℃ 미만의 위험물을 지정수량의 5배 이상 저장하는 것 |
| 이송취급소 | 모든 대상 |

## 203 간이탱크저장소의 탱크에 설치하는 밸브 없는 통기관의 기준으로 옳지 않은 것은?

① 통기관은 옥내에 설치하되, 그 끝부분의 높이는 지상 1.5[m] 이상으로 할 것

② 통기관의 지름은 25[mm] 이상으로 할 것

③ 통기관의 끝부분은 수평면에 대하여 아래로 45° 이상 구부려 빗물 등이 들어가지 아니하도록 할 것

④ 가는 눈의 구리망 등으로 인화방지장치를 할 것

 통기관은 옥외에 설치하되, 그 끝부분의 높이는 지상 1.5m 이상으로 할 것

※ 밸브 없는 통기관

| 간이탱크저장소 | - 직경 25mm 이상<br>- 통기관의 끝부분(각도 45° 이상, 지상 높이 1.5m 이상)<br>- 통기관의 설치는 옥외<br>- 인화방지장치 : 가는 눈의 구리망 사용 |
|---|---|
| 옥내탱크저장소 | - 직경 30mm 이상<br>- 통기관의 끝부분(각도 45° 이상)<br>- 인화방지장치 : 가는 눈의 구리망 사용 |

## 204 옥내저장소의 저장창고의 설치기준으로 옳지 않은 것은?

① 위험물의 저장을 전용으로 하는 독립된 건축물로 할 것

② 벽·기둥·바닥은 불연재료로 하고, 보와 서까래는 내화구조로 할 것

③ 처마 높이가 6[m] 미만인 단층건물일 것

④ 창 또는 출입구에 유리를 이용하는 경우에는 망입유리로 할 것

 [옥내저장소의 저장 창고]

• 벽·기둥·바닥은 내화구조로 하고, 보와 서까래는 불연재료로 할 것

• 지붕은 폭발력이 위로 방출될 정도의 가벼운 불연재료로 하고, 반자를 만들지 아니할 것

• 출입구에는 60분+, 60분 방화문 또는 30분 방화문을 설치하되, 연소의 우려가 있는 외벽에 있는 출입구에는 수시로 열 수 있는 자동폐쇄식 60분+ 또는 60분 방화문을 설치할 것

• 처마높이가 6m 미만인 단층 건물로 하고 그 바닥을 지반면보다 높게 할 것

 정답 : 203. ①    204. ②

**205** 이동탱크저장소의 상용압력이 20[kPa]를 초과할 경우에 안전장치의 작동압력으로 옳은 것은?

① 20[kPa] 이상 24[kPa] 이하      ② 40[kPa] 이상 48[kPa] 이하
③ 상용압력의 1.1배 이하      ④ 상용압력의 1.5배 이하

 [이동 탱크 저장소의 안전장치]
• 상용압력이 20kPa 이하 : 작동압력 20~24kPa 이하
• 상용압력이 20kPa 초과 : 상용압력의 1.1배 이하

**206** 지정수량 10배의 하이드록실아민을 취급하는 제조소의 안전거리는 몇 [m]인가?

① 90[m]      ② 100[m]
③ 110.09[m]      ④ 120.87[m]

 $51.1 \times \sqrt[3]{10} = 110.09m$

**207** 제3류 위험물의 수납 기준 중에서 알킬알루미늄등은 운반용기의 내용적의 몇 [%] 이하의 수납율로 수납하되, 50℃의 온도에서 5[%] 이상의 공간용적을 유지하여야 하는가?

① 90[%]      ② 95[%]
③ 96[%]      ④ 98[%]

 [제3류 위험물의 수납]
• 자연발화성 물질 : 불활성 기체를 봉입하여 공기와 차단할 것
• 자연발화성 물질 외 : 파라핀 · 경유 · 등유 등의 보호액으로 채워 밀봉하거나 불활성기체를 봉입하여 수분과 차단할 것
• 알킬알루미늄 등은 운반용기의 내용적의 90% 이하의 수납율로 수납하되, 50℃의 온도에서 5% 이상의 공간용적을 유지할 것

**208** 위험물 취급 장소에 설치한 스프링클러설비가 개방형 스프링클러헤드를 사용하는 경우 수원은 스프링클러헤드가 가장 많이 설치된 방사구역의 스프링클러헤드 설치개수에 얼마를 곱한 양 이상이 되도록 설치하여야 하는가?

① 1.6[m³]      ② 2.4[m³]
③ 2.6[m³]      ④ 3.2[m³]

 [스프링클러설비의 설치기준]
• 스프링클러헤드는 방호대상물의 천장 또는 건축물의 최상부 부근에 설치하되, 방호대상물의 각 부분에서 하나의 스프링클러헤드까지의 수평거리가 1.7m 이하가 되도록 설치할 것
• 개방형 스프링클러헤드를 이용한 스프링클러설비의 방사구역은 150㎡ 이상(방호대상물의 바닥면적이 150㎡ 미만인 경우 당해 바닥면적)으로 할 것

 정답 : 205. ③     206. ③     207. ①     208. ②

- 수원의 수량은 폐쇄형 스프링클러헤드를 사용하는 것은 30(헤드의 설치개수가 30 미만인 방호대상물인 경우에는 당해 설치개수), 개방형스프링클러헤드를 사용하는 것은 스프링클러헤드가 가장 많이 살치된 방사구역의 스프링클러헤드 설치개수에 2.4㎥를 곱한 양 이상이 되도록 설치할 것
- 스프링클러설비는 스프링클러헤드를 동시에 사용할 경우에 각 끝부분의 방사 압력이 100kPa 이상이고, 방수량이 1분당 80L 이상의 성능이 되도록 할 것
- 스프링클러설비에는 비상전원을 설치할 것

**209** 옥내저장소에서 동일 품명의 위험물이더라도 자연발화할 우려가 있는 위험물 또는 재해가 현저하게 증대할 우려가 있는 위험물을 다량 저장하는 경우에는 지정수량의 10배 이하마다 구분하여 상호간 몇 [m] 이상의 간격을 두어 저장하여야 하는가?

① 0.1[m] 이상　　　　　　　　② 0.3[m] 이상
③ 0.5[m] 이상　　　　　　　　④ 0.8[m] 이상

 옥내저장소에서 동일 품명의 위험물이더라도 자연발화할 우려가 있는 위험물 또는 재해가 현저하게 증대할 우려가 있는 위험물을 다량 저장하는 경우에는 지정수량의 10배 이하마다 구분하여 상호간 0.3m 이상의 간격을 두어 저장하여야 한다.

**210** 제조소 등에 전기설비가 설치된 경우에는 당해장소의 면적 몇 [m²]마다 소형 수동식소화기를 1개 이상 설치하여야 하는가?

① 50[m²]　　　　　　　　　　② 100[m²]
③ 150[m²]　　　　　　　　　　④ 200[m²]

 제조소등에 전기설비(전기배선, 조명기구 등은 제외한다)가 설치된 경우에는 당해 장소의 면적 100㎡마다 소형수동식소화기를 1개 이상 설치

**211** 이송취급소에 설치하는 펌프실의 바닥은 위험물이 침투하지 아니하는 구조로 하고 그 주변에 높이 얼마 이상의 턱을 설치하여야 하는가?

① 15[cm]　　　　　　　　　　② 20[cm]
③ 30[cm]　　　　　　　　　　④ 40[cm]

 [펌프를 설치하는 펌프실 기준]
- 불연재료의 구조로 할 것. 이 경우 지붕은 폭발력이 위로 방출될 정도의 가벼운 불연재료이어야 한다.
- 창 또는 출입구를 설치하는 경우 60분+, 60분 방화문 또는 30분 방화문으로 할 것
- 창 또는 출입구에 유리를 이용하는 경우에는 망입유리로 할 것
- 바닥은 위험물이 침투하지 아니하는 구조로 하고 그 주변에 높이 20cm 이상의 턱을 설치할 것
- 누설한 위험물이 외부로 유출되지 아니하도록 바닥은 적당한 경사를 두고 그 최저부에 집유설비를 할 것
- 가연성증기가 체류할 우려가 있는 펌프실에는 배출설비를 할 것
- 펌프실에는 위험물을 취급하는데 필요한 채광·조명 및 환기 설비를 할 것

## 212 이송취급소의 내압시험기준으로 옳은 것은?

① 최대상용압력의 1.25배 이상의 압력으로 4시간 이상 실시

② 최대상용압력의 1.5배의 압력으로 10분간 실시

③ 70[kPa] 이상의 압력으로 10분간 실시

④ 최대상용압력의 1.1배 이상의 압력으로 4시간 이상 실시

 배관 등은 최대상용압력의 1.25배 이상의 압력으로 4시간 이상 수압을 가하여 누설 그 밖의 이상이 없을 것

## 213 이송취급소의 도로 밑 매설 배관의 기준으로 옳지 않은 것은?

① 배관은 그 외면으로부터 도로의 경계에 대하여 3[m] 이상의 안전거리를 둘 것

② 배관은 그 외면으로부터 다른 공작물에 대하여 0.3[m] 이상의 거리를 보유할 것

③ 시가지 외의 도로의 노면 아래에 매설하는 경우에는 배관의 외면과 노면과의 거리는 1.2[m] 이상으로 할 것

④ 포장된 차도에 매설하는 경우에는 포장부분의 노반의 밑에 매설하고, 배관의 외면과 노반의 최하부와의 거리는 0.5[m] 이상으로 할 것

 [도로 밑에 매설하는 경우 배관 기준]
- 배관은 원칙적으로 자동차하중의 영향이 적은 장소에 매설할 것
- 배관은 그 외면으로부터 도로의 경계에 대하여 1m 이상의 안전거리를 둘 것
- 시가지 도로의 밑에 매설하는 경우에는 배관의 외경보다 10cm 이상 넓은 견고하고 내구성이 있는 재질의 보호판을 배관의 상부로부터 30cm 이상 위에 설치할 것
- 배관은 그 외면으로부터 다른 공작물에 대하여 0.3m 이상의 거리를 보유할 것
- 시가지 도로의 노면 아래에 매설하는 경우에는 배관의 외면과 노면과의 거리는 1.5m 이상, 보호판 또는 방호구조물의 외면과 노면과의 거리는 1.2m 이상으로 할 것
- 시가지 외의 도로의 노면 아래에 매설하는 경우에는 배관의 외면과 노면과의 거리는 1.2m 이상으로 할 것
- 포장된 차도에 매설하는 경우에는 포장부분의 노반의 밑에 매설하고, 배관의 외면과 노반의 최하부와의 거리는 0.5m 이상으로 할 것
- 노면 밑 외의 도로 밑에 매설하는 경우에는 배관의 외면과 지표면과의 거리는 1.2m 이상으로 할 것

## 214 다음은 셀프용 고정주유설비의 설치기준이다. 옳지 않은 것은?

① 주유호스의 끝부분부에 수동개폐장치를 부착한 주유노즐을 설치할 것

② 주유노즐은 자동차 등의 연료탱크가 가득 찬 경우 자동적으로 정지시키는 구조일 것

③ 1회의 연속주유량 및 주유시간의 상한을 미리 설정할 수 있는 구조일 것. 이 경우 주유량의 상한은 휘발유는 200[L] 이하, 경유는 100[L] 이하로 하며, 주유시간의 상한은 4분 이하로 한다.

④ 휘발유와 경유 상호간의 오인에 의한 주유를 방지할 수 있는 구조일 것

 1회의 연속주유량 및 주유시간의 상한을 미리 설정할 수 있는 구조일 것. 이 경우 주유량의 상한은 휘발유는 100L 이하, 경유는 600L 이하로 하며, 주유시간의 상한은 휘발유는 4분 이하, 경유는 12분 이하로 한다.

**215** 주유공지 및 급유공지의 바닥은 주위 지면보다 높게 하고, 그 표면을 적당하게 경사지게 하여 새어나온 기름 그 밖의 액체가 공지의 외부로 유출되지 아니하도록 설치하여야 하는 것으로 옳지 않은 것은?

① 배수구
② 유분리장치
③ 집유설비
④ 소화피트

 배수구·집유설비 및 유분리장치를 하여야 한다.

**216** 암반탱크저장소에 설치하는 주요설비가 아닌 것은?

① 지하수위 관측공
② 계량장치
③ 배수설비
④ 방파판

 [암반탱크저장소 주요설비]
지하수위 관측공, 배수설비, 계량장치, 펌프설비

**217** 옥외저장소에서 덩어리상태의 황을 저장 또는 취급하는 경우 경계표시에는 황이 넘치거나 비산하는 것을 방지하기 위한 천막 등을 고정하는 장치를 설치하되, 천막 등을 고정하는 장치는 경계표시의 길이 몇 [m]마다 한 개 이상 설치하여야 하는가?

① 1[m]
② 2[m]
③ 3[m]
④ 4[m]

 경계표시에는 황이 넘치거나 비산하는 것을 방지하기 위한 천막 등을 고정하는 장치를 설치하되, 천막 등을 고정하는 장치는 경계표시의 길이 2m마다 한 개 이상 설치할 것

**218** 알킬알루미늄 등을 저장 또는 취급하는 이동탱크저장소에 대한 설명으로 옳지 않은 것은?

① 이동저장탱크는 두께 20[mm] 이상의 강판 또는 이와 동등 이상의 기계적 성질이 있는 재료로 기밀하게 제작되고 1[MPa] 이상의 압력으로 10분간 실시하는 수압시험에서 새거나 변형하지 아니하는 것일 것
② 이동저장탱크의 용량은 1,900[L] 미만일 것
③ 이동저장탱크의 배관 및 밸브 등은 당해 탱크의 윗부분에 설치할 것
④ 안전장치는 이동저장탱크의 수압시험의 압력의 3분의 2를 초과하고 5분의 4를 넘지 아니하는 범위의 압력으로 작동할 것

 이동저장탱크는 두께 10mm 이상의 강판 또는 이와 동등 이상의 기계적 성질이 있는 재료로 기밀하게 제작되고 1MPa 이상의 압력으로 10분간 실시하는 수압시험에서 새거나 변형하지 아니하는 것일 것

 정답 : 215. ④    216. ④    217. ②    218. ①

**219** 제4류 위험물 중 이동탱크저장소에 저장시 접지도선을 설치하여야 하는 것에 해당하지 않는 것은?

① 제1석유류
② 특수인화물
③ 제3석유류
④ 제2석유류

제4류 위험물 중 특수인화물, 제1석유류 또는 제2석유류의 이동탱크저장소에는 다음의 각호의 기준에 의하여 접지도선을 설치하여야 한다.
• 양도체(良導體)의 도선에 비닐 등의 절연재료로 피복하여 끝부분에 접지전극 등을 결착시킬 수 있는 클립(clip) 등을 부착할 것
• 도선이 손상되지 아니하도록 도선을 수납할 수 있는 장치를 부착할 것

**220** 간이저장소의 간이저장탱크는 움직이거나 넘어지지 아니하도록 지면 또는 가설대에 고정시키되, 옥외에 설치하는 경우에는 그 탱크의 주위에 너비 몇 [m] 이상의 공지를 두어야 하는가?

① 1[m]
② 2[m]
③ 3[m]
④ 4[m]

간이저장소의 간이저장탱크는 움직이거나 넘어지지 아니하도록 지면 또는 가설대에 고정시키되, 옥외에 설치하는 경우에는 그 탱크의 주위에 너비 1m 이상의 공지를 두고, 전용실 안에 설치하는 경우에는 탱크와 전용실의 벽과의 사이에 0.5m 이상의 간격을 유지하여야 한다.

**221** 탱크전용실이 있는 건축물에 설치하는 옥내저장탱크의 펌프설비를 탱크전용실외의 장소에 설치하는 경우에 대한 설명으로 옳지 않은 것은?

① 이 펌프실은 벽 · 기둥 · 바닥 및 보를 내화구조로 할 것
② 펌프실은 상층이 있는 경우에 있어서는 상층의 바닥을 내화구조로 하고, 상층이 없는 경우에 있어서는 지붕을 불연재료로 하며, 천장을 설치하지 아니할 것
③ 제6류 위험물의 탱크전용실에 있어서는 60분+, 60분 방화문 또는 30분 방화문이 있는 창을 설치할 수 있다.
④ 제6류 위험물의 탱크전용실에 있어서는 60분+ 또는 60분 방화문을 설치하여야 한다.

[탱크전용실 외의 장소에 설치하는 경우]
• 이 펌프실은 벽 · 기둥 · 바닥 및 보를 내화구조로 할 것
• 펌프실은 상층이 있는 경우에 있어서는 상층의 바닥을 내화구조로 하고, 상층이 없는 경우에 있어서는 지붕을 불연재료로 하며, 천장을 설치하지 아니할 것
• 펌프실에는 창을 설치하지 아니할 것. 다만, 제6류 위험물의 탱크전용실에 있어서는 60분+, 60분 방화문 또는 30분 방화문이 있는 창을 설치할 수 있다.
• 펌프실의 출입구에는 60분+ 또는 60분 방화문을 설치할 것. 다만, 제6류 위험물의 탱크전용실에 있어서는 30분 방화문을 설치할 수 있다.
• 펌프실의 환기 및 배출의 설비에는 방화상 유효한 댐퍼 등을 설치할 것

정답 : 219. ③    220. ①    221. ④

**222** 옥외탱크저장소의 압력탱크에 아세트알데하이드, 산화프로필렌을 저장 시 저장온도는?

① 15[℃] 이하 　　　　　　　　　　② 20[℃] 이하

③ 30[℃] 이하 　　　　　　　　　　④ 40[℃] 이하

 [옥외탱크 저장소 저장온도 기준]
- 압력탱크에 아세트알데하이드, 산화프로필렌 저장시 저장온도 : 40℃ 이하
- 압력탱크 외의 탱크
  - 에테르, 산화프로필렌 저장온도 : 30℃ 이하
  - 아세트알데하이드 저장온도 : 15℃ 이하

**223** 하나의 탱크전용실에 설치하는 탱크의 용량은 1층 또는 지하층의 경우에는 지정수량 몇 배 이하가 되어야 하는가?

① 10배 　　　　　　　　　　② 20배

③ 30배 　　　　　　　　　　④ 40배

 [옥내저장탱크의 용량]
- 1층 이하의 층 : 지정수량 40배 이하
- 2층 이상의 층 : 지정수량 10배 이하

**224** 옥내저장소에서 지정유기과산화물의 저장창고 창문 하나의 면적은 얼마 이내로 하여야 하는가?

① 0.2[m²] 　　　　　　　　　　② 0.4[m²]

③ 0.6[m²] 　　　　　　　　　　④ 0.8[m²]

 저장창고의 창은 바닥면으로부터 2m 이상의 높이에 두되, 하나의 벽면에 두는 창의 면적의 합계를 당해 벽면의 면적의 80분의 1 이내로 하고, 하나의 창의 면적을 0.4m² 이내로 할 것

**225** 제조소 중 위험물을 취급하는 건축물의 외벽은 무엇으로 하는가?

① 준불연재료 　　　　　　　　　　② 불연재료

③ 내화구조 　　　　　　　　　　④ 방화구조

- 벽 · 기둥 · 바닥 · 보 · 서까래 및 계단을 불연재료로 할 것
- 연소(延燒)의 우려가 있는 외벽은 출입구 외의 개구부가 없는 내화구조의 벽으로 할 것

**226** 옥내저장소의 저장창고에 통풍장치 · 냉방장치 등을 설치하여야 하는 위험물은?

① 특수인화물 　　　　　　　　　　② 과염소산염류

③ 셀룰로이드류 　　　　　　　　　　④ 황린

 제5류 위험물 중 셀룰로이드 등 온도의 상승에 의하여 분해, 발화할 우려가 있는 것은 통풍장치 또는 냉방장치 등의 설비를 2 이상 설치하여야 한다.

 정답 : 222. ④　　223. ④　　224. ②　　225. ③　　226. ③

**227** 알킬알루미늄 등의 이동탱크저장소에 있어서 이동저장탱크로부터 알킬알루미늄 등을 꺼낼 때에는 동시에 몇 [kPa] 이하의 압력으로 불활성의 기체를 봉입하여야 하는가?

① 70[kPa]
② 100[kPa]
③ 150[kPa]
④ 200[kPa]

[알킬알루미늄등 및 아세트알데하이드등의 취급기준]
• 알킬알루미늄등의 제조소 또는 일반취급소에 있어서 알킬알루미늄등을 취급하는 설비에는 불활성의 기체를 봉입할 것
• 알킬알루미늄등의 이동탱크저장소에 있어서 이동저장탱크로부터 알킬 알루미늄등을 꺼낼 때에는 동시에 200kPa 이하의 압력으로 불활성의 기체를 봉입할 것
• 아세트알데하이드등의 제조소 또는 일반취급소에 있어서 아세트알데하이드등을 취급하는 설비에는 연소성 혼합기체의 생성에 의한 폭발의 위험이 생겼을 경우에 불활성의 기체 또는 수증기를 봉입할 것
• 아세트알데하이드등의 이동탱크저장소에 있어서 이동저장탱크로부터 아세트알데하이드 등을 꺼낼 때에는 동시에 100kPa 이하의 압력으로 불활성의 기체를 봉입할 것

**228** 위험물제조소에 광전식분리형감지기를 설치할 경우에 한 변의 길이는 몇 [m] 이하로 하여야 하는가?

① 50[m]
② 100[m]
③ 500[m]
④ 700[m]

[자동화재탐지설비의 설치기준]
• 자동화재탐지설비의 경계구역은 건축물 그 밖의 공작물의 2 이상의 층에 걸치지 아니하도록 할 것. 다만, 하나의 경계구역의 면적이 500㎡ 이하 이면서 당해 경계구역이 두 개의 층에 걸치는 경우이거나 계단·경사로·승강기의 승강로 그 밖에 이와 유사한 장소에 연기감지기를 설치하는 경우에는 그러하지 아니하다.
• 하나의 경계구역의 면적인 600㎡ 이하로 하고 그 한변의 길이는 50m(광전식분리형 감지기를 설치할 경우에는 100m) 이하로 할 것. 다만, 당해 건축물 그 밖의 공작물의 주요한 출입구에서 그 내부의 전체를 볼 수 있는 경우에 있어서는 그 면적을 1,000㎡ 이하로 할 수 있다.

**229** 위험물의 운반용기 외부의 표시사항 중 알칼리금속의 과산화물의 주의사항으로 옳지 않은 것은?

① 화기·충격주의
② 물기엄금
③ 가연물접촉주의
④ 공기접촉엄금

**230** 제조소 또는 취급소 건축물의 경우 외벽이 내화구조인 것은 연면적 몇 [m²]를 1소요단위로 계산하는가?

① 50[m²]
② 75[m²]
③ 100[m²]
④ 150[m²]

정답 : 227. ④    228. ②    229. ④    230. ③